《 **Office 2021** 》 × 《 **Microsoft 365** 》
重磅來襲   雲端整合行動力

Office 2021

高效實用範例
必修16課

關於文淵閣工作室

常常聽到很多讀者跟我們說：我就是看你們的書學會用電腦的。

是的！這就是寫書的出發點和原動力，想讓每個讀者都能看我們的書跟上軟體的腳步，讓軟體不只是軟體，而是提昇個人效率的工具。

文淵閣工作室創立於 1987 年，第一本電腦叢書「快快樂樂學電腦」於該年底問世。工作室的創始成員鄧文淵、李淑玲在學習電腦的過程中，就像每個剛開始接觸電腦的你一樣碰到了很多問題，因此決定整合自身的編輯、教學經驗及新生代的高手群，陸續推出「快快樂樂全系列」電腦叢書，冀望以輕鬆、深入淺出的筆觸、詳細的圖說，解決電腦學習者的徬徨無助，並搭配相關網站服務讀者。

隨著時代的進步與讀者的需求，文淵閣工作室除了原有的 Office、多媒體網頁設計系列，更將著作範圍延伸至各類程式設計、攝影、影像編修與創意書籍，如果在閱讀本書時有任何的問題或是有心得想一起討論共享，歡迎至文淵閣工作室網站，或使用電子郵件與我們聯絡。

■ 文淵閣工作室網站　　http://www.e-happy.com.tw
■ 服務電子信箱　　e-happy@e-happy.com.tw
■ 文淵閣工作室　粉絲團　　http://www.facebook.com/ehappytw
■ 中老年人快樂學　粉絲團　　https://www.facebook.com/forever.learn

總 監 製 ： 鄧文淵　　　　企劃編輯 ： 鄧君如
監　　督 ： 李淑玲　　　　責任編輯 ： 黃郁菁
行銷企劃 ： 鄧君如 · 黃信溢　　執行編輯 ： 熊文誠 · 鄧君怡

本書特點

實務範例為導向

以 16 個日常生活與工作現場的題材做為主體範例,再輔以 16 個延伸練習實例,從實務應用中快速學會軟體功能。

範例解說流程

影音教學做輔助

除了完整範例檔案,亦將所有範例操作過程製作成動態教學影片,閱讀本書內容的同時能搭配影音教學做輔助,在最短時間內掌握學習重點,提升全方位應用。

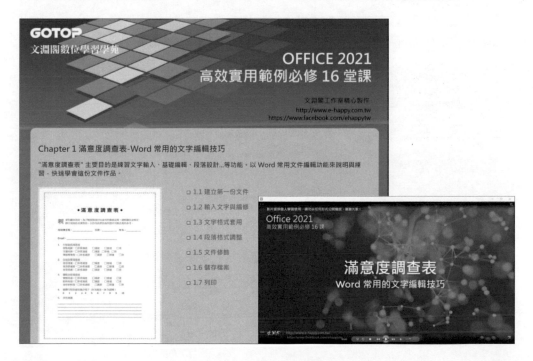

本書範例與影音教學

本書範例檔及影音教學可至：http://books.gotop.com.tw/DOWNLOAD/ACI036200
下載，下載的檔案為壓縮檔，請解壓縮檔案後再使用。每章主範例的存放路徑會標
註在各章 "學習重點" 頁面下方。

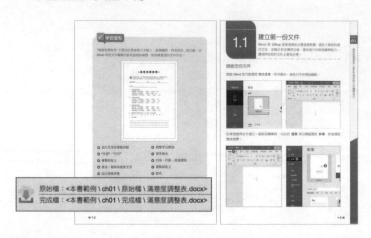

本書以 <本書範例> 與 <延伸練習> 二個資料夾整理各章範例檔案，依各章章號資料
夾分別存放，每章的範例又分別有 <原始檔> 與 <完成檔> 資料夾。

除了完整的範例檔案，所有範例的操作過程均製作成動態教學影片，整理在 <影片
教學> 資料夾。另外還提供 "Office 2021 關鍵新功能影音搶先看" 與 "附錄 PDF 電子
檔：Office 雲端-Microsoft 365 與 OneDrive 應用" 學習資源。

| Office 2021 關鍵新功能影音搶先看 | 本書範例 | 延伸練習 | 影片教學 | 使用本書版權須知.txt | 附錄 Office 雲端-Microsoft 365 與 OneDrive 應用.pdf |

▼ 線上下載

本書範例檔、影音教學與附錄 (PDF 電子檔) 可從此網址下載：

http://books.gotop.com.tw/DOWNLOAD/ACI036200

其內容僅供合法持有本書的讀者使用，未經授權不得抄襲、轉載或任意散佈。

目錄

01 滿意度調查表 Word 常用的文字編輯技巧

02 商品訂購單 Word 表格應用

03 景點印象海報 Word 圖片與圖案的應用

04 課程表信件 Word 合併列印與標籤套印

05 主題式研究報告 Word 長文件製作

06 活動支出明細表 Excel 資料建立與公式運算

07 業績統計表 Excel 函數應用

08 銷售成長率分析表 Excel 圖表製作

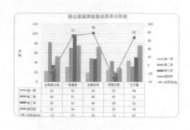

09 產品出貨年度報表 Excel 樞紐分析

10 食品衛生宣傳簡報 PowerPoint 文字整合與視覺設計

11 運動推廣簡報 PowerPoint 表格圖表設計

12 夏日祭典簡報 PowerPoint 多媒體動畫

13 好漾微旅行簡報 PowerPoint 放映技巧與列印

14 會員管理資料庫 Access 資料庫的建置

15 零售管理資料庫 Access 資料排序、篩選與查詢

銷售資料細目分析表 ×		
產品名稱	合計 數量	仁韡尊
12格書櫃	270	
三層樓梯椅	655	
大化妝包-桃粉色	575	
大化妝包-深藍色	3730	
大化妝包-黑色	1500	
大學T-男裝	1625	
大學T-男童	1565	
中夾-紅色	1600	
托特包-白色	2700	
刷毛長版T恤-女裝	190	
法蘭絨格紋襯衫-紅	1610	
法蘭絨格紋襯衫-黑	4155	
胸背包-黑色	495	
長夾-黑色	175	
後背包-藍色	5580	
美式吧台椅	25	
耐爾L型少額	100	
胡桃3.2尺電腦桌	25	
高機能伸縮衣架	3930	
斜背包-黑色	125	

16 申購管理資料庫 Access 表單與報表

附錄 **Office 雲端** Microsoft 365 與 OneDrive 應用

附錄採 PDF 電子檔方式提供，請讀者至以下網址下載：

http://books.gotop.com.tw/DOWNLOAD/ACI036200

01

滿意度調查表
Word 常用的文字編輯技巧

字型格式・字元間距

首字放大・基本字型格式

段落格式・頁面框線

儲存檔案

"滿意度調查表" 主要目的是練習文字輸入、基礎編輯、段落設計...等功能。以 Word 常用文件編輯功能來說明與練習,快速學會這份文件作品。

◆ 滿 意 度 調 查 表 ◆

親 愛的顧客您好,為了解您對旅行社這次的服務品質,請根據自身情況,據實填寫此份調查表,以作為我們改進與提升活動品質的參考。

旅遊團名稱:＿＿＿＿＿＿ 日期:＿＿＿＿ 姓名:＿＿＿＿

Email:＿＿＿＿＿＿＿＿＿＿＿＿＿＿＿＿

1. 行程服務滿意度
   景點規劃:□非常滿意 □滿意 □普通 □差
   交通安排:□非常滿意 □滿意 □普通 □差
   導遊專業度:□非常滿意 □滿意 □普通 □差

2. 住宿品質滿意度
   客房清潔:□非常滿意 □滿意 □普通 □差
   客房舒適度:□非常滿意 □滿意 □普通 □差
   客房設備:□非常滿意 □滿意 □普通 □差

3. 餐飲安排滿意度
   餐點味道:□非常滿意 □滿意 □普通 □差
   飲料味道:□非常滿意 □滿意 □普通 □差
   食材新鮮度:□非常滿意 □滿意 □普通 □差

4. 整體行程您會給幾分呢?(0 為最差,10 為最棒)
   0 1 2 3 4 5 6 7 8 9 10

5. 其他建議
   ＿＿＿＿＿＿＿＿＿＿＿＿＿＿＿＿＿＿
   ＿＿＿＿＿＿＿＿＿＿＿＿＿＿＿＿＿＿
   ＿＿＿＿＿＿＿＿＿＿＿＿＿＿＿＿＿＿
   ＿＿＿＿＿＿＿＿＿＿＿＿＿＿＿＿＿＿

- ◑ 加入文字與標點符號
- ◑ "分段"、"分行"
- ◑ 複製與貼上
- ◑ 修改、刪除與復原文字
- ◑ 加入特殊符號
- ◑ 設定編號
- ◑ 輸入 "全形空白"

- ◑ 調整字元間距
- ◑ 首字放大
- ◑ 行高、行距、段落間距
- ◑ 複製與貼上
- ◑ 取代
- ◑ 套用頁面框線
- ◑ 儲存與列印

原始檔:<本書範例 \ ch01 \ 原始檔 \ 滿意度調整表.docx>
完成檔:<本書範例 \ ch01 \ 完成檔 \ 滿意度調整表.docx>

1.1 建立第一份文件

Word 是 Office 家族裡面的文書處理軟體，提供了簡易的操作方法，並融合許多實用功能，還有強大的排版編輯能力，讓我們在設計文件上更加方便。

開啟空白文件

開啟 Word 程式後選按 **空白文件**，即可產生一個空白文件開始編輯。

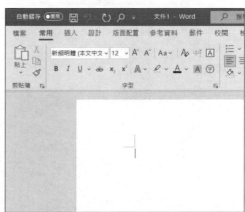

如果想要再另外建立一個新的檔案時，可以於 **檔案** 索引標籤選按 **新增**，然後選按 **空白文件**。

認識 Word 操作界面

透過下圖標示，熟悉 Word 各項功能的所在位置，讓您在接下來的操作過程中，可以更加得心應手。

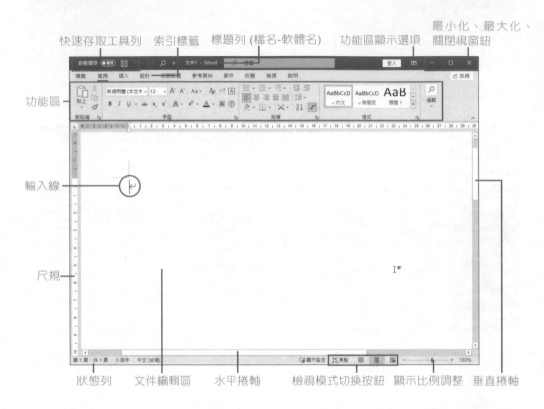

快速存取工具列　索引標籤　標題列 (檔名-軟體名)　功能區顯示選項　最小化、最大化、關閉視窗鈕

功能區

輸入線

尺規

狀態列　文件編輯區　水平捲軸　檢視模式切換按鈕　顯示比例調整　垂直捲軸

小提示

關閉 Word

結束 Word 軟體操作時，可於視窗右上角的 ⊠ **關閉** 鈕上按一下滑鼠左鍵，或於 **檔案** 索引標籤選按 **關閉**。

1.2 輸入文字與編修

一份文件的產生，文字是最基礎的建構元素，以下我們便率先透過輸入法的切換，進行中英文內容的建立。

中英文輸入法切換

STEP 01 顯示畫面於右下角 **語言工具列**，按一下 `Shift` 鍵，可將目前 **中** 中文輸入法狀態切換為 **英** 英文輸入法狀態。

STEP 02 輸入英文字母時，預設是小寫狀態，若要轉換成英文大寫時，可在小寫狀態下按 `Shift` 鍵不放，再按英文字母鍵；若放開 `Shift` 鍵之後，將會恢復成小寫狀態。(或是按 `Caps Lock` 鍵，也可將字母鎖定為大寫狀態，再按 `Caps Lock` 鍵取消鎖定。)

STEP 03 按一下 `Shift` 鍵切換為 **中** (代表為中文輸入法模式)，選按 囝 鈕 (或其他輸入法圖示)，再於清單中選按輸入法。

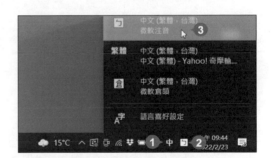

加入文字與標點符號

現在以 **微軟注音** 輸入法為例，練習輸入本章範例的標題文字，並在標題文字前、後各加一個符號，讓標題文字更醒目。

STEP 01 請先在 **語言工具列** 設定 **中文 (繁體，台灣) 微軟注音** 輸入法，再輸入文字「滿意度調查表」。

STEP **02** 在句子最前方按一下滑鼠左鍵,將輸入線移至此處,於右下角 **語言工具列** 確定目前為 **中** 狀態,再於 **中** 上方按一下滑鼠右鍵,選按 **輸入法整合器**。

STEP **03** 選按 "◆" 標點符號,按 Enter 鍵完成符號加入的動作。依相同方式,於標題 文字最後也加入 "◆" 標點符號。(輸入完成後,可以按右上角 ⊠ **關閉** 鈕。)

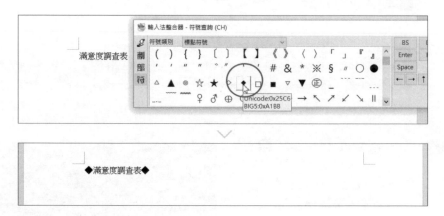

"分段" 產生新段落

按 Enter 鍵會在目前輸入線所在位置執行分段動作,產生一個新的段落,並出現 ↵ 段落符號。接下來輸入內文資料,並適當予以整理。

STEP **01** 在第一行文字的最尾瑞,按一下滑鼠左鍵顯示輸入線,按 Enter 鍵,讓輸 入線移至第二段。

STEP 02 輸入第二段的內文資料 "親愛的顧客..."，輸入完畢後按 Enter 鍵，讓輸入線移至第三段。

STEP 03 在第三段輸入 "旅遊團名稱：日期：姓名：" 後，三者之間分別按二下 Space 鍵插入二個半形空白，最後按 Enter 鍵。

STEP 04 在第四個段落按 Shift 鍵，切換為英文輸入法，輸入 "emal：" (此處是故意輸入錯誤的單字，後面會修改)，完成後按 Enter 鍵。(Word 會自動將句首的第一個英文字母變成大寫)

◆滿意度調查表◆
親愛的顧客您好，為了解您對旅行社這次的服務品質，請您根據自身情況，撥冗填寫此份調查表，以作為我們改進與提升活動品質的參考。
旅遊團名稱： 日期： 姓名：
Emal：

STEP 05 將輸入線移至 "旅遊團名稱：" 文字後方，於 **常用** 索引標籤選按 **底線**，再按四下 Tab 鍵，加入底線。

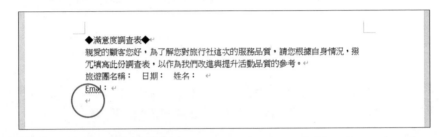

STEP 06 依相同方式，如下圖分別在 "日期：" 、"姓名：" 、"Emal：" 文字後方加上底線。

◆滿意度調查表◆
親愛的顧客您好，為了解您對旅行社這次的服務品質，請您根據自身情況，撥冗填寫此份調查表，以作為我們改進與提升活動品質的參考。
旅遊團名稱：＿＿＿＿＿＿＿ 日期：＿＿＿＿＿ 姓名：＿＿＿＿＿
Emal：＿＿＿＿＿＿＿＿＿＿＿

複製與貼上

在其他檔案中已經完成的資料不需要重複作業，只要輕鬆複製文字資料至文件中，並於合適的位置進行編修就好了。

STEP 01 開啟範例原始檔 <滿意度調查表.docx>，於 **常用** 索引標籤選按 **選取 \ 全選**。

STEP 02 於 **常用** 索引標籤選按 **複製**，複製文字資料至文件中，回到 **文件1** 檔案中，將輸入線移到第五段，再於 **常用** 索引標籤選按 **貼上**。

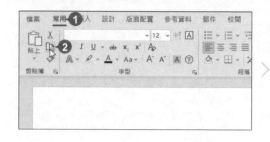 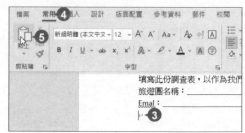

"分行" 強迫換行

按 Shift + Enter 鍵會在目前輸入線所在位置執行強迫換行的動作 (換行但段落相同)，並出現 ↓ 分行符號。然而 "行" 無法設定前後段的距離，以及首行縮排或凸排...等效果，因為它只是換行，所以會延續同一段內的段落設定。

參考右圖 (圈選處)，於每個評分項目後方按 Shift + Enter 鍵加上分行效果。

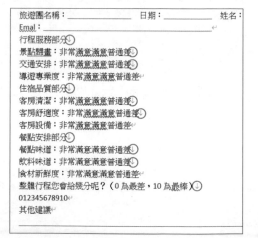

修改文字

輸入資料的過程中,難免會有文字打錯、字母拼錯的問題,透過簡單修正讓資料內容更為正確。

STEP 01 最常用的修改文字方式:先選取要修改的文字再輸入正確的文字,例如要將 "歸畫" 更改為 "規劃",將滑鼠指標移至文字 "歸" 左側,按滑鼠左鍵不放,由左至右拖曳選取 "歸畫" 文字,直接輸入 "規劃" 文字。

STEP 02 接著要校正文件內錯誤的英文字,將 "Emal" 改為 "Email" ,於 ".. Emal..." 單字上按一下滑鼠右鍵,選按快顯功能表中的正確英文字。

小提示

開啟自動拼字與文法檢查功能

若是無法看到單字下方的紅色曲線,可以於 **檔案** 索引標籤選按 **選項** 鈕,於 **Word 選項** 對話方塊 **校訂 \ 在 Word 中修正拼字及文法錯誤時** 選項,核選 **自動拼字檢查** 與 **自動標記文法錯誤** 二個項目。

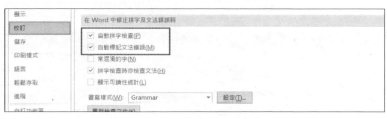

刪除與復原文字

若要刪除目前輸入線右側或左側的文字，可運用 Del 或 Backspace 鍵練習刪除範例文字。

STEP 01 在第二段 "您" 文字前方按一下滑鼠左鍵，將輸入線移至此，再按一下 Del 鍵，刪除輸入線右側 "您" 文字。

調查表◆↵
客您好，為了解您對旅行社這次的服務品質，請您根據自身情
份調查表，以作為我們改進與提升活動品質的參考。↵
稱：＿＿＿＿＿＿＿ 日期：＿＿＿＿＿ 姓名：＿
＿＿＿＿＿＿↵
部分↓
：非常滿意滿意普通差↓

調查表◆↵
客您好，為了解您對旅行社這次的服務品質，請根據自身情況
調查表，以作為我們改進與提升活動品質的參考。↵
稱：＿＿＿＿＿＿＿ 日期：＿＿＿＿＿ 姓名：＿
部分↓
：非常滿意滿意普通差↓

STEP 02 將輸入線移至 "升" 後方，按三下 Backspace 鍵，刪除輸入線左側 "與提升" 文字。

◆滿意度調查表◆↵
親愛的顧客您好，為了解您對旅行社這次的服務品質，請根據自
填寫此份調查表，以作為我們改進與提升活動品質的參考。↵
旅遊團名稱：＿＿＿＿＿＿＿ 日期：＿＿＿＿ 姓名：
Email：＿＿＿＿＿＿＿＿＿＿＿＿＿＿↵
行程服務部分↓
景點規劃：非常滿意滿意普通差↓
交通安排：非常滿意滿意普通差↓

◆滿意度調查表◆↵
親愛的顧客您好，為了解您對旅行社這次的服務品質，請根據自
填寫此份調查表，以作為我們改進活動品質的參考。↵
旅遊團名稱：＿＿＿＿＿＿＿ 日期：＿＿＿＿ 姓名：
Email：＿＿＿＿＿＿＿＿＿＿＿＿＿＿↵
行程服務部分↓
景點規劃：非常滿意滿意普通差↓

STEP 03 編輯文件時，對之前的操作動作有疑慮或是後悔時，可以選按 **快速存取工具列** 的 **復原** 與 **取消復原** 鈕取消前一次或多次的動作。(這裡恢復前面刪除 "與提升" 文字的動作)

按一下可復原一次步驟

選按 ⌄ 清單鈕，透過復原清單可以一次復原多個步驟

加入特殊符號

Word 提供的符號功能,除了可以插入一般的標點符號外,想要在文件中運用一些特殊符號時,也可以透過以下方式輕鬆插入更多符號。

STEP 01 將輸入線移至第一個 "非常滿意" 文字前方,於 **插入** 索引標籤選按 **符號 \ 其他符號**。

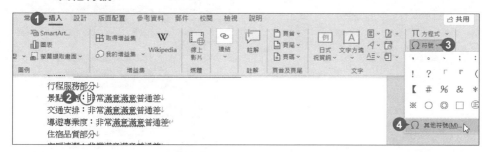

STEP 02 設定 **字型:(一般文字)**、**子集合:幾何圖案**,選按 □ 符號,再按 **插入** 鈕完成符號的插入。

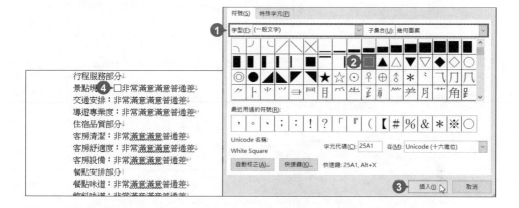

STEP 03 依相同方式,參考右圖在選項前方都加上 □ 符號,最後按 **關閉** 鈕結束設定。

行程服務部分↓
景點規劃:□非常滿意□滿意□普通□差↓
交通安排:□非常滿意□滿意□普通□差↓
導遊專業度:□非常滿意□滿意□普通□差↓
住宿品質部分↓
客房清潔:□非常滿意□滿意□普通□差↓
客房舒適度:□非常滿意□滿意□普通□差↓
客房設備:□非常滿意□滿意□普通□差↓
餐點安排部分↓
餐點味道:□非常滿意□滿意□普通□差↓
飲料味道:□非常滿意□滿意□普通□差↓
食材新鮮度:□非常滿意□滿意□普通□差↓
整體行程您會給幾分呢?(0 為最差,10 為最棒)↓
012345678910↵

設定編號

透過 **編號** 功能，以預設狀態 1、2、3...等數字編號方式為每個段落開頭自動加上數字排列。

STEP **01**　選取要加上編號的段落。

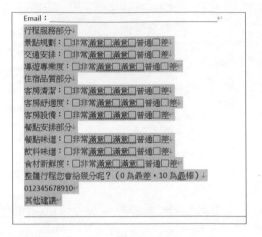

STEP **02**　於 **常用** 索引標籤選按 **編號** 清單鈕，再於清單中選擇合適的編號。

小 提 示

取消編號的設定

選取要取消編號的段落，於 **常用** 索引標籤選按 **編號**，或者選按
編號 清單鈕 \ **無** 取消設定。

輸入 "全形空白"

文件在編輯時，可以藉編輯標記分辨文章中插入的是段落、分行或空白，編輯標記在列印時不會印出。預設編輯環境中是無法看到這些符號的，為了更有效掌握文件呈現的狀態，建議在處理文件時顯示相關編輯符號。

STEP **01** 於 **常用** 索引標籤選按 顯示/隱藏編輯標記，開啟符號顯示模式 (按一下為顯示，再按一下為隱藏)。

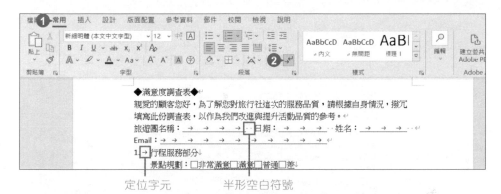

定位字元   半形空白符號

STEP **02** 於右下角 **語言工具列** 中 上按一下滑鼠右鍵，選按 **全形/半形切換 (半形)** \ **全形**。(此操作適用微軟注音)

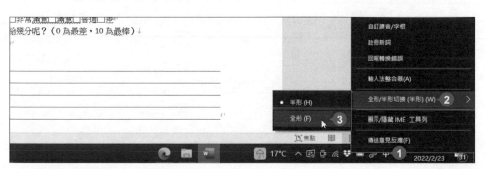

小 提 示

"全形空白" 與 "半形空白"

1. 全形空白：在全形的輸入狀態下，按 `Space` 鍵文件中會出現 □ 編輯標記，白色小方塊就是全形的空白字元。

2. 半形空白：在半形的輸入狀態下，按 `Space` 鍵文件中會出現 · 編輯標記，小黑點就是半形的空白字元。

將輸入線移至 "非常滿意" 右側，按 Space 鍵加入二個全形空白。

> 1. → 行程服務部分↵
>   景點規劃：□非常滿意□□滿意□普通□差↵
>   交通安排：□非常滿意□滿意□普通□差↵
>   導遊專業度：□非常滿意□滿意□普通□差↵
> 2. 住宿品質部分↵
>   客房清潔：□非常滿意□滿意□普通□差↵
>   客房舒適度：□非常滿意□滿意□普通□差↵

依相同方式，為所有選項之間均加入二個全形空白字元。

> 填寫此份調查表，以作為我們改進與提升活動品質的參考。↵
> 旅遊團名稱：→ → → → 日期：→ → → ·姓名：→ → → ·↵
> Email：→ → → → → → → → → ↵
> 1. → 行程服務部分↵
>   景點規劃：□非常滿意□□滿意□□普通□□差↵
>   交通安排：□非常滿意□□滿意□□普通□差↵
>   導遊專業度：□非常滿意□□滿意□□普通□差↵
> 2. → 住宿品質部分↵
>   客房清潔：□非常滿意□□滿意□□普通□差↵
>   客房舒適度：□非常滿意□□滿意□□普通□差↵
>   客房設備：□非常滿意□□滿意□□普通□差↵
> 3. → 餐點安排部分↵
>   餐點味道：□非常滿意□□滿意□□普通□差↵
>   飲料味道：□非常滿意□□滿意□□普通□差↵
>   食材新鮮度：□非常滿意□□滿意□□普通□差↵
> 4. → 整體行程您會給幾分呢？（0 為最差，10 為最棒）↵
>   0□□1□□2□□3□□4□□5□□6□□7□□8□□9□□10↵
> 5. → 其他建議↵

(由於全形空白顯示的標記符號與前面選項中插入的 □ 核選框特殊符號很相似，如果覺得易混淆而造成編輯上的困擾，可以再按一次 **顯示/隱藏編輯標記**，即可隱藏編輯標記。)

小 提 示

全形半形快速切換

要快速切換全形及半形輸入狀態，可以按 Shift + Space 鍵。

1.3 文字格式套用

運用 **常用** 索引標籤可調整文字的字型、大小、色彩、間距、對齊位置與其他特殊格式設定，集合一般文書處理中經常使用的功能，讓操作更加方便。

STEP **01** 選取 "◆滿意度調查表◆" 標題文字，於 **常用** 索引標籤設定合適字型、**字型大小：26**、粗體、置中。

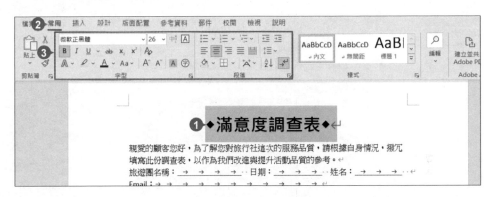

STEP **02** 在文件空白處按一下滑鼠左鍵取消原有的選取範圍，先選取 "旅遊團名稱"，再按 Ctrl 鍵不放選取其他三個填寫項目，於 **常用** 索引標籤設定合適字型、**字型大小：12**。

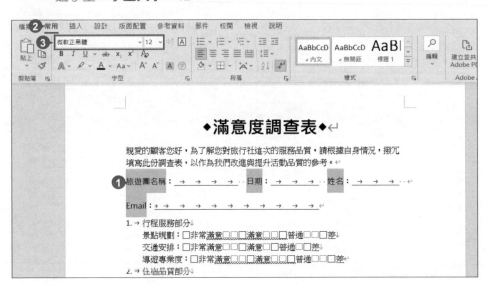

STEP **03** 在文件空白處按一下滑鼠左鍵取消原有的選取範圍，先選取 "行程服務部分"，再按 **Ctrl** 鍵不放選取其他四個項目標題，於 **常用** 索引標籤設定 **粗體**，並套用合適的色彩。

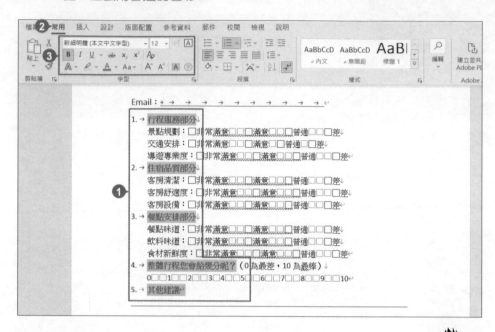

小 提 示

運用字型對話方塊設定字型格式

文字格式除了選按 **常用** 索引標籤各字型格式鈕套用外，還可以選按 **字型** 對話方塊啟動器，於 **字型** 對話方塊針對字型格式執行更多細部的設定。

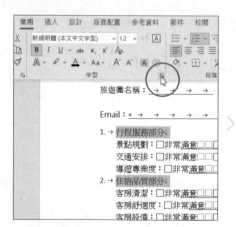

調整字元間距

字元間距 是指文字與文字間的距離,在此要將標題文字間距加寬。

STEP**01** 選取標題文字,於 **常用** 索引標籤選按 **字型** 對話方塊啟動器。

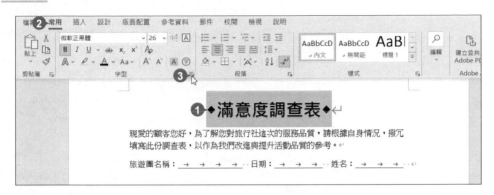

STEP**02** 於 **字型** 對話方塊 **進階** 標籤設定 **間距:加寬、點數設定:3點**,按 **確定** 鈕。

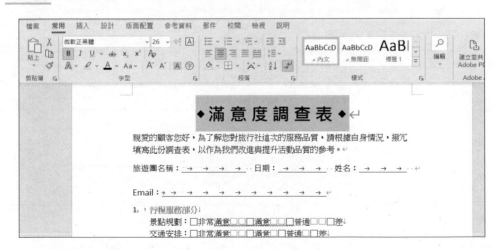

STEP**03** 回到文件中,會發現標題文字的字元間距已加寬。

段落文字首字放大

首字放大 通常會在報紙和雜誌版面中看到，在 Word 中也可以將段落文字設計上此效果，第一個文字會以文字方塊物件的方式來呈現，再以文繞圖讓文字物件與段落結合在一起。

STEP01 將輸入線移至標題下方的段落上，於 **插入** 索引標籤選按 **首字放大 \ 首字放大選項**。

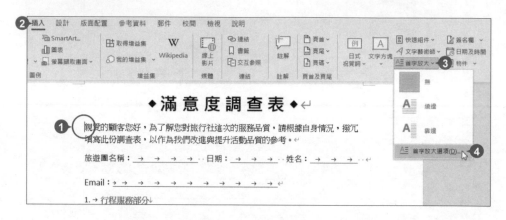

STEP02 於 **首字放大** 對話方塊設定 **位置：繞邊、放大高度：2、與文字距離：0.3公分**，按 **確定** 鈕就完成首字放大的設計。

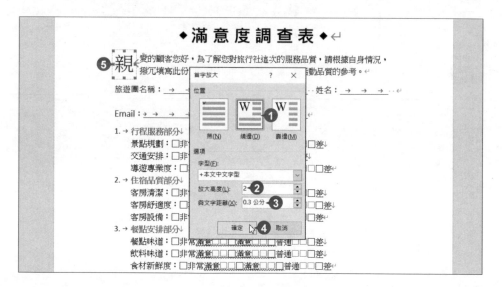

1.4 段落格式調整

文件中的段落樣式包含：段落對齊、縮排、段落間距、行距...等設定元素，這些樣式主要是讓文件內容的擺放更為整齊大方。

變更行高與行距

當文件的內容顯得有些擁擠時，可以調整段落行高與行距的設定。如果要變更的是文件部分內容，記得要先選取要設定的範圍，再變更其段落格式設定。

STEP 01 選取標題文字，於 **常用** 索引標籤選按 **段落** 對話方塊啟動器。

STEP 02 於 **段落** 對話方塊 **縮排與行距** 標籤設定 **行距：多行、行高：「5」**，按 **確定** 鈕。

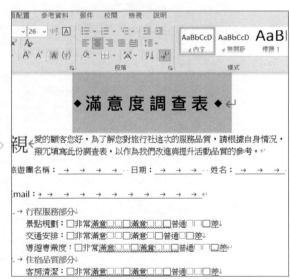

調整段落的間距

接下來要調整內文各段的間距，設定與前段、後段的距離。

STEP 01 如圖選取內文，於 **常用** 索引標籤選按 **段落** 對話方塊啟動器。

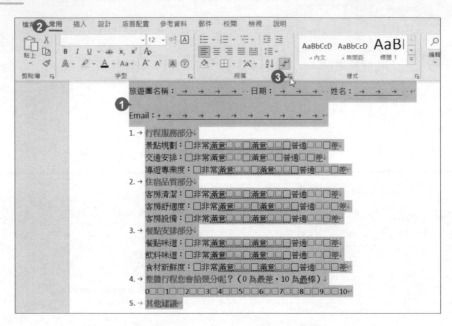

STEP 02 於 **段落** 對話方塊 **縮排與行距** 標籤設定 **與前段距離**：「0.5 行」、**與後段距離**：「0.5 行」，按 **確定** 鈕完成設定。

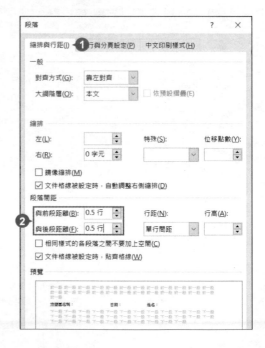

1.5 文件修飾

最後要仔細檢查文件！如果發現個別錯字，就用前面的編輯方式修正，若是統一性的問題就可透過 **取代** 功能除錯，此外還要為這份作品加上一個簡單的外框線以美化文件。

取代

將文件內所有 "部分" 文字取代為 "滿意度"。

STEP 01 於 **常用** 索引標籤選按 **取代**。

STEP 02 於 **尋找及取代** 對話方塊 **取代** 標籤 \ **尋找目標** 輸入：「部分」、**取代為** 輸入：「滿意度」，按 **全部取代** 鈕，一次取代所有符合條件的目標。

STEP 03 於提示訊息對話方塊中，會告知文件已完成了 3 筆的取代動作，按 **確定** 鈕，再於 **尋找及取代** 對話方塊按 **關閉** 鈕回到文件中。

頁面框線的套用

範例的最後，要為本範例加上框線，美化此份文件。

STEP 01 將輸入線移至文件內容任一處，於 **常用** 索引標籤選按 **框線** 清單鈕 \ **框線及網底**。

STEP 02 於 **框線及網底** 對話方塊 **頁面框線** 標籤設定為 **方框**、**色彩**、**花邊**、**寬**、**套用至：整份文件**，按 **確定** 鈕。

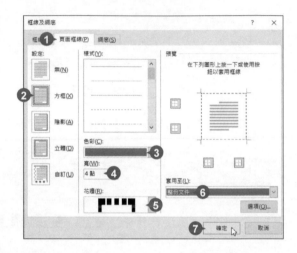

STEP 03 如此一來即為文件加上好看的框線囉！

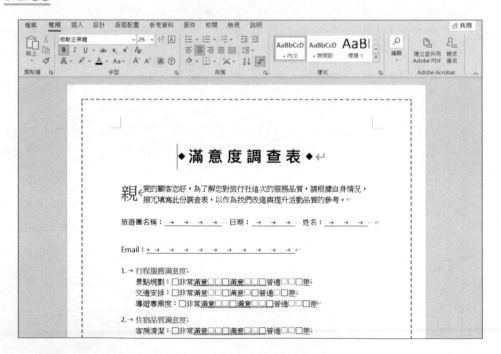

1.6 儲存檔案

辛苦完成的作品建議在輸入部分資料時就順手做儲存的動作，這樣才不會因為遇到像當機、停電、不小心按到重新開機鈕...等意外而流失資料。

第一次存檔時，會開啟 **另存新檔** 對話方塊；若是第二次存檔，則不會出現對話方塊，而會依上一次儲存設定直接存檔。

STEP01 於 **檔案** 索引標籤選按 **儲存檔案 \ 這台電腦 \ 瀏覽**。

STEP02 於 **另存新檔** 對話方塊設定檔案儲存位置，檔案名稱預設會自動選取文件第一個句子作為檔名，當然也可以自行輸入新名稱，完成後按 **儲存** 鈕。

小提示

儲存資料其他方法

可以於快速存取工具列上選按 🖫 **儲存檔案** 鈕，或者選按 Ctrl + S 鍵。

1.7 列印

完成的作品，如果只是單純的放在電腦中未免太可惜了，在此說明如何藉由列印將文件化為實體的作品。

於 **檔案** 索引標籤選按 **列印**，將會進入列印設定畫面，於 **預覽列印** 畫面做文件最後的確認，接著設定 **印表機**、**份數**，按 **列印** 鈕即可開始列印。

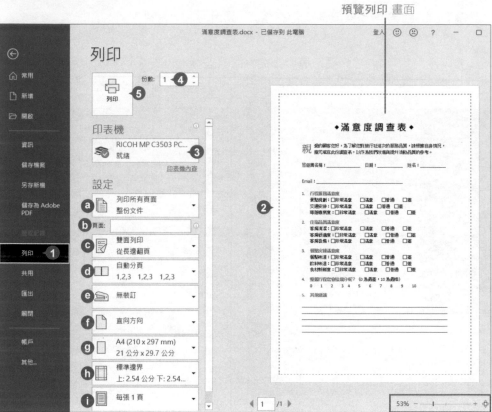

透過 **調整顯示比例** 可以放大、縮小文件內容。

其他細項設定功能說明：

ⓐ 設定所需列印的頁面與摘要資訊

ⓑ 手動輸入所需列印的頁面

ⓒ 設定單面列印或雙面列印

ⓓ 設定是否使用 **自動分頁** 功能

ⓔ 設定裝訂位置

ⓕ 設定列印方向

ⓖ 設定紙張大小

ⓗ 設定列印邊界

ⓘ 設定每張可容納的列印頁數

延伸練習

請依如下提示完成 "語言學習單" 文件作品。

英文會話學習單-餐飲篇

在國外的餐廳，你有面對服務生卻不會點餐的窘況嗎？一起來看看常用的餐廳英文用語，讓你輕鬆享受豐盛大餐！

一、訂位　I'd like to make a reservation.
某些餐廳，可能會需要事先打電話訂位，告訴餐廳共有幾個人，幾點會到以及你的姓名，這時你可以說：I'd like to make a reservation for four at 8 p.m. for Cynthia.

二、再說一次　Could you repeat that, please?
餐廳可能很吵雜，服務生說話很快。假如你聽不懂，就可以說：Could you repeat that?，當然也可簡單的說：Excuse me?，這樣服務生會再重覆一次剛才的敘述。

三、我們需要再幾分鐘　We need another minute.
當服務生要幫你們點餐時會說：Are you ready to order?，這時候你可以說：Not yet. We need another minute.或 Can we have another minute?，這樣一來服務生會過一會 (約 5 分鐘) 再過來為你點餐。

四、我想要... I'd like...
當你要開始點菜或是飲料時，可以說：I'd like a sandwich and tea.，或指著菜單就可以點菜！

五、有沒有...？　Do you have …?
當你想要點某樣東西，但在菜單上沒有看到，這時可以說：Do you have …?例如想要單點柳橙汁，可以說：Do you have orange juice?

六、這個餐點不是我點的　This isn't what I ordered.
當服務生端上桌的餐點不是你點的，這時可以說：This isn't what I ordered, I ordered ….然後服務生說出正確的餐點項目。

七、請幫忙結帳　Check, please!
當你用完餐準備要走了，這時可以說：Check, please! 請服務生來到桌前為你做結帳的服務。

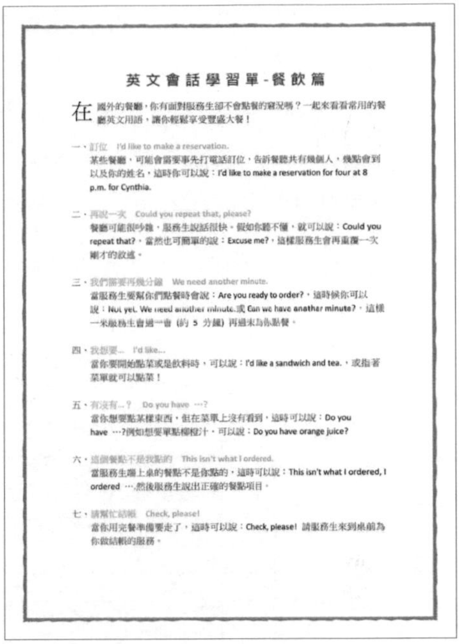

1. 開啟延伸練習原始檔 <語言學習單.docx>。
2. 這份學習單已輸入完成，接著參考右圖紅色圈選部分執行強迫分行的動作。
3. 設定編號：選取 "訂位"、"再說一次"、"我們需要再幾分鐘"、"我想要..."、"有沒有...?"、"這個餐點不是我點的" 與 "請幫忙結帳" 七個段落，於 **常用** 索引標籤選按 **編號** 清單鈕，再於清單中選擇合適編號。

一、訂位 I'd like to make a reservation.
某些餐廳，可能會需要事先打電話訂位，告訴餐廳共有幾
以及你的姓名，這時你可以說：I'd like to make a reservation
p.m. for Cynthia.
二、再說一次 Could you repeat that, please?
餐廳可能很吵雜，服務生說話很快。假如你聽不懂，就可
repeat that?，當然也可簡單的說：Excuse me?，這樣服務生
剛才的敘述。
三、我們需要再幾分鐘 We need another minute.
當服務生要幫你們點餐時會說：Are you ready to order?，這
說：Not yet. We need another minute.或 Can we have anoth
一來服務生會過一會 (約 5 分鐘) 再過來為你點餐。
四、我想要...I'd like...
當你要開始點菜或是飲料時，可以說：I'd like a sandwich a
菜單就可以點菜！
五、有沒有...？：Do you have …?
當你想要點某樣東西，但在菜單上沒有看到，這時可以說
have …?例如想要單點柳橙汁，可以說：Do you have orang
六、這個餐點不是我點的 This isn't what I ordered.
當服務生端上桌的餐點不是你點的，這時可以說：This isn'
ordered ….然後服務生說出正確的餐點項目。
七、請幫忙結帳 Check, please!
當你用完餐準備要走了，這時可以說：Check, please! 請服

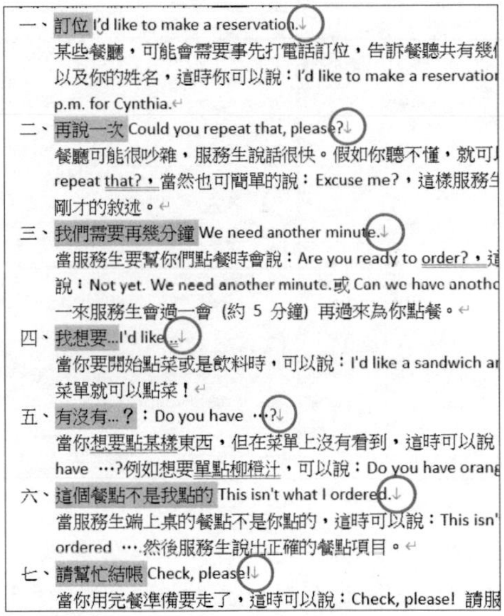

4. 首字放大：將輸入線移至標題下方的段落上，於 **插入** 索引標籤選按 **首字放大 \ 首字放大選項**。於 **首字放大** 對話方塊設定 **位置：繞邊、放大高度：2、與文字距離**：「0.2 公分」，按 **確定** 鈕。

5. 插入全形空白鍵：在 "訂位"、"再說一次"、"我們需要再幾分鐘"、"我想要..."、"有沒有...?"、"這個餐點不是我點的" 與 "請幫忙結帳" 文字後插入一個全形空白鍵。

6. 參考下圖，調整文件內容的段落間距、行距以及合適字型、大小與樣式。

微軟正黑體、20、粗體、置中、紫色、字元間距：加寬 3 點、行距：多行、行高：3。

標題文字：綠色，輔色 6、粗體，與後段距離：1 行。

與後段距離：1 行，左右對齊。

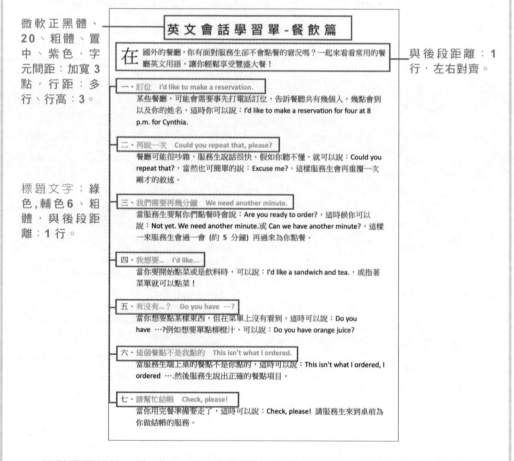

7. 設計頁面框線：於 **常用** 索引標籤選按 **框線** 清單鈕 \ **框線及網底**，依喜好為文件套用上合適的頁面框線。

8. 儲存：最後記得儲存檔案，完成此作品。

02

商品訂購單
Word 表格應用

新增表格

分割與合併·欄列

合併與對齊·框線與網底

學習重點

一份商品訂購單裡，不外乎包含價格、付款條件、交貨日期...等項目，此章利用表格特性，將相關資訊有組織的分類擺放，讓訂購者可一目瞭然選購想要的商品及填入正確的資料。

"訂購單" 主要目的是透過插入表格、分割儲存格與表格、合併儲存格、對齊方式...等功能，藉由表格的版面配置操作，輕鬆設計出想要呈現的表格作品。

幸福咖啡坊訂購單

姓名		電話		發票抬頭			備註	
		手機		統一編號				
地址	□□□			取貨方式	□自取	□郵寄	□宅配	
				指定交貨日	年	月	日	
E-mail				指定時段	□上午	□中午	□晚上	

烘焙原豆	商品項目	半磅	數量	一磅	數量	小計	即溶系列	商品項目	10入	數量	20入	數量	小計
	巴西	400 元		800 元				二合一	100 元		180 元		
	哥倫比亞	500 元		1000 元				三合一	150 元		280 元		
掛耳系列	商品項目	10入	數量	20入	數量	小計	精品禮盒	商品項目	原豆	數量	掛耳	數量	小計
	藍山風味	125 元		250 元				經典禮盒	1600 元		700 元		
	經典曼巴	125 元		250 元				城市禮盒	2000 元		1000 元		

❶商品總金額		元	❷運費		元	❶+❷總金額	元

訂購流程說明	付款方式		匯款資料
1. 產品下單並確認匯款後，才進行烘焙、研磨、包裝、寄件，約三個工作天。 2. 轉帳後請務必將匯款單或轉帳明細，與訂購單一併傳真給我們並打電話告知。 3. 請確定寄住址。	□匯款 □ATM 轉帳 □貨到付款	購物滿 1500 元免運費，1500 元以下另加運 100 元。 每一訂單需加收 30 元手續費。	銀行：007 第一銀行 戶名：黃小莉 帳號：043123456789

地址：545 南投縣埔里鎮幸福路 100 號　　訂購電話：049-2900000　　訂購傳真：049-2900002

◗ 使用拖曳方式插入表格	◗ 插入欄列、輸入文字
◗ 使用快速表格、對話方塊插入表格	◗ 合併、對齊儲存格
◗ 選取表格	◗ 調整儲存格欄寬、列高
◗ 編輯表格時常用按鍵	◗ 設定表格框線與網底
◗ 分割表格、儲存格	◗ 設定表格字型與標題文字

原始檔：<本書範例 \ ch02 \ 原始檔 \ 商品訂購單.docx>
完成檔：<本書範例 \ ch02 \ 完成檔 \ 商品訂購單.docx>

2.1 插入表格

表格提供文字一定的格式規範,讓文件內容清楚明瞭,也更加方便使用者快速閱讀或找尋資料。

開啟範例原始檔 <商品訂購單.docx>,此訂購單範例需要一個 6 欄 11 列的表格,在開始製作前先說明三種新增表格的方法:

使用拖曳方式插入表格

於 **插入** 索引標籤選按 **表格**,將滑鼠指標移到方格上,由左上角方格往右下移動至需要的欄列方格數,按一下滑鼠左鍵,但最多只能拖曳 10 欄 8 列。

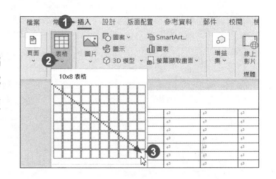

使用快速表格

快速表格 內建許多設計好的表格樣式提供選用,選用後可再依需求稍加修改部分樣式即可快速建立專屬表格。

於 **插入** 索引標籤選按 **表格 \ 快速表格**,清單中可挑選合適的表格樣式。

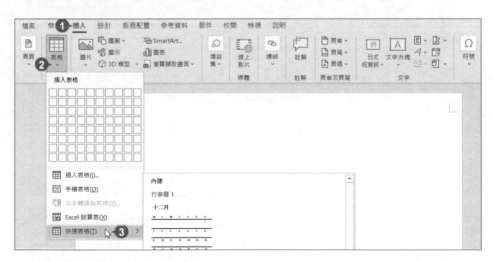

使用對話方塊插入表格

此訂購單範例要透過 **插入表格** 對話方塊，插入一個 6 欄 11 列的表格。

STEP**01** 於 **插入** 索引標籤選按 **表格 \ 插入表格**，輸入 **欄數**：「6」、**列數**：「11」，按 **確定** 鈕。

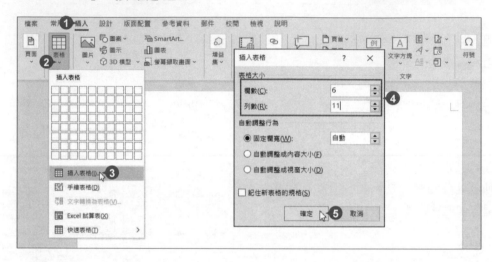

STEP**02** 文件上會出現剛才設定的 6 欄 11 列表格。

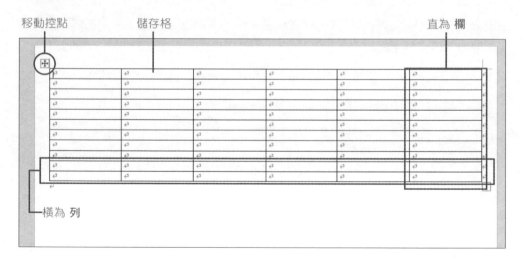

選取表格

準確地選取表格或儲存格，可以讓 Word 正確知道所要執行的範圍，以提高作品的
完成度。

● **選取某一儲存格**：將滑鼠指標移至儲存格左下角位置，當滑鼠指標呈 ↗ 狀，按一
下滑鼠左鍵，儲存格即選取。取消儲存格的選取：在非選取區的任意位置按一下
滑鼠左鍵即可取消選取。

● **選取列**：將滑鼠指標移至表格左側呈 ↗ 狀，按一下滑鼠左鍵，即可選取該列；按
滑鼠左鍵不放可往上或往下拖曳選取多列。

● **選取欄**：將滑鼠指標移至表格最上方呈 ↓ 狀，按一下滑鼠左鍵，即可選取該
欄；按滑鼠左鍵不放可往左或往右拖曳選取多欄。

- **選取整個表格**：將滑鼠指標移到表格內，在表格左上角出現的 ⊞ 移動控點上按一下左鍵，就會選取整個表格。

編輯表格時常用的按鍵

按鍵	說明
Tab	將輸入線移至下個儲存格
Shift + Tab	將輸入線移至上個儲存格
Enter	在同一儲存格內新增一列
Ctrl + Tab	在儲存格內跳至定位點位置
Alt + Home 或 Alt + End	移至該列最左邊或最右邊儲存格
Alt + PageUp	移至該欄最上方儲存格
Alt + PageDown	移至該欄最下方儲存格
Shift + Alt + PageUp 或 Shift + Alt + PageDown	以欄為基準，選取輸入線以上或以下的儲存格。
Shift + Alt + Home 或 Shift + Alt + End	以列為基準，選取輸入線左側或右側的儲存格。

2.2 分割表格與儲存格

插入 6 欄 11 列表格後，現在要將一個大表格，利用 **分割表格** 功能分割三個獨立的小表格，分別為 5 列、4 列、2 列，接著再將這三個表格中的儲存格進行分割處理。

分割表格

STEP 01 首先要分割出一個 5 列的獨立表格，將輸入線移至第 6 列第 1 個儲存格，於 **版面配置** 索引標籤選按 **分割表格**。

STEP 02 輸入線的位置即會分割成上下二個表格。

依相同方式，輸入線移至下方 6 列表格的第 5 列，於 **版面配置** 索引標籤選按 **分割表格**，將其分割為一個 4 列、一個 2 列的獨立表格。

分割儲存格

當分割出三個表格之後，再來要將三個表格中的儲存格分割成不同的組合，以符合後續要填入的文字資料。

STEP **01** 首先將第一個表格第 1 欄分割成 3 欄 5 列：將滑鼠指標移至第 1 欄最上方，呈 ↓ 狀，按一下滑鼠左鍵選取該欄，於 **版面配置** 索引標籤選按 **分割儲存格**，輸入 **欄數**：「3」、**列數**：「5」，按 **確定** 鈕。

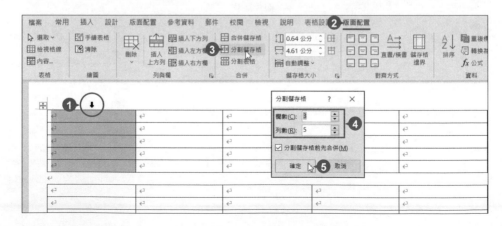

STEP **02** 依相同方式，選取目前第一個表格第 4、5 欄的五列，分割儲存格為：4 欄 5 列。

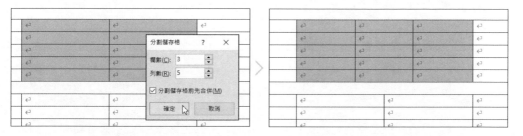

選取目前第一個表格由右側算起來第 2、3 欄的五列，分割儲存格為：3 欄 5 列。

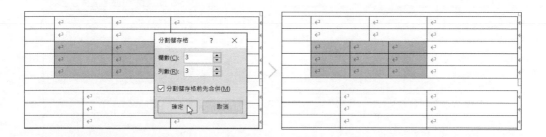

選取目前第一個表格由右側算起來第 2、3 欄下方三列，分割儲存格為：3 欄 3 列。

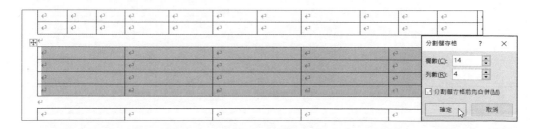

STEP **03** 接著要進行第二個表格分割儲存格動作，選取第二表格的所有欄位，分割儲存格為：14 欄 4 列。

完成第二個表格的分割儲存格動作。

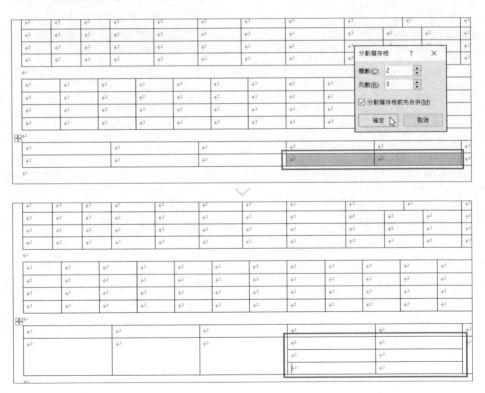

最後進行第三個表格分割儲存格的動作，選取最後一列的第 4、5 欄，分割儲存格為：2 欄 3 列。

2.3 插入欄列與輸入文字

完成表格與儲存格的分割後，接著要在第二個表格下方再新增 3 列，然後依序輸入訂購單相關文字。

插入欄列

STEP 01 將輸入線移至第二個表格第 1 個儲存格，將滑鼠指標移至第 1 個儲存格左下角，當出現 ⊕ 圖示，連按三下 (也可以於 **版面配置** 索引標籤，連按三下 **插入下方列**)。

STEP 02 於文件上可看到第二個表格已新增 3 列，總共為 7 列。

(若要插入欄，可將滑鼠指標移至欄與欄之間框線的最上方，當出現 ⊕ 圖示，選按該圖示即可插入欄；或者也可以於 **版面配置** 索引標籤，選按 **插入左方欄、插入右方欄**。)

小提示

刪除表格與欄列

要刪除表格時，可將輸入線移至要刪除的欄列或表格中任一儲存格，在 **版面配置** 索引標籤選按 **刪除**，於清單中選取刪除的項目。

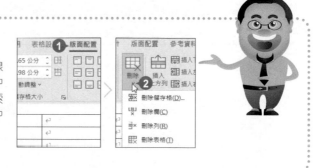

輸入文字

當表格格式大致調整好之後,接著就是要將文字填入表格中。開始輸入表格文字,會發現格式怎麼跑掉了?原本設定表格只有一頁怎麼跑到第二頁了?先不用擔心,後面會再針對表格欄寬、列高進行調整。

STEP 01 參考下圖的表格輸入相關文字,或者直接開啟範例原始檔 <訂購單文字.txt> 進行複製與貼上的動作:

姓名				電話			發票抬頭				備註	
				手機			統一編號					
地址				取貨方式		自取		郵寄		宅配		
				指定交貨日		年		月		日		
E-mail						指定時段	上午	中午	晚上			

烘焙原豆	商品項目	半磅	數量	一磅	數量	小計	即溶系列	商品項目	10 人	數量	20 人	數量	小計
	巴西	400 元		800 元				二合一	100 元		180 元		
	哥倫比亞	500 元		1000 元				三合一	150 元		280 元		
掛耳系列	商品項目	10 人	數量	20 人	數量	小計	精品禮盒	商品項目	原豆	數量	掛耳	數量	小計
	藍山風味	125 元		250 元				經典禮盒	1600 元		700 元		
	經典墨巴	125 元		250 元				城市禮盒	2000 元		1000 元		
商品總金額				元	運費			元	總金額				元

訂購流程說明			付款方式		匯款資料
產品下單並確認匯款後,才進行烘焙、研磨、包裝、寄件,約三個工作天。			匯款	購物滿 1500 元免運費,1500 元以下另加運 100 元。	銀行:007 第一銀行 戶名:黃小莉 帳號:043123456789
轉帳後請務必將匯款單或轉帳明細,與訂			ATM 轉帳		
			貨到付款	每一訂單需加收 30 元手續費。	

購單一併傳真給我們並打電話告知。請確定寄件住址。			

STEP 02 輸入好全部文字後，現在要於表格中插入 □ 矩形符號，將輸入線移至如圖位置，於 **插入** 索引標籤選按 **符號 \ 其他符號**。

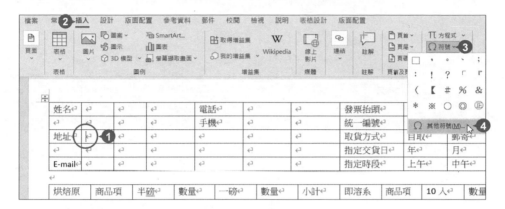

STEP 03 於 **符號** 對話方塊設定 **字型：(一般文字)**、**子集合：幾何圖案**，選按 □ 符號，連按三次 **插入** 鈕，完成符號的插入。(**符號** 對話方塊還不需關閉，直接繼續後面的操作。)

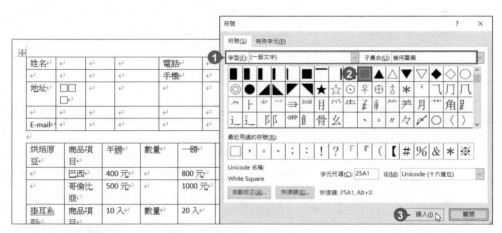

STEP 04 依相同方式，如下圖在 "取貨方式"、"指定時段"、"付款方式" 選項中一一加入 □ 符號。

接著將輸入線移至 "商品總金額" 文字前方，於剛才開啟的 **符號** 對話方塊，設定 **字型：Wingdings**，選按 ❶ 數字符號，再按 **插入** 鈕。

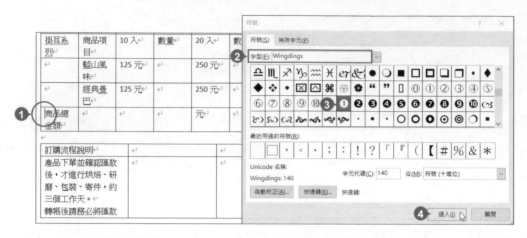

完成符號的插入。

依相同方式，如下圖在 "運費" 與 "總金額" 文字前方插入合適符號 ("+" 符號可直接輸入或於 **符號** 對話方塊設定 **字型：(一般文字)**、**子集合：基本拉丁文** 中找到並插入)，完成後按 **關閉** 鈕。

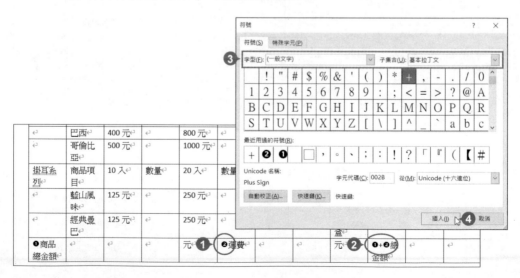

2.4 合併與對齊儲存格

運用表格的 **合併儲存格** 和 **對齊儲存格** 功能，依如下步驟進行儲存格合併與對齊的操作，讓表格內容的呈現更顯合適。

合併儲存格

STEP 01 首先選取 "姓名" 右側六個儲存格，於 **版面配置** 索引標籤選按 **合併儲存格**，六個儲存格即合併為一個。

STEP 02 依相同方式，如下圖 (紅框圈選處) 為第一個表格分別合併 "姓名"、"電話"、"手機"、"地址"、"E-mail"、"發票抬頭"、"統一編號"、"備註" 的相關儲存格。

姓名		電話			發票抬頭		備註	
手機		統一編號						
地址	□□□	取貨方式	□自取	□郵寄	□宅配			
	指定交貨日	年	月	日				
E-mail	指定時段	□上午	□中午	□晚上				

烘焙原豆	商品項目	半磅	數量	一磅	數量	小計	即溶系列	商品項目	10 人	數量	20 人	數量
	巴西	400 元		800 元				二合一	100 元		180 元	
	哥倫比	500 元		1000 元				三合一	150 元		280 元	

如下圖 (紅框圈選處) 為第二個表格分別合併 "烘焙原豆"、"掛耳系列"、"即溶系列"、"精品禮盒" 的相關儲存格。

烘焙原豆	商品項目	半磅	數量	一磅	數量	小計	即溶系列	商品項目	10入	數量	20入	數量	小計
❶		400元		800元			❸	二合一	100元		180元		
	哥倫比亞	500元		1000元				三合一	150元		280元		
掛耳系列	商品項目	10入	數量	20入	數量	小計	精品禮盒	商品項目	原豆	數量	掛耳	數量	小計
❷	風味	125元		250元			❹	經典禮盒	1600元		700元		
	經典曼巴	125元		250元				城市禮盒	2000元		1000元		
❶商品總金額			元	❷運費		元		❶+❷總金額			元		

$\vee$

烘焙原豆	商品項目	半磅	數量	一磅	數量	小計	即溶系列	商品項目	10入	數量	20入	數量	小計
	巴西	400元		800元				二合一	100元		180元		
	哥倫比亞	500元		1000元				三合一	150元		280元		
掛耳系列	商品項目	10入	數量	20入	數量	小計	精品禮盒	商品項目	原豆	數量	掛耳	數量	小計
	藍山風味	125元		250元				經典禮盒	1600元		700元		
	經典曼巴	125元		250元				城市禮盒	2000元		1000元		
❶商品總金額			元	❷運費		元		❶+❷總金額			元		

如下圖 (紅框圈選處) 為第二個表格的第 3 列，分別合併相關儲存格。

	巴西	400元		800元				二合一	100元		180元		
	哥倫比亞	500元		1000元				三合一	150元		280元		
掛耳系列	商品項目	10入	數量	20入	數量	小計	精品禮盒	商品項目	原豆	數量	掛耳	數量	小計
	藍山風味	125元		250元				經典禮盒	1600元		700元		
	經典曼巴	125元		250元				城市禮盒	2000元		1000元		
❶ ❶商品總金額	❷		元 ❸	❷運費	❹	元		❶+❷總金額		❺		元	❻

訂購流程說明				付款方式			
產品下單並確認匯款				□匯款	購物滿 1500 元免運	銀行：007 第一銀行	

$\vee$

	巴西	400元		800元				二合一	100元		180元		
	哥倫比亞	500元		1000元				三合一	150元		280元		
掛耳系列	商品項目	10入	數量	20入	數量	小計	精品禮盒	商品項目	原豆	數量	掛耳	數量	小計
	藍山風味	125元		250元				經典禮盒	1600元		700元		
	經典曼巴	125元		250元				城市禮盒	2000元		1000元		
❶商品總金額	元			❷運費		元		❶+❷總金額	元				

訂購流程說明			付款方式			
產品下單並確認匯款後，才進行烘焙、研			□匯款	購物滿 1500 元免運費，1500 元以下另加	銀行：007 第一銀行 戶名：黃小莉	

STEP**05**　如下圖 (紅框圈選處) 為第三個表格分別合併 "訂購流程說明"、第 2 列前三個儲存格；"付款方式"、"購物滿1500..." 的相關儲存格。

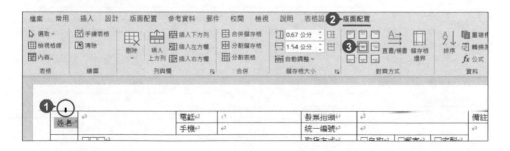

對齊儲存格

對齊儲存格 可以將表格中的文字以置中、靠上、靠下或靠右對齊，讓表格文字的呈現能夠清楚明瞭。

STEP**01**　將滑鼠指標移至第一個表格第 1 欄的最上方呈 ↓ 狀，按一下滑鼠左鍵，即可選取該欄，於 **版面配置** 索引標籤選按 **置中對齊** (水平與垂直均置中儲存格擺放)。

如下圖 (紅框圈選處) 為其他儲存格內的文字指定對齊的方式：
第一個表格：設定文字 **置中對齊** 或 **置中靠右對齊** (年、月、日)
第二個表格：設定文字 **置中對齊** 或 **置中靠右對齊** (元)
第三個表格：設定文字 **置中對齊** (表格標題) 或 **置中靠左對齊**

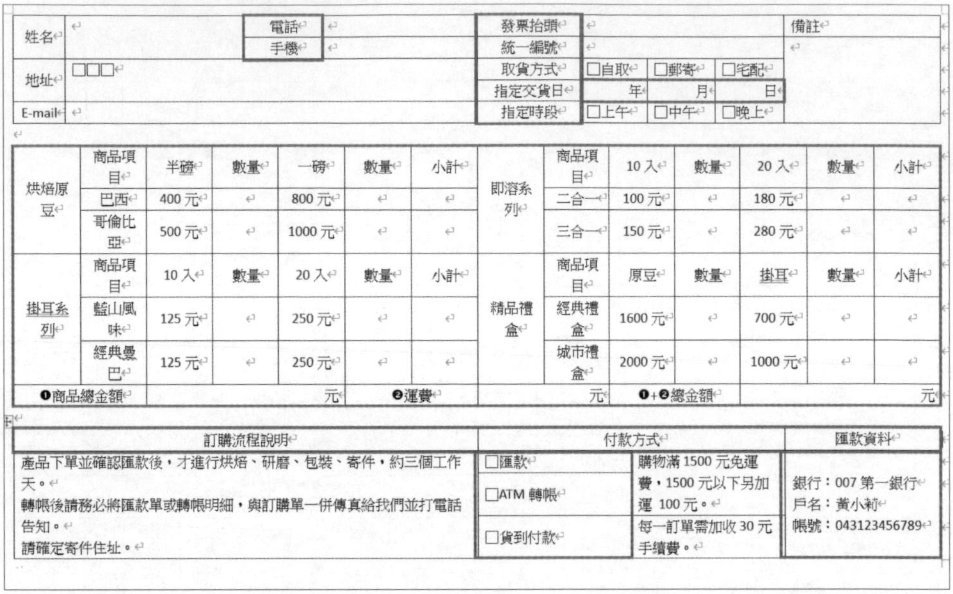

姓名		電話			發票抬頭				備註	
		手機			統一編號					
地址	□□□		取貨方式		□自取	□郵寄	□宅配			
			指定交貨日		年	月	日			
E-mail			指定時段		□上午	□中午	□晚上			

烘焙原豆	商品項目	半磅	數量	一磅	數量	小計	即溶系列	商品項目	10 入	數量	20 入	數量	小計
	巴西	400 元		800 元				二合一	100 元		180 元		
	哥倫比亞	500 元		1000 元				三合一	150 元		280 元		
掛耳系列	商品項目	10 入	數量	20 入	數量	小計	精品禮盒	商品項目	原豆	數量	掛耳	數量	小計
	藍山風味	125 元		250 元				經典禮盒	1600 元		700 元		
	經典曼巴	125 元		250 元				城市禮盒	2000 元		1000 元		
❶商品總金額				元		❷運費			元	❶+❷總金額			元

訂購流程說明		付款方式		匯款資料
產品下單並確認匯款後，才進行烘焙、研磨、包裝、寄件，約三個工作天。 轉帳後請務必將匯款單或轉帳明細，與訂購單一併傳真給我們並打電話告知。 請確定寄件住址。		□匯款 □ATM 轉帳 □貨到付款	購物滿 1500 元免運費，1500 元以下另加運 100 元。 每一訂單需加收 30 元手續費。	銀行：007 第一銀行 戶名：黃小莉 帳號：043123456789

調整儲存格欄寬、列高

將滑鼠指標移至第二個表格 "烘焙原豆" 右側的框線上，呈 ↔ 時，再按滑鼠左鍵不放往左、往右拖曳至如下圖的位置，如此一來即可快速調整欄的寬度，同樣的方式請調整 "即溶系列" 的欄位寬度。

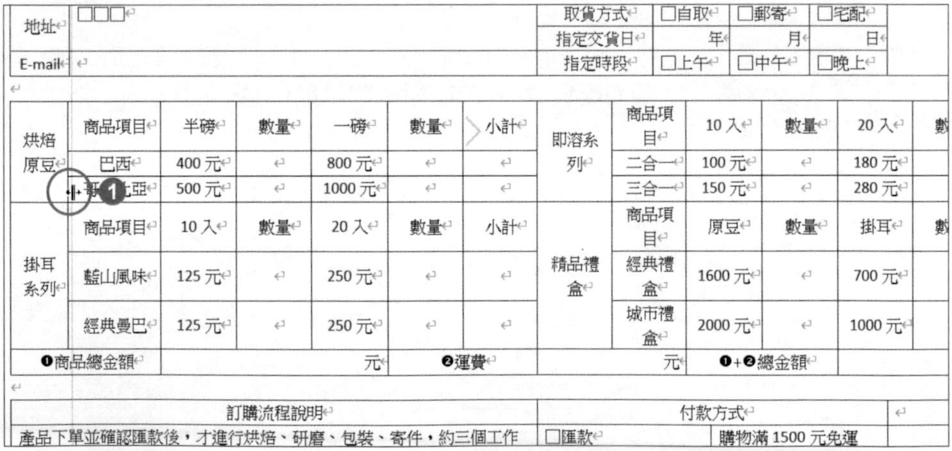

地址	□□□				取貨方式		□自取	□郵寄	□宅配
					指定交貨日		年	月	日
E-mail					指定時段		□上午	□中午	□晚上

烘焙原豆	商品項目	半磅	數量	一磅	數量	小計	即溶系列	商品項目	10 入	數量	20 入	數
	巴西	400 元		800 元				二合一	100 元		180 元	
	哥倫比亞	500 元		1000 元				三合一	150 元		280 元	
掛耳系列	商品項目	10 入	數量	20 入	數量	小計	精品禮盒	商品項目	原豆	數量	掛耳	數
	藍山風味	125 元		250 元				經典禮盒	1600 元		700 元	
	經典曼巴	125 元		250 元				城市禮盒	2000 元		1000 元	
❶商品總金額				元		❷運費			元	❶+❷總金額		

訂購流程說明		付款方式	
產品下單並確認匯款後，才進行烘焙、研磨、包裝、寄件，約三個工作		□匯款	購物滿 1500 元免運

	電話						發票抬頭					備註	
	手機						統一編號						
□							取貨方式	□自取		□郵寄	□宅配		
							指定交貨日	年		月		日	
							指定時段	□上午		□中午	□晚上		
品項目	半磅	數量	一磅	數量	小計	即溶系列	商品項目	10 入	數量	20 入	數量	小計	
巴西	400 元		800 元				❶+❷	100 元		180 元			
倫比亞	500 元		1000 元				三合一	150 元		280 元			
品項目	10 入	數量	20 入	數量	小計	精品禮盒	商品項目	原豆	數量	掛耳	數量	小計	
山風味	125 元		250 元				經典禮盒	1600 元		700 元			
典曼巴	125 元		250 元				城市禮盒	2000 元		1000 元			
金額			元	❷運費			元	❶+❷ 總金額					

訂購流程說明		付款方式		
確認匯款後，才進行烘焙、研磨、包裝、寄件，約三個工作	□匯款	購物滿 1500 元免運費，1500 元以下另加運 100 元。	銀行：007 第一銀行
必將匯款單或轉帳明細，與訂購單一併傳真給我們並打電話	□ATM 轉帳		戶名：黃小莉

同樣的，將滑鼠指標移至列與列中間的框線上，呈 ≑ 時，再按滑鼠左鍵不放往上、往下拖曳，如此一來即可快速調整列的高度。

地址	□□□						取貨方式	□自取		□郵寄		□宅配	
E-mail							指定交貨日	年		月		日	
							指定時段	□上午		□中午		□晚上	
烘焙原豆	商品項目	半磅	數量	一磅	數量	小計	即溶系列	商品項目	10 入	數量	20 入	數量	
	巴西	400 元		800 元				二合一	100 元		180 元		
	哥倫比亞	500 元		1000 元				三合一	150 元		280 元		
掛耳系列	商品項目	10 入	數量	20 入	數量	小計	精品禮盒	商品項目	原豆	數量	掛耳	數量	
	藍山風味	125 元		250 元				經典禮盒	1600 元		700 元		
	經典曼巴	125 元		250 元				城市禮盒	2000 元		1000 元		
❶商品總金額				元	❷運費			元	❶+❷總金額				

訂購流程說明		付款方式		
產品下單並確認匯款後，才進行烘焙、研磨、包裝、寄件，約三個工作天。	□匯款	購物滿 1500 元免運費，1500 元以下另加運 100 元。	銀行：0
轉帳後請務必將匯款單或轉帳明細，與訂購單一併傳真給我們並打電話告知。	□ATM 轉帳		戶名：ˇ
請確定寄件住址。	□貨到付款	每一訂單需加收 30 元手續費。	帳號：0

2.5 表格框線及網底

當表格與文字大致編排完成後,接下來就要為表格加上框線與網底,讓此訂購單變得更有設計感。

設定表格框線

接著要分別在三個表格,進行框線設定。

STEP 01 為第一個表格設定框線:先將輸入線移至第一個表格任一儲存格,於其左上角 ⊞ 移動控點上按一下選取整個表格,再於 **表格設計** 索引標籤選按 **框線** 對話方塊啟動器。

STEP 02 於 **框線及網底** 對話方塊 **框線** 標籤設定 **格線**、**樣式:實線**、**寬:1 1/2 pt**,設定 **套用至: 表格**,再按 **確定** 鈕。

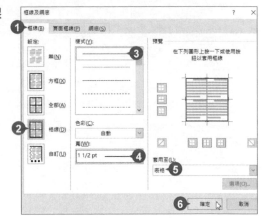

STEP 03 這樣就完成第一個表格的框線設定。

姓名		電話		發票抬頭				備註	
		手機		統一編號					
地址	□□□			取貨方式	□自取	□郵寄	□宅配		
				指定交貨日	年	月	日		
E-mail				指定時段	□上午	□中午	□晚上		

STEP 04 依相同方式，分別為第二、三個表格設計上 **樣式：格線、寬：1 1/2 pt** 的
表格框線。

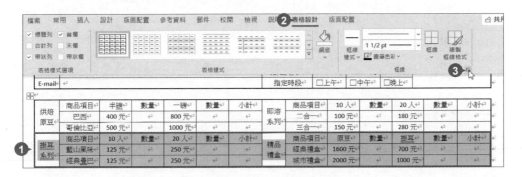

烘焙原豆	商品項目	半磅	數量	一磅	數量	小計	即溶系列	商品項目	10 人	數量	20 人	數量	小計
	巴西	400 元		800 元				二合一	100 元		180 元		
	哥倫比亞	500 元		1000 元				三合一	150 元		280 元		
掛耳系列	商品項目	10 人	數量	20 人	數量	小計	精品禮盒	商品項目	原豆	數量	掛耳	數量	小計
	藍山風味	125 元		250 元				經典禮盒	1600 元		700 元		
	經典曼巴	125 元		250 元				城市禮盒	2000 元		1000 元		
❶商品總金額			元	❷運費			元	❶+❷總金額			元		

訂購流程說明	付款方式		匯款資料
產品下單並確認匯款後，才進行烘焙、研磨、包裝、寄件，約三個工作天。	☐匯款	購物滿 1500 元免運費，1500 元以下另加運 100 元。	銀行：007 第一銀行
轉帳後請務必將匯款單或轉帳明細，與訂購單一併傳真給我們並打電話告知。	☐ATM 轉帳		戶名：黃小莉
請確定寄件住址。	☐貨到付款	每一訂單需加收 30 元手續費。	帳號：043123456789

STEP 05 接著為第二個表格 "掛耳系列"、"精品禮盒" 項目上方設定三框線：按滑鼠左鍵不放拖曳選取此範圍，於 **表格設計** 索引標籤選按 **框線** 對話方塊啟動器。

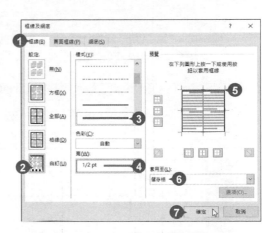

STEP 06 如右圖，於 **框線及網底** 對話方塊 **框線** 標籤設定 **自訂**、**樣式** 與 **寬**，在預覽區表格示意圖上方的邊線按一下滑鼠左鍵指定套用至上框線，設定 **套用至：儲存格**，按 **確定** 鈕。

STEP 07 最後為 "商品總金額" 一整列的四邊設計雙框線：選取第二個表格下方 "商品總金額" 一列，於 **表格設計** 索引標籤選按 **框線** 對話方塊啟動器。

	巴西	400 元		800 元				二合一	100 元		180 元	
原豆	哥倫比亞	500 元		1000 元			系列	三合一	150 元		280 元	
掛耳	商品項目	10 人	數量	20 人	數量	小計	精品	商品項目	原豆	數量	掛耳	數量	小計
系列	藍山風味	125 元		250 元			禮盒	經典禮盒	1600 元		700 元	
	經典曼巴	125 元		250 元				城市禮盒	2000 元		1000 元	
❶商品總金額			元		❷運費		元	❶+❷總金額			元

STEP 08 於 **框線及網底** 對話方塊設定 外框線為 **格線**、**樣式** 與 **寬**，在預覽區表格示意圖四個邊確認均套用，設定 **套用至：儲存格**，按 **確定** 鈕。

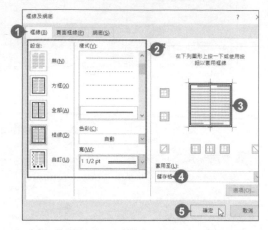

設定表格網底

表格網底即是指為表格的儲存格填滿色彩，在此為第二個表格 "烘焙原豆"、 "掛耳系列"、 "即溶系列" 與 "精品禮盒" 儲存格，設計網底。

STEP 01 請先在表格空白處按一下滑鼠左鍵取消原有的選取範圍，按 Ctrl 鍵不放，選取四個系列的商品名稱儲存格，於 **表格設計** 索引標籤設定 **網底：橙色, 輔色 2, 較深 50%**。

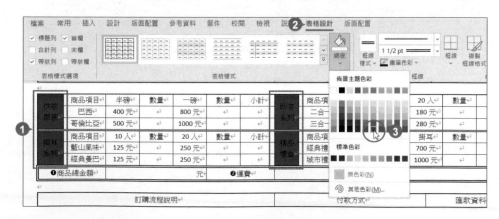

STEP 02 先於任一儲存格按一下滑鼠左鍵取消原有的選取範圍，再按 **Ctrl** 鍵不放，選取第二個表格的四個表頭，於 **表格設計** 索引標籤設定 **網底：橙色，輔色 2, 較淺 80%**。

烘焙原豆	商品項目	半磅	數量	一磅	數量	小計	即溶系列	商品項目	10 入	數量	20 入	數量	小計
	巴西	400 元	↵	800 元	↵	↵		二合一	100 元	↵	180 元	↵	↵
	哥倫比亞	500 元	↵	1000 元	↵	↵		三合一	150 元	↵	280 元	↵	↵
掛耳系列	商品項目	10 入	數量	20 入	數量	小計	禮品禮盒	商品項目	原豆	數量	掛耳	數量	小計
	藍山風味	125 元	↵	250 元	↵	↵		經典禮盒	1600 元	↵	700 元	↵	↵
	經典曼巴	125 元	↵	250 元	↵	↵		城市禮盒	2000 元	↵	1000 元	↵	↵

STEP 03 選取第三個表格的表頭，於 **表格設計** 索引標籤設定 **網底：橙色, 輔色 2, 較深 50%**。

訂購及匯款須知	運載及表單	匯款資料
產品下單並確認匯款後，才進行烘焙、研磨、包裝、寄件，約三個工作天。↵ 轉帳後請務必將匯款單或轉帳明細，與訂購單一併傳真給我們並打電話告知。↵ 請確定寄件住址。↵	□匯款↵ □ATM 轉帳↵ □貨到付款↵	購物滿 1500 元免運費，1500 元以下另加運 100 元。↵ 每一訂單需加收 30 元手續費。↵	銀行：007 第一銀行↵ 戶名：黃小莉↵ 帳號：043123456789↵

小提示

使用 "表格樣式" 快速格式化整個表格

除了以前面說明的 **框線及網底** 對話方塊自行設計表格框線，若真的不知該如何設計時可以直接使用 **表格樣式** 快速的為表格套用各式設計好的框線與網底。

只要將輸入線放在表格中，於 **表格設計** 索引標籤選按 **表格樣式** 的 **其他** 清單鈕，將滑鼠指標放在每個表格樣式縮圖上，可以預覽表格套用後的外觀，待找到想套用的樣式後按一下該樣式縮圖即套用。

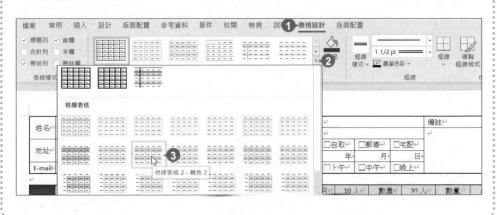

2.6 調整表格字型與標題文字

最後要於 **常用** 索引標籤調整文字的字型、大小與其他特殊格式設定，讓這份訂購單更加完善！

設定表格文字字型

STEP 01 按 Ctrl + A 鍵選取整份文件內容，於 **常用** 索引標籤設定合適字型，這樣可快速統一目前三個表格中的文字字型。(套用字型後，如發現儲存格欄位文字異動，可參考 P2-17 操作方式調整欄寬。)

STEP 02 於 **常用** 索引標籤選按 **段落** 對話方塊啟動器，在 **縮排與行距** 標籤設定 **行距：固定行高、行高：18 點**，按 **確定** 鈕。

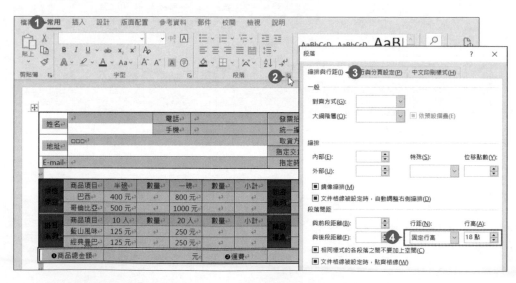

STEP **03** 先於任一儲存格按一下滑鼠左鍵取消原有的選取範圍，再按 **Ctrl** 鍵不放，選取第二個表格內的四個系列商品與第三個表格的表頭，於 **常用** 索引標籤設定 **字型色彩：白色、粗體**。

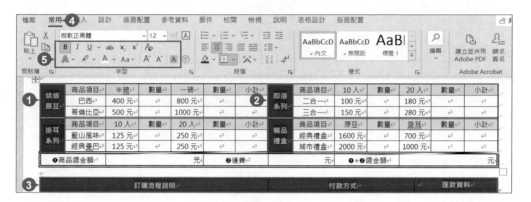

STEP **04** 選取 "訂購流程說明" 下方文字，於 **常用** 索引標籤選按 **編號** 清單鈕 \ **編號庫 \ 1.2.3.**，在此加上編號藉此區別。(若編號有跑掉，再以手動方式調整)

設定標題文字

最後要設定標題文字，輸入「幸福咖啡坊訂購單」，並設定合適的文字格式。

STEP **01** 將輸入線移到 "姓名" 文字最左側，按 **Enter** 鍵，於表格上方出現一段落，輸入標題文字「幸福咖啡坊訂購單」。

選取 "幸福咖啡坊訂購單" 文字，於 **常用** 索引標籤設定 **字型、字型大小、粗體、字型色彩、置中、行距：多行、行高：3。**

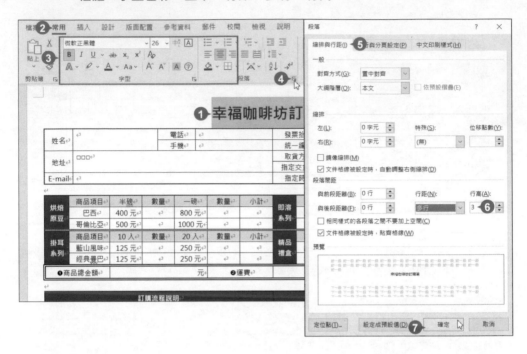

最後於訂購單表格最下方輸入賣家資訊 "地址：545南投縣埔里鎮幸福路100號"、"訂購電話：049-2900000"、"訂購傳真：049-2900112"，並設定合適字型、**字型大小：14**，即完成此章範例，記得儲存檔案。

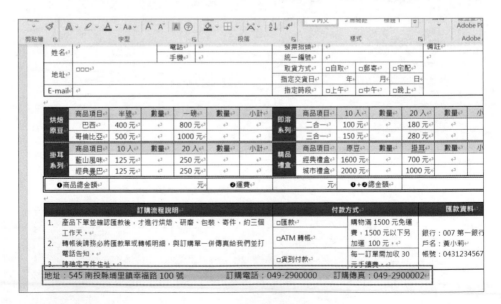

請依如下提示完成 "清單檢查表"
文件作品。

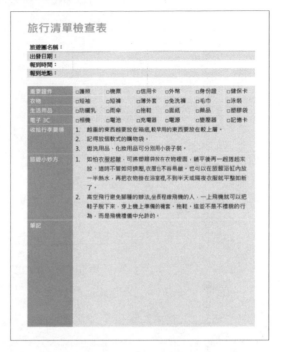

1. 開啟延伸練習原始檔 <清單檢查表.docx>。

2. 分割表格：在 "重要證件" 文字的最前方，於 **版面配置** 索引標籤選按 **分割表格** 將一個表格分割成二個獨立小表格。

3. 分割儲存格：選取 "重要證件"、"衣物"、"生活用品" 及 "電子3C" 右側 4 欄 4 列儲存格，於 **版面配置** 索引標籤選按 **分割儲存格**，輸入 **欄數**：「6」、**列數**：「4」，按 **確定** 鈕，並輸入如下圖的 □ 符號及文字。

重要證件	□護照	□機票	□信用卡	□外幣	□身份證	□健保卡
衣物	□短袖	□短褲	□薄外套	□免洗褲	□毛巾	□泳裝
生活用品	□防曬乳	□雨傘	□拖鞋	□面紙	□藥品	□塑膠袋
電子 3C	□相機	□電池	□充電器	□電源	□變壓器	□記憶卡
收拾行李要領						
旅遊小妙方						

4. 合併儲存格：選取 "旅遊團名稱" 右側四個儲存格，於 **版面配置** 索引標籤選按 **合併儲存格**。

依相同方式分別合併 "出發日期"、"報到時間"、"報到地點"、"收拾行李要領"、"旅遊小妙方"、"筆記" 右側的儲存格。

旅遊團名稱：↵	↵					
出發日期：↵	↵					
報到時間：↵	↵					
報到地點：↵	↵					

↵

重要證件↵	□護照↵	□機票↵	□信用卡↵	□外幣↵	□身份證↵	□健保卡↵
衣物	□短袖↵	□短褲↵	□薄外套↵	□免洗褲↵	□毛巾↵	□泳裝
生活用品	□防曬乳↵	□雨傘↵	□拖鞋↵	□面紙↵	□藥品↵	□塑膠袋↵
電子 3C↵	□相機 ↵	□電池↵	□充電器↵	□電源↵	□變壓器↵	□記憶卡↵
收拾行李要領	↵					
旅遊小妙方	↵					
筆記↵	↵					

5. 開啟 <檢查表文字.txt>，複製與貼上 "收拾行李要領" 與 "旅遊小妙方" 右側儲存格內的文字，並加上編號。(編號若有跑掉，請手動調整。)

6. 設定列高：將輸入線分別移到 "收拾行李要領"、"旅遊小妙方" 與 "筆記" 儲存格，於 **版面配置** 索引標籤分別設定 **高度** 為「2.2 公分」、「4.8 公分」與「8 公分」。

7. 表格樣式設定：選取第一個表格，於 **表格設計** 索引標籤選按 **表格樣式-其他 \ 格線表格 2 - 輔色6**。

   接著選取第二個表格，於 **表格設計** 索引標籤 **表格樣式選項** 功能區取消核選 **標題列、帶狀列**，再選按 **表格樣式-其他 \ 格線表格 5 深色 - 輔色6**。

8. 輸入與設定標題文字：於表格上方輸入標題文字「旅行清單檢查表」，於 **常用** 索引標籤設定合適字型、**字型大小：24、粗體、字型色彩：綠色, 輔色6**。

9. 設定表格字型：選取第二個表格，於 **常用** 索引標籤設定合適字型、**字型大小：12**，再設定 **行距：固定行高、行高：20 點**。

10. 儲存：最後記得儲存檔案，完成此作品。

03

景點印象海報
Word 圖片與圖案的應用

浮水印・圖案・外部圖片・文繞圖

圖片樣式・線上圖片・移除背景

插入 SVG 圖示・大小與對齊

美術效果・文字藝術師・SmartArt 圖形

"景點印象海報" 主要學習圖片浮水印、插入圖片與圖示、背景移除、文字藝術師和 SmartArt 圖形運用...等功能,透過內建的色彩和樣式套用,加強與提升文件的視覺效果。

◉ 浮水印設計	◉ 圖片的校正、套用美術效果
◉ 圖案的繪製與編修	◉ 插入圖示 (SVG 檔案)
◉ 插入外部圖片	◉ 插入文字藝術師
◉ 插入線上圖片	◉ 變更與調整文字藝術師
◉ 移除背景	◉ SmartArt 圖形的應用

原始檔:<本書範例 \ ch03 \ 原始檔 \ 景點印象海報.docx>
完成檔:<本書範例 \ ch03 \ 完成檔 \ 景點印象海報.docx>

3.1 浮水印的背景設計

使用圖片做為文件背景時，若運用淡化效果修飾時，即可避免圖片影響文字。

- -

STEP **01** 開啟範例原始檔 <景點印象海報.docx>，於 **設計** 索引標籤選按 **浮水印 \ 自訂浮水印**，於 **列印浮水印** 對話方塊核選 **圖片浮水印** 並按 **選取圖片** 鈕。

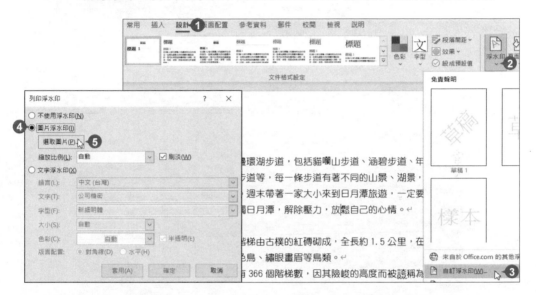

STEP **02** 於 **插入圖片** 視窗 **從檔案** 項目右側選按 **瀏覽**。

插入圖片   ☺ ☹

📁 從檔案   瀏覽 ▸

🅱 Bing 影像搜尋   搜尋 Bing   🔍

☁ OneDrive - 個人   瀏覽 ▸

於 **插入圖片** 對話方塊選取範例原始檔 <03-01.jpg> 再按 **插入** 鈕，接著回
到 **列印浮水印** 對話方塊設定 **縮放比例：600%**、取消核選 **刷淡**，完成後
按 **確定** 鈕。(是否核選 **刷淡** 可按 **套用** 鈕預覽效果)

這樣就完成圖片浮水印的效果。

南投日月潭周邊環湖步道，包括貓囒山步道、涵碧步道、年梯步道、伊達邵親水步道、慈恩塔步道等，每一條步道有著不同的山景、湖景，還可以欣賞日月潭不同角度的面貌。週末帶著一家大小來到日月潭旅遊，一定要去走走這些環湖步道，近距離接觸日月潭，解除壓力，放鬆自己的心情。

【涵碧步道】階梯由古樸的紅磚砌成，全長約 1.5 公里，在清晨來到涵碧步道，就可以遇見五色鳥、繡眼畫眉等鳥類。
【年梯步道】有 366 個階梯數，因其險峻的高度而被譽稱為「通天梯」。
【伊達邵親水步道】步道全長約 500 公尺，全程平緩舒適是老少咸宜的輕鬆行程，也是住伊達邵或青年活動中心遊客的最佳去處。
【水蛙頭自然步道】步道長約 500 多公尺。

3.2 圖案的繪製與編修

以手繪圖案的方式，在文件上方繪製二個圖案物件，並經過樣式調整與色彩套用後製作出像步道的圖案。

插入圖案

STEP 01 為了方便後面的圖案繪製，首先將輸入線移至第一行空白段落中，再按六次 Enter 鍵將文字段落往下移至如圖位置。

STEP 02 於 **插入** 索引標籤選按 **圖案 \ 基本圖案 \ 拱形**。

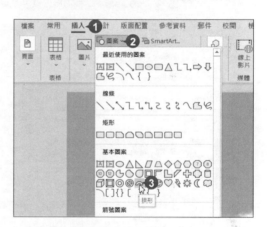

STEP 03 在文件上方空白處，於 Ⓐ 點按滑鼠左鍵不放拖曳至 Ⓑ 點後放開，產生拱形圖案。

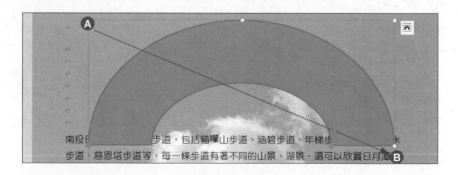

調整圖案與格式

繪製好圖案後，先調整圖案的弧度、寬度、顏色和陰影。

STEP 01 在選取拱形圖案的狀態下，利用控點調整弧度與寬度：將滑鼠指標移至左側 ● 橘色控點上按滑鼠左鍵不放往下拖曳一些，調整拱形弧度，接著再將滑鼠指標移至右側 ● 橘色控點上按滑鼠左鍵不放往下及往右拖曳一些，調整拱形弧度與寬度。

STEP 02 於 **圖形格式** 索引標籤選按 **圖案樣式-其他 \ 淺色 1 外框, 色彩填滿 - 金色, 輔色 4**，透過樣式套用快速的為圖案替換上設計好的色彩。

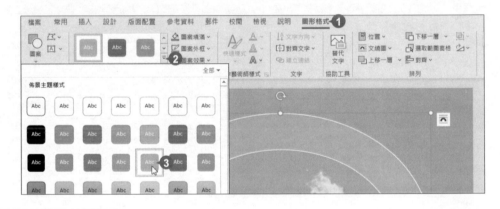

小 提 示

為圖案加入陰影效果

選取圖案後，於 **圖形格式** 索引標籤選按 **圖案效果 \ 陰影**，清單中選按合適的項目套用即可。

再來調整圖案的大小、旋轉效果與擺放位置與角度。

STEP 01 在選取拱形圖案狀態下，於 **圖形格式** 索引標籤設定 **圖案高度** 與 **圖案寬度**。(依據個人拖曳的拱形圖案不同，高度與寬度可以再彈性調整)

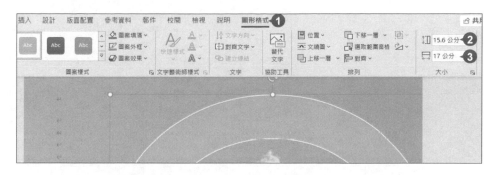

接著於 **圖形格式** 索引標籤選按 **旋轉物件 \ 垂直翻轉**。

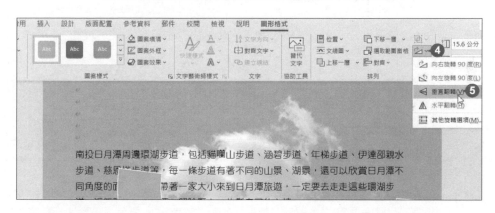

STEP 02 將滑鼠指標移至圖案上方呈 狀，按滑鼠左鍵不放往上拖曳至頁面上方如圖位置。再將滑鼠指標移至 控點上呈 狀，按滑鼠左鍵不放往左往右拖曳至如圖擺放的角度。

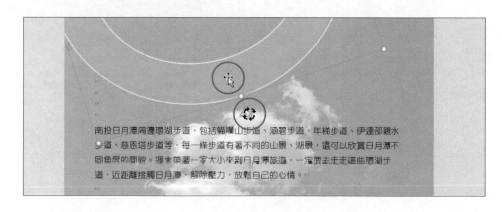

插入其他圖案與調整格式

在拱形圖案上方加上虛線物件，設計出如人行步道的感覺。

STEP **01** 於 **插入** 索引標籤選按 **圖案 \
線條 \ 曲線**。

STEP **02** 在拱形圖案上方，延著弧度分別在 **Ⓐ**、**Ⓑ**、**Ⓒ**、**Ⓓ** 點按一下滑鼠左鍵，
最後於 **Ⓔ** 點連按二下滑鼠左鍵完成曲線繪製。

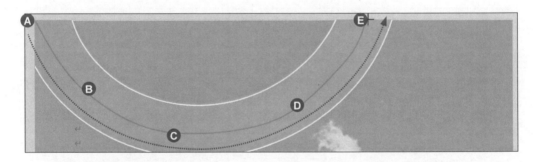

STEP **03** 在選取曲線圖案狀態下，於 **圖形格式** 索引標籤選按 **圖案樣式** 對話方塊
啟動器開啟右側窗格。設定 **填滿與色彩** 的 **色彩：白色, 背景 1**、**寬度：3
pt**、**虛線類型：長虛線**。

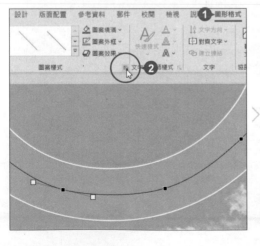

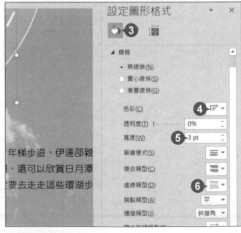

3.3 圖片的應用

Office 提供了線上圖片搜尋與圖示的插入，可以運用 Word 本身功能為圖片或圖示加上創意設計，也可以在文件中加入拍攝的相片，讓文件更具個人特色。

插入本機圖片

STEP 01 試著插入個人拍攝的照片或收集於電腦中的圖片，將輸入線移至如圖的文字段落最前方，於 **插入** 索引標籤選按 **圖片 \ 此裝置**。

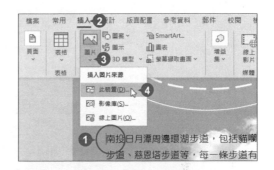

STEP 02 於 **插入圖片** 對話方塊選取範例原始檔 <03-02.jpg> 圖檔，按 **插入** 鈕。

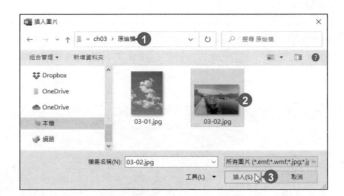

小提示

Office 影像庫

Office 2021 新增 **影像庫** 項目，內容包含數千種高品質的影像、圖示、貼圖、卡通人物...等內容，可搜尋並下載至文件檔、簡報或活頁簿內使用。(若要取得完整的影像庫內容則必須訂閱 Microsoft 365，否則部分的內容將被限制使用。)

圖片的文繞圖

當插入圖片至文件時,在預設狀態下圖片會顯示於目前輸入線的位置並與文字並排,相當於一個特大的文字,這時透過 **文繞圖** 功能即可調整圖片與文字的配置,讓二者排列以類似圖層的效果呈現。

在選取圖片的狀態下,於 **圖片格式** 索引標籤選按 **文繞圖 \ 矩形**。

圖片的外觀樣式

接著要調整圖片的外框樣式,先選取圖片再套用設計好的圖片樣式。於 **圖片格式** 索引標籤選按 **圖片樣式-其他**,清單中可選擇合適的圖片樣式套用。(此範例套用 **剪去對角, 白色** 效果)

直接為物件套用文繞圖

段落文字是無法浮動的,但圖片卻可以透過 **文繞圖** 功能設定成浮動狀態,並指定要與文字同層排列或排列在文字的上一層或下一層中,達到自由在頁面中移動的效果。

文繞圖的方式有二種,首先範例中使用到的是套用 **圖片格式** 索引標籤 **文繞圖** 清單中的功能,會將所選取的物件直接設定文繞圖:

與文字排列

矩形

緊密

穿透

上及下

文字在前

文字在後

編輯文字端點

◀ 編輯文字區端點 (可透過區域端點數量與位置調整文繞圖範圍)

文繞圖於頁面特定位置

文繞圖的另外一個方式,是套用 **圖片格式** 索引標籤 **位置 \ 文繞圖** 清單中功能,會將所選取的物件以文繞圖的方式呈現在頁面上特定的位置:

日月潭周邊環湖步道，包括貓囒山步道、年梯步道、伊達邵親水步道、慈恩塔步道等，每一條步道有著不同的山景、湖景，以欣賞日月潭不同角度的面貌。週末帶著一家小來到日月潭旅遊，一定要去走走這些環湖步道，近距離接觸日月潭，解除壓力，放鬆自己的心情。

【涵碧步道】階梯由古樸的紅磚砌成，全長約 1.5 公里，在清晨來到涵碧步道，就可以遇見五色鳥、繡眼畫眉等鳥類。
【年梯步道】有 366 個階梯數，因其陡峭的高度而被譽稱為「通天梯」。

左上方矩形文繞圖

南投日月潭周邊環湖步包括貓囒山涵碧步道、年梯步道、伊達邵親水步道塔步道等，每一條步道有著不同的山景、湖景，還可以欣賞日月潭景，還可以欣賞日月潭不同角度的面貌這些環湖步道，近距離潭旅遊，一定要力，放鬆自己的心情接觸日月潭，解

【涵碧步道】階梯由古樸的紅磚砌成，全長約 1.5 公里，在清晨來到涵碧道，就可以遇見五色鳥、繡眼畫眉等鳥類。
【年梯步道】有 366 個階梯數，因其陡峭的高度而被譽稱為「通天梯」。

上方置中矩形文繞圖

潭周邊環湖步道，包括貓囒山步道、涵年梯步道、伊達邵親水步道、慈恩塔步一條步道有著不同的山景、湖景，還可月潭不同角度的面貌。週末帶著一家大月潭旅遊，一定要去走走這些環湖步接觸日月潭，解除壓力，放鬆自己的

道】階梯由古樸的紅磚砌成，全長約 1.5 公里，在清晨來到涵碧步以遇見五色鳥、繡眼畫眉等鳥類。
有 366 個階梯數，因其陡峭的高度而被譽稱為「通天梯」。

右上方矩形文繞圖

南投日月潭周邊環湖步道，包括貓囒山步道、涵碧步道、年梯步道、伊達邵親水步道、慈恩塔步道等，每一條步道有著不同的山景、湖景，還可以欣賞日月潭不同角度的面貌。週末帶著一家大小來到日月潭旅遊，一定要去走走這些環湖步道，近距離接觸日月潭，解除壓力，放鬆自己的心情。

【涵碧步道】階梯由古樸的紅磚砌成，全長約 1.5 公里，在清晨來到涵碧步道，就可以遇見五色鳥、繡眼畫眉等鳥類。
【年梯步道】有 366 個階梯數，因其陡峭的高度而被譽稱為「通天梯」。
【伊達邵親水步道】步道全長約 500 公尺，全程平緩舒適是老少咸宜的輕

中間靠左矩形文繞圖

投日月潭周邊環湖步道，包括貓囒山步道、涵碧步道、年梯步道、伊達邵步道、慈恩塔步道等，每一條步道有著不同的山景、湖景，還可以欣賞日不同角度的面貌。末帶著一家大小來到潭旅遊，一定要去走力，放鬆自己的心情接觸日月潭，解除壓

涵碧步道】階梯由古樸的紅磚砌成，全長公里，在清晨來到涵鳥、繡眼畫眉等鳥類。
有 366 個階梯數，因其陡峭的高度而被譽稱為「通天梯」。
伊達邵親水步道】步道全長約 500 公尺，全程平緩舒適是老少咸宜的輕鬆

中間置中矩形文繞圖

月潭周邊環湖步道，包括貓囒山步道、涵碧步道、年梯步道、伊達邵親、慈恩塔步道等，每一條步道有著不同的山景、湖景，還可以欣賞日月角度的面貌。週末帶著一家大小來到日月一定要去走走這些環湖步道，近距離接潭，解除壓力，放鬆自己的心情。

步道】階梯由古樸的紅磚砌成，全長約 1.5在清晨來到涵碧步道，就可以遇見五色眼畫眉等鳥類。
有 366 個階梯數，因其陡峭的高度而被譽稱為「通天梯」。
邵親水步道】步道全長約 500 公尺，全程平緩舒適是老少咸宜的輕鬆行

中間靠右矩形文繞圖

【涵碧步道】階梯由古樸的紅磚砌成，全長約 1.5 公里，在清晨來到涵碧步道，就可以遇見五色鳥、繡眼畫眉等鳥類。
【年梯步道】有 366 個階梯數，因其陡峭的高度而被譽稱為「通天梯」。
【伊達邵親水步道】步道全長約 500 公尺，全程平緩舒適是老少咸宜的輕鬆程，也是住伊達邵或青年活動中心遊客的最佳去處。
【水蛙頭自然步道】步道長約 500 多公尺。

左下方矩形文繞圖

【涵碧步道】階梯由古樸的紅磚砌成，全長約 1.5 公里，在清晨來到涵碧步道，就可以遇見五色鳥、繡眼畫眉等鳥類。
【年梯步道】有 366 個階梯數，因其陡峭的高度而被譽稱為「通天梯」。
【伊達邵親水步道】步道全長約 500 公尺，全程平緩舒適是老少咸宜的輕鬆程，也是住伊達邵或青年活動中心遊客的最佳去處。
【水蛙頭自然步道】步道長約 500 多公尺。

下方置中矩形文繞圖

碧步道】階梯由古樸的紅磚砌成，全長約 1.5 公里，在清晨來到涵碧步就可以遇見五色鳥、繡眼畫眉等鳥類。
梯步道】有 366 個階梯數，因其陡峭的高度而被譽稱為「通天梯」。
邵親水步道】步道全長約 500 公尺，全程平緩舒適是老少咸宜的輕鬆行也是住伊達邵或青年活動中心遊客的最佳去處。
頭自然步道】步道長約 500 多公尺。

右下方矩形文繞圖

圖片的大小與位置調整

套用 **文繞圖** 的圖片，即可隨性的在文件中縮放大小並擺放到任一合適的位置上。

STEP**01** 將滑鼠指標移至圖片的縮放控點 Ⓐ 處呈 ⤢ 時，按滑鼠左鍵不放拖曳至 Ⓑ 處，讓圖片縮小至合適的尺寸。(本範例操作縮小約六行文字高度)

STEP**02** 將滑鼠指標移至圖片上呈 ✛ 時，按滑鼠左鍵不放拖曳至如圖的位置擺放。

插入線上圖片

STEP **01**　試著插入 Office 線上圖片，將輸入線移至如圖的最後一個段落，於 **插入** 索引標籤選按 **圖片\線上圖片**。

STEP **02**　可以於 **線上圖片** 視窗 **搜尋 Bing** 欄位中輸入要找尋的圖片關鍵字，按 **Enter** 鍵；或是直接選按想要搜尋的預設分類 (此範例選按 **春天的花朵**)，接著會搜尋到 Creative Commons 所授權的圖片，在合適的圖片縮圖上按一下滑鼠左鍵，再按 **插入** 鈕插入圖片。(當圖片所有人取消授權或其他因素下，相同圖片無法在下一次搜尋到。)

若取消核選 **僅限 Creative Commons** 則可擴大搜尋結果，但使用圖片時請遵守智慧財產的規範，確保合法授權。

小提示

圖片版權 Creative Commons 聲明

Creative Commons 稱做 "創用 CC"，其目的是使著作物能更廣為流通與改作，讓其他人可以拿來創作及使用，主要授權項目為：姓名標示 (BY)、非商業性 (NC)、禁止改作 (ND)、相同方式分享 (SA)。

指定圖片尺寸與對齊

STEP **01** 在選取圖片的狀態下，於 **圖片格式** 索引標籤選按 **文繞圖 \ 文字在前**。

STEP **02** 先拖曳至右下角空白處擺放，在選取圖片的狀態下，於 **圖片格式** 索引標籤設定 **圖案高度：12 公分**、(**圖案寬度** 等比例自動調整)。

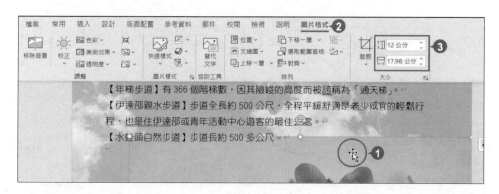

STEP **03** 於 **圖片格式** 索引標籤需選按 **對齊** 三次，清單中第一次選按 **貼齊頁面**、第二次選按 **靠右對齊**，最後再選按 **靠下對齊**，圖片以右下角為基準對齊。

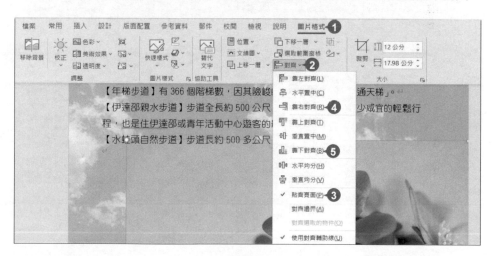

移除背景

以往需要使用影像軟體才能完成圖片去背，現在去背功能在 Word 中就能輕易完成。

STEP 01 在選取圖片的狀態下，於 **圖片格式** 索引標籤選按 **移除背景**。

選按 **標示要保留的區域**，可以在想　　選按 **標示要移除的區域**，可以在想
要保留的區域拖曳執行保留動作。　　　要移除的區域拖曳執行移除動作。

選按 **捨棄所有變更**，會回到未編修的狀態；若選按 **保留變更** 則會根據所標示的狀況調整保留或移除範圍。

▲ 當進入背景移除的編輯畫面時，紫色區域表示 "不保留" 的區域。

STEP**02** 標示要保留的區域：於 **背景移除** 索引標籤選按 **標示要保留的區域**，接著
於想要保留處按滑鼠左鍵不放，由 Ⓐ 點拖曳到 Ⓑ 點，再放開滑鼠左鍵，
表示此範圍予以保留。

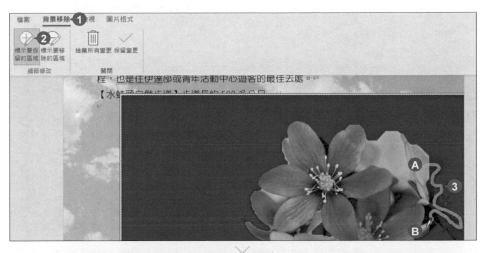

STEP**03** 標示要移除的區域：於 **背景移除** 索引標籤選按 **標示要移除的區域**，接著
於想要移除處按滑鼠左鍵不放，由 Ⓐ 點拖曳到 Ⓑ 點，再放開滑鼠左鍵，
表示此範圍予以移除。

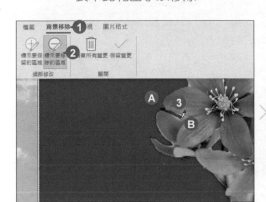

STEP 04 依相同方式，完成圖片其他需要設定保留或移除區域標示的部分，最後於 **背景移除** 索引標籤選按 **保留變更**，完成背景移除動作。

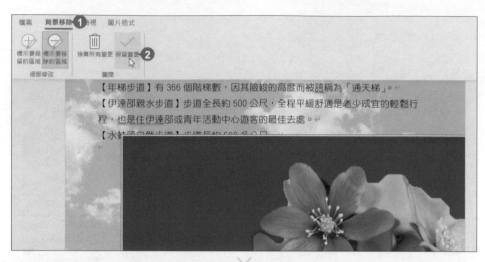

小提示

關於移除背景其他注意事項

1. 移除背景的過程中，可以於視窗右下角按 **➕ 放大** 鈕將頁面放大至合適編輯的尺寸。

2. 如果發現完成去背的圖片尚有其他地方未刪除，只要於 **圖片格式** 索引標籤選按 **移除背景**，就可以再繼續編輯。

裁切圖片多餘的部分

裁切 通常是用來隱藏或修剪圖片，此功能會以移除垂直或水平邊緣的方式縮減圖片，保留圖片中需要的部分。

STEP 01 在選取圖片的狀態下，於 **圖片格式** 索引標籤選按 **裁剪** 清單鈕 \ **裁剪**，圖片即會出現裁剪控點。

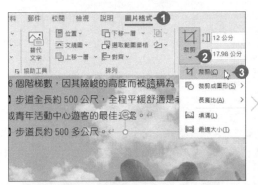 

STEP 02 將滑鼠指標移至上方與左側剪裁控點上，呈 ⊥ 與 ⊢ 狀，拖曳剪裁控點往下與往右移動，裁剪出需要的圖片大小。

STEP 03 最後於 **圖片格式** 索引標籤選按 **裁剪** 鈕即可完成圖片裁剪，之後再縮放至合適大小並擺放至如圖位置。(設定 **圖案高度：8.5 公分**，可參考 P3-15 的操作方式。)

圖片的校正、套用美術效果

可以將美術效果套用至圖片，讓圖片看起來像是一張素描、繪圖或油畫。

STEP 01 在選取圖片的狀態下，於 **圖片格式** 索引標籤選按 **美術效果**，清單中可選擇合適的美術效果套用。(此範例套用 **繪圖筆刷** 效果)

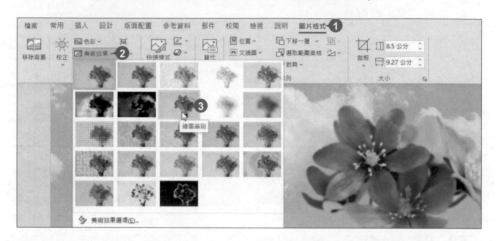

STEP 02 於 **圖片格式** 索引標籤中選按 **校正**，清單中可選擇合適的校正效果套用。(此範例套用 **亮度: 0%(標準模式) 對比: +20%**)

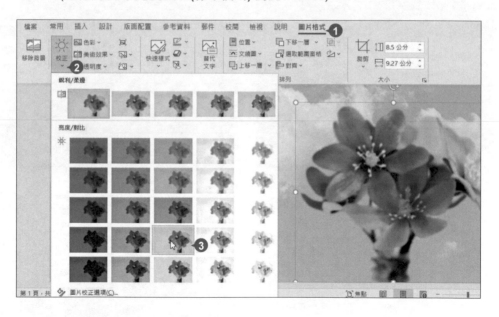

插入圖示 (SVG 檔案)

在 Word 2021 中，可以依據分類項目插入需要的 **圖示**，其可縮放、具向量圖的性質 (SVG 檔案)，即使旋轉、調整色彩或大小，影像品質也不會被破壞。

STEP 01 將輸入線移至如圖的空白段落，於 **插入** 索引標籤選按 **圖示**。

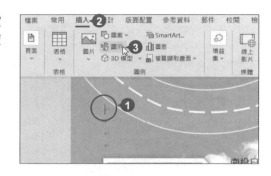

STEP 02 選按 **人物**，清單中選按如下圖示，然後按 **插入** 鈕。在選取人物圖示的狀態下，於 **圖形格式** 索引標籤選按 **文繞圖 \ 文字在後**。

調整圖示大小與位置

STEP 01 在選取人物圖示的狀態下，將滑鼠指標移至圖示的縮放控點 **A** 處呈 ⤢ 時，按滑鼠左鍵不放拖曳至 **B** 處，讓圖片放大至合適的尺寸。(此範例圖案高度約 5.5 公分)

STEP 02 將滑鼠指標移至圖片上呈 ✥ 時，按滑鼠左鍵不放，拖曳圖示至如圖位置擺放。

變更色彩、邊框與套用陰影

STEP 01 在選取人物圖示的狀態下，先變更色彩，於 **圖形格式** 索引標籤選按 **圖形填滿 \ 綠色, 輔色 6**。

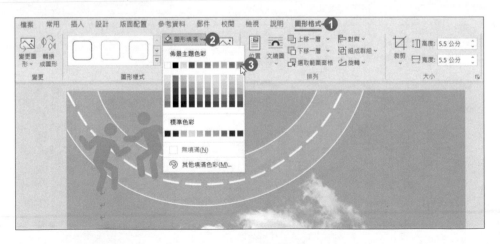

STEP 02 再來變更圖示邊框的色彩與粗細，於 **圖形格式** 索引標籤選按 **圖形外框 \
白色, 背景1**，並設定 **粗細 \ 1.5 點**。

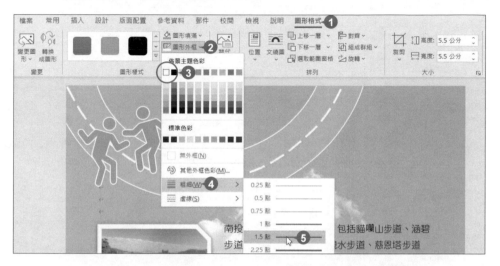

STEP 03 最後為人物圖示套用陰影，於 **圖形格式** 索引標籤選按 **圖形效果 \ 陰影 \
外陰影 \ 位移：向右**。

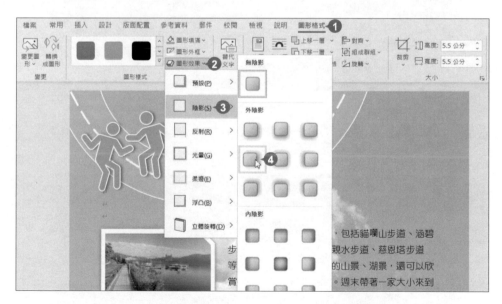

3.4 文字藝術師的應用

文字藝術師可以輕鬆將文字轉換成美術文字，達到放大縮小、旋轉傾斜、變更圖樣顏色...等效果，讓字型變化更加出色，視覺效果更為豐富！

插入文字藝術師

STEP 01 將輸入線移至如圖位置，於 **插入** 索引標籤選按 **文字藝術師 \ 填滿: 白色; 外框: 橙色，輔色 2; 強烈陰影: 橙色，輔色 2**。

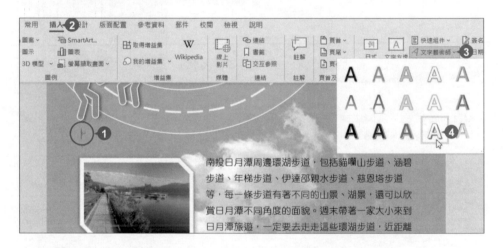

STEP 02 接著會插入一個新的文字藝術師物件，並已設定好文繞圖效果，直接於文字方塊中輸入「日月潭環湖步道」。

STEP 03 選取 "日月潭環湖步道" 文字後，於 **常用** 索引標籤設定合適的 **字型** 與 **字型大小**。

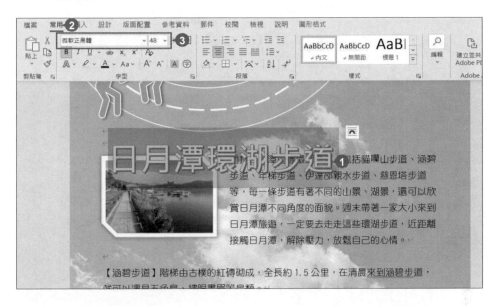

變更與調整文字藝術師

設定好 **文字藝術師** 後，可以修改填滿的色彩、外框或陰影、光暈...等效果。

STEP 01 在選取文字藝術師文字方塊的狀態下，可以先改變文字藝術師樣式，於 **圖形格式** 索引標籤設定合適的 **文字填滿** 與 **文字外框**。(此範例套用 **文字填滿：深紅**，**文字外框：白色, 背景 1**、**粗細 \ 0.75 點**。)

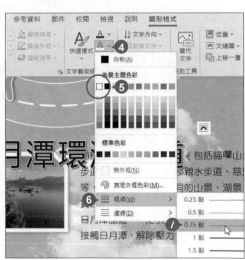

STEP 02 接著於 **圖形格式** 索引標籤選按 **文字效果 \ 陰影 \ 陰影選項**。於右側窗格 **文字效果 \ 陰影** 項目中調整合適的 **色彩、模糊、距離**...等效果，結束後按一下窗格右上角 **關閉** 鈕。

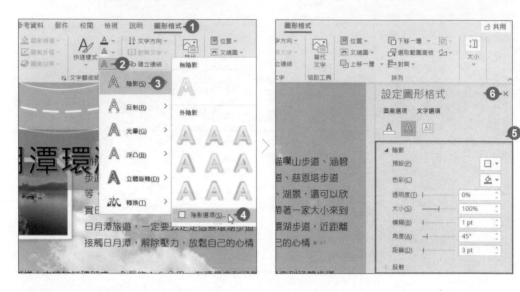

STEP 03 最後將文字藝術師物件拖曳至合適位置擺放。

3.5

SmartArt 圖形的應用

除了使用文字、圖案、圖片設計文件外，還可利用功能更強的
SmartArt 圖形工具，每個類型都包含數種不同的版面配置，
只要在任一圖形輸入相關文字，就能快速建立美觀的圖表。

插入 SmartArt 圖形

STEP 01 將輸入線移至如圖文字段落最後方，於 **插入** 索引標籤選按 **SmartArt**，於
選擇 SmartArt 圖形 對話方塊選按 **流程圖 \ 步驟上移程序**，按 **確定** 鈕。

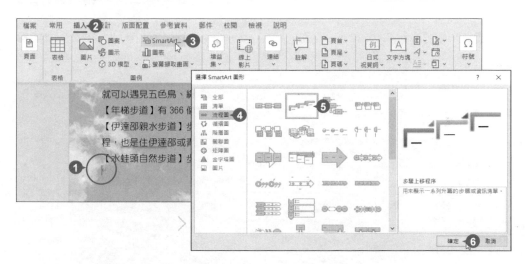

STEP 02 在選取整個 SmartArt 圖形狀態下，於邊框上按一下滑鼠左鍵即會出現 **文
繞圖** 按鈕，按一下 ⬆ 圖示，於 **版面配置選項** 清單中選按 **文字在後**。(可
以按一下右上角 **關閉** 鈕隱藏清單)

設定 SmartArt 圖形文字字型

依如下操作輸入文字與設定字型。

STEP **01** 將滑鼠指標移至 SmartArt 物件的邊框上，呈 ⛶ 狀，拖曳至文件下方約如圖位置擺放。

STEP **02** 在選取整個 SmartArt 圖形狀態下，於 **SmartArt 設計** 索引標籤選按 **文字窗格**，於文字窗格第一層輸入「涵碧步道」後，圖形中的文字立即顯示，接著依序輸入「年梯步道」、「伊達邵親水步道」、「水蛙頭自然步道」、「水社大山自然步道」。(可按 Enter 鍵換行並新增一個新的 SmartArt 圖形；完成後在 SmartArt 圖形邊框左側按二下 ▷ 鈕收起文字窗格)

STEP **03** 在選取整個 SmartArt 圖形的狀態下，於 **常用** 索引標籤設定合適的文字格式。

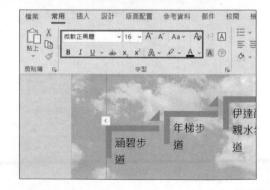

調整 SmartArt 圖形尺寸與位置

為了讓 SmartArt 圖形內的文字不要太擠，可依需要調整至合適的大小。

在選取整個 SmartArt 圖形狀態下，於 **格式** 索引標籤設定 **寬度：19 公分**。之後將滑鼠指標移至 SmartArt 物件的邊框上，呈 🔧 狀，拖曳微調擺放位置。

快速變更 SmartArt 圖形色彩

STEP 01 在選取整個 SmartArt 圖形狀態下，於 **SmartArt 設計** 索引標籤選按 **變更色彩**，清單中套用合適的色彩。(此範例套用 **彩色 - 輔色**)

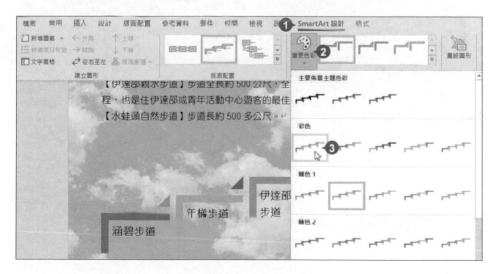

套用 SmartArt 樣式

預設圖形為平面，可以套用多種設計好的 **SmartArt 樣式**，加強視覺上的效果。

STEP **01** 在選取整個 SmartArt 圖形狀態下，於 **SmartArt 設計** 索引標籤選按 **SmartArt 樣式-其他**，清單中選擇合適的樣式套用。(此範例套用 **鮮明效果**)

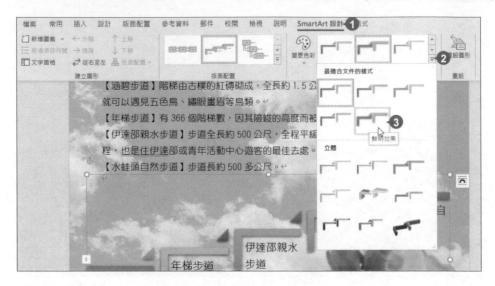

STEP **02** 最後於 **格式** 索引標籤選按 **文字藝術師樣式-其他 \ 填滿: 黑色，文字色彩 1; 陰影**，即完成此章範例，記得儲存檔案。

請依如下提示完成 "博覽會海報"
文件作品。

1. 開啟延伸練習原始檔 <博覽會海報.docx>。

2. 設計背景浮水印：於 **設計** 索引標籤選按 **浮水印 \ 自訂浮水印**，核選 **圖片浮水印**，選按 **選取圖片**，於視窗中的 **Bing 影像搜尋** 欄位輸入「**櫻花 背景**」關鍵字，插入右圖。**縮放比例：200%**、取消核選 **刷淡**。

3. 插入文字藝術師標題：將輸入線移至文件第一行，於 **插入** 索引標籤選按 **文字藝術師 \ 填滿: 藍色，輔色 5; 外框: 白色，背景色彩 1; 強烈陰影: 藍色，輔色 5** 樣式、文字填滿：**紫色**、文字外框：**白色**、粗細：**1.5 點**，輸入「**玩花漾**」文字。設定合適字型 (此範例套用 **微軟正黑體**)、**100**、**粗體**、文繞圖：**文字在後**，再放置於文件上方置中位置。

4. 插入與調整圖示：於 **插入** 索引標籤
   選按 **圖示**，選按 **蟲子**，清單中選按
   並插入蝴蝶圖示。設定 **文繞圖**：**文
   字在後**，再複製三個蝴蝶圖示，套
   用色彩、旋轉角度及調整大小並擺
   放至如圖位置。

5. 設計 SmartArt 圖形：於 **插入** 索引標籤選按 **SmartArt**，選按 **圖片 \ 六邊形
   圖組**。選取 SmartArt 圖形，設定 **文繞圖**：**文字在後**、**高度：9 公分**、分別
   插入 <03-01.jpg>、<03-02.jpg>、<03-03.jpg> 三張圖片與輸入文字。

6. 變更 SmartArt 圖形的色彩、樣式、
   文字：於 **SmartArt 設計** 索引標籤
   選按 **變更色彩 \ 彩色 \ 彩色範圍 - 輔
   色 4 至 5**；再選按 **SmartArt 樣式 -
   其他 \ 白色外框**。另外於 **格式** 索引
   標籤選按 **圖案效果 \ 浮凸 \ 圓形**。

   選取整個 SmartArt 圖形的狀態下，
   於 **常用** 索引標籤設定合適字型，並
   拖曳至如圖位置擺放。

7. 插入線上圖片：利用「**花海 岩**」關
   鍵字搜尋並插入合適的 **線上圖片**，
   設定 **文繞圖**：**文字在前**，拖曳至文
   件下方空白處擺放，等比例放大。

8. 移除背景：選取花海圖片，於 **圖片
   格式** 索引標籤選按 **移除背景**，去
   除背景只留下花與岩石的部分。

9. 調整圖片格式：裁切圖片多餘部
   分，再微調大小及位置後，於 **圖片
   格式** 索引標籤選按 **美術效果 \ 蠟
   筆平滑效果**。

10. 儲存：最後記得儲存檔案，完成此作品。

04

課程表信件
Word 合併列印與標籤套印

信件合併列印

信封單一列印・信封文件格式

合併欄位・標籤版面

預覽合併結果

學習重點

如果要將同一份文件郵寄給許多人時，像帳單、成績單、邀請函...等只能逐次修改收件者姓名與相關資料後再列印嗎？這時不妨試試合併列印的功能來完成這個繁雜且重複的動作。

- 關於合併列印
- 設定信件合併列印
- 設定寄件人地址資訊
- 執行單一信封的列印
- 設定信封文件格式

- 插入收件者的合併欄位
- 設定標籤的版面
- 插入收件者的合併欄位
- 預覽合併結果及完成合併

原始檔：<本書範例 \ ch04 \ 原始檔 \ 課程表信件.docx>

完成檔：<本書範例 \ ch04 \ 完成檔 \ 課程表信件-合併列印結果.docx>

4.1 關於合併列印

合併列印是利用文件與資料來源結合後所產生的結果，它能夠在相同的文件中插入不同的資料內容，產生出不同對象的成品。

舉例來說，一份要大量郵寄的通知單，文件內容相同，可是要給予的人員姓名不同，若要一一製作十分耗時。如果已經事先整理好人員名單，只要在完成文件後，於名單中指定姓名欄位並插入在文件中要顯示姓名的位置，就能快速產生不同的文件，這就是合併列印。

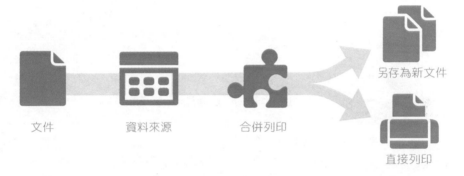

文件　　　　　資料來源　　　　合併列印

另存為新文件

直接列印

合併列印中使用的資料來源可以為 Word、Excel、Access、TXT 及 Outlook 通訊錄中的人員...等資料，合併列印的結果可以選擇另存為新文件，或是直接列印，十分方便。本章將利用同一份通訊錄文件產生不同的合併列印結果。

使用範例檔案練習前，請先將 <ch04> 資料夾存放至電腦本機 C 槽根目錄，這樣此章資料內容才能正確連結並開啟。

4.2 設定信件合併列印

我們將透過已經建置好內容的課程表,利用合併列印功能,插入所有學員的姓名,將每個姓名快速產生在各封信件中。

STEP 01 開啟範例原始檔 <課程表信件.docx>,將輸入線移至如圖要插入姓名的位置(前方有空白),於 **郵件** 索引標籤選按 **啟動合併列印 \ 逐步合併列印精靈**。

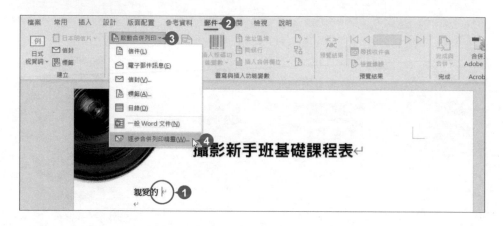

STEP 02 開啟右側 **合併列印** 窗格,依照精靈指示步驟開始逐項設定。首先核選 **選取文件類型:信件** 後選按 **下一步:開始文件**,再核選 **選取開始文件:使用目前文件** 後選按 **下一步:選擇收件者**。

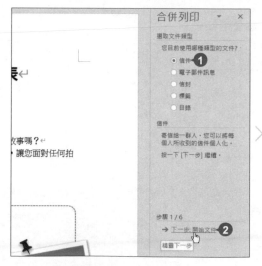
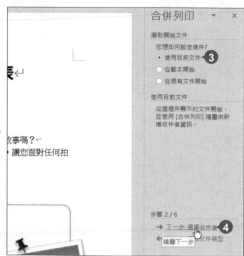

STEP **03**　接著設定收件者的資料來源，核選 **選取收件者：使用現有清單** 後選按 **瀏覽**，於 **選取資料來源** 對話方塊選取範例原始檔 <通訊錄.docx>，所有學員的資料已經建置於此檔案中，按 **開啟** 鈕，準備把檔案中的表格匯入到目前文件。

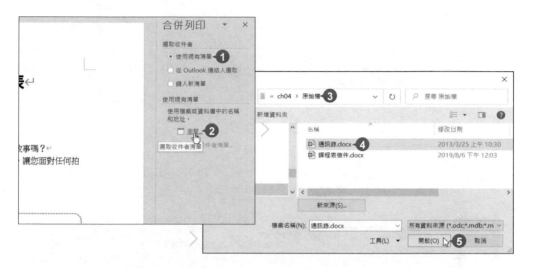

STEP **04**　**合併列印收件者** 對話方塊中已匯入了所有學員資料，清單中可以核選或取消名單，按 **確定** 鈕回到窗格，會發現 **使用現有清單** 已經顯示匯入的文件，接著再選按 **下一步：寫信**。

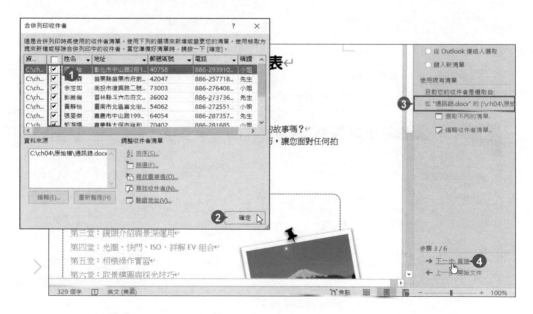

STEP 05 選按 **其他項目** 準備將匯入的通訊錄資料欄位插入信件中顯示。

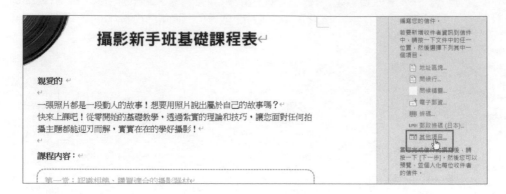

STEP 06 於 **插入合併功能變數** 對話方塊分別選取 **姓名**、**稱謂** 後按 **插入** 鈕,將欄位插入到文件中,完成後按 **關閉** 鈕再選按 **下一步:預覽信件**。

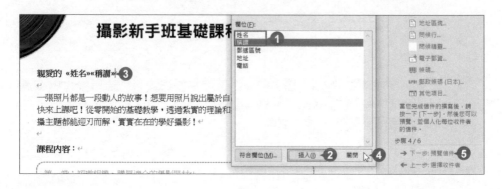

STEP 07 頁面上即會顯示第一筆資料的結果,我們可以利用 **收件者** 的左右鈕切換顯示的資料,最後選按 **下一步:完成合併**。

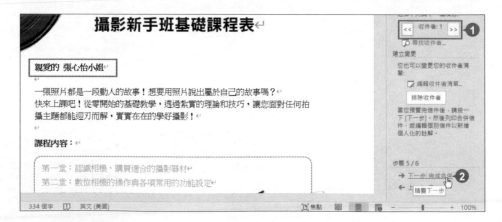

STEP 08 完成合併後的文件可以使用二種方式展現結果，第一種為直接列印。選按 **列印**，於 **合併到印表機** 對話方塊核選 **列印記錄：全部** 後按 **確定** 鈕，進入 **列印** 對話方塊後再按 **確定** 鈕。

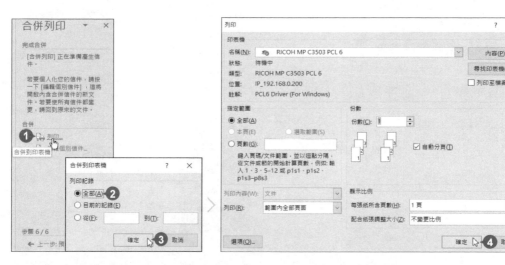

STEP 09 第二種展現方式則是將合併的結果放置到新文件中。選按 **編輯個別信件**，於 **合併到新文件** 對話方塊核選 **合併記錄：全部** 後按 **確定** 鈕，這個方式較為方便，也可以利用完成的結果再編輯。

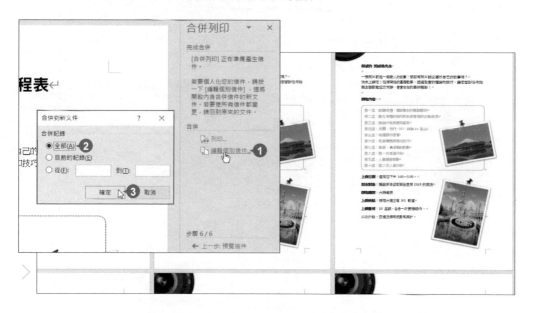

STEP 10 最後請將合併後的新文件儲存為 <課程表信件-合併列印結果.docx>，原來合併列印文件儲存為 <課程表信件-合併列印.docx>。

4.3 設定信件單一列印

完成信件製作後，接下來就可以列印郵寄的信封。若只是單純列印一個信封，Word 中提供不少可以直接套印的版式，並貼心的為您填上所需資訊。

設定寄件人地址資訊

STEP**01** 新增一空白文件，接著於 **檔案** 索引標籤選按 **選項**。

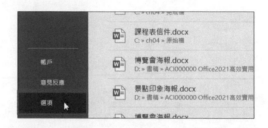

STEP**02** 於 **Word 選項** 對話方塊 **進階 \ 一般 \ 地址** 欄位中輸入寄件者的地址資料後按 **確定** 鈕完成設定。

如此一來在製作單一信封或是套印大量信封時，這個寄件者地址資訊即會成為預設填入的項目。

執行單一信封的列印

如果只要郵寄一封信件時，可以使用下述方式簡易完成。

STEP **01**　於 **郵件** 索引標籤選按 **信封**，於 **信封及標籤** 對話方塊 **寄件者地址** 欄位已填入預設好的地址，輸入 **收件者地址** 資料後，選按 **選項** 鈕。

STEP **02**　為了讓信封上收件者的地址資訊能夠更為明顯，於 **信封選項** 對話方塊 **信封選項** 標籤選按 **收件者地址 \ 字型** 鈕，設定 **字型樣式** 及 **大小** 後按 **確定** 鈕完成字型設定。

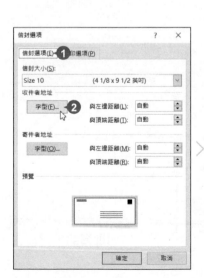
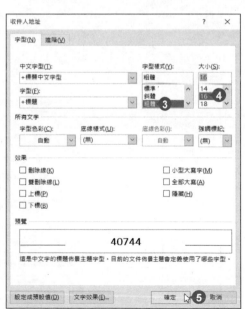

STEP **03** 完成字型的設定後，按 **確定** 鈕結束 **信封選項** 設定回到 **信封及標籤** 對話方塊，按 **新增至文件** 鈕，即可將設定的結果新增到文件中。

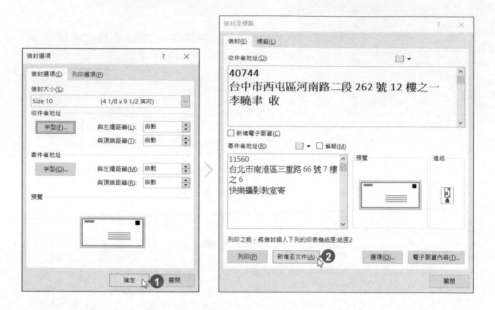

STEP **04** 最後儲存列印文件為 <信封-單一列印.docx>。

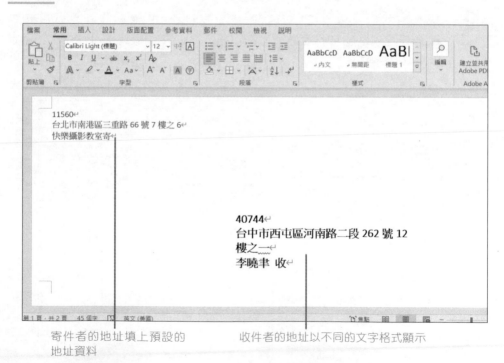

寄件者的地址填上預設的   收件者的地址以不同的文字格式顯示
地址資料

4.4 設定信封合併列印

若是信件的對象很多，可以將收件人資訊整理到一個表格中，再利用合併列印的功能，分別列印出不同收件人地址的郵寄信封。

設定信封文件格式

STEP 01 新增一個空白的文件，然後於 **郵件** 索引標籤選按 **啟動合併列印 \ 逐步合併列印精靈**。

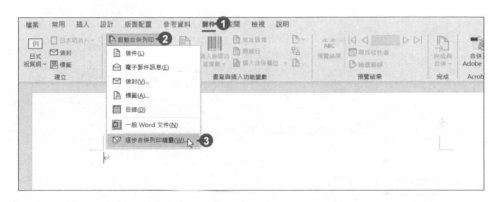

STEP 02 此時會開啟右側 **合併列印** 窗格，首先核選 **選取文件類型：信封**，之後選按 **下一步：開始文件**，核選 **選取開始文件：變更文件版面配置**，再選按 **變更文件版面配置：信封選項**。

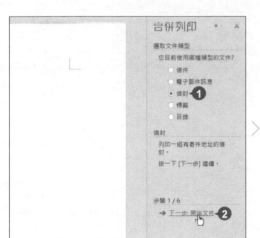
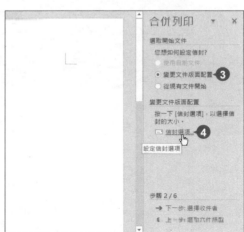

STEP **03** 接著設定信封格式，於 **信封選項** 對話方塊使用預設的 **信封選項** 與 **列印選項**，完成項目的調整後按 **確定** 鈕。

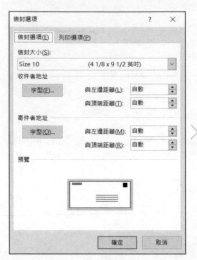

此時的頁面會根據設定的內容修改版面大小，並填入預設的寄件者地址，而中間的文字方塊則是收件者資料顯示的位置。

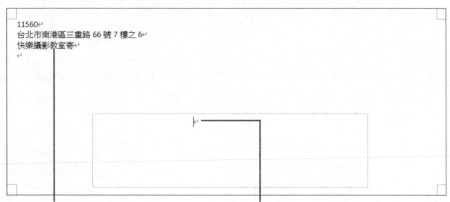

寄件者的地址會填上預設
的地址資料

在收件者的文字方塊中按一下滑鼠左
鍵，出現輸入線。

插入收件者的合併欄位

信封設定好後，接著要將另一份文件的表格資料合併到信封內。

STEP 01 先設定收件者的資料來源，首先核選 **選取開始文件：使用目前文件**，選按 **下一步：選擇收件者**，再來核選 **選取收件者：使用現有清單**，選按 **使用現有清單：瀏覽**。

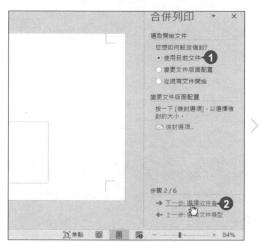

STEP 02 所有郵寄資料已經預先建置在範例原始檔 <通訊錄.docx> 中，選取該檔案後按 **開啟** 鈕。於 **合併列印收件者** 對話方塊會匯入文件內的表格資料，清單中核選或取消名單後按 **確定** 鈕回到窗格。

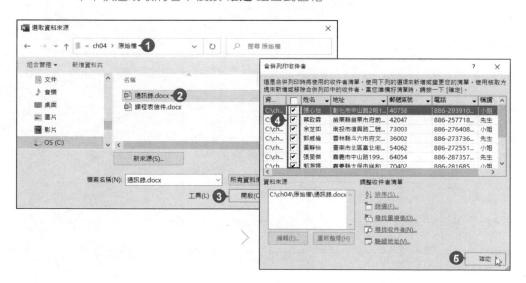

接著選按 **下一步：安排信封**，再選按 **安排信封：其他項目**，準備將匯入的通訊錄資料欄位插入到信封。

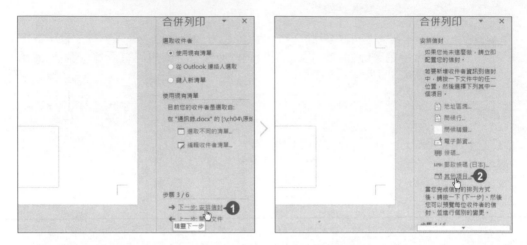

於 **插入合併功能變數** 對話方塊依序選取 **郵遞區號、地址、姓名、稱謂** 後按 **插入** 鈕將欄位插入到文件中，完成後按 **關閉** 鈕。

參考下圖內容，利用 Enter 鍵為欄位分行，然後調整 **姓名** 欄位的文字大小與更換字型，在 **稱謂** 後方按一下 Space 鍵輸入空白字元，然後再輸入「收」字，選按 **下一步：預覽信封**。

STEP **06** 頁面上即可顯示第一筆資料的結果，利用 **收件者** 的左右鈕來回切換顯示
的資料，再選按 **下一步：完成合併**。

STEP **07** 完成合併後的文件可以使用二種方式展現結果，第一種是直接列印出來。
選按 **列印**，於 **合併到印表機** 對話方塊核選 **列印記錄：全部** 後按 **確定**
鈕，進入 **列印** 對話方塊後再按 **確定** 鈕。

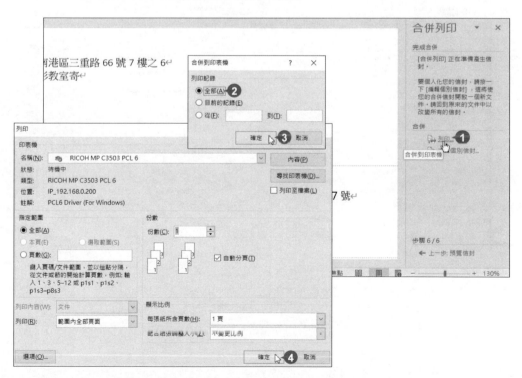

STEP **08** 第二種展現方式則是將合併的結果放置到新文件中。選按 **編輯個別信封**，於 **合併到新文件** 對話方塊核選 **合併記錄：全部** 後按 **確定** 鈕，這個方式較為方便，也可以利用完成的結果再編輯。

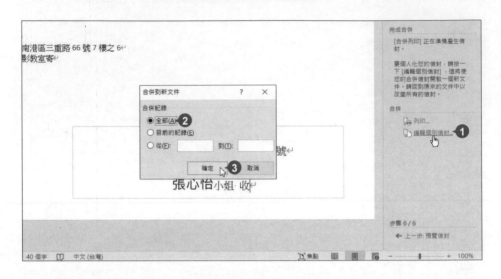

此時會將合併的結果放置到新的文件中。

STEP **09** 最後請將合併後的新文件儲存為 <信封-合併列印結果.docx>，原來合併列印的文件儲存為 <信封-合併列印.docx>。

4.5 設定標籤合併列印

除了直接使用標準信封列印地址外，市售的標籤貼紙也是不錯選擇。接下來應用同一個通訊錄，完成標籤合併列印，這裡不再使用合併列印精靈，而是直接指定合併列印的類型。

設定標籤的版面

目前市售的標籤以 A4 紙尺寸為準，以下將在 Word 中設定標籤的版面。

STEP **01** 新增一個空白文件，然後於 **郵件** 索引標籤選按 **啟動合併列印 \ 標籤**。

STEP **02** 於 **標籤選項** 對話方塊選擇不同 **標籤資訊** 時，下方會顯示不同的 **標籤編號**，選按時右側會顯示 **標籤資訊**，完成後按 **確定** 鈕，版面就會依格式在紙張上加上表格。

如果沒有看到格線，可以於 **版面配置** 索引標籤選按 **檢視格線**。

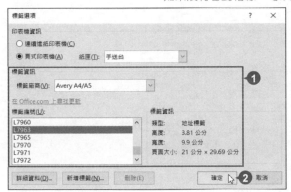

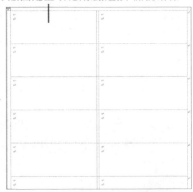

關於標籤樣式

Word 提供許多市面上販售的標籤格式版面，大部分都可以在對話方塊中的 **標籤樣式** 選項中找到。此外於 **檔案** 索引標籤選按 **新增**，利用 "標籤" 關鍵字可搜尋到 Word 內建標籤範本；您也可以透過瀏覽器，於 Word 協力廠商的所屬網站搜尋適用的標籤範本。

插入收件者的合併欄位

STEP 01 於 **郵件** 索引標籤選按 **選取收件者 \ 使用現有清單**，於 **選取資料來源** 對話方塊中選取範例原始檔 <通訊錄.docx>，按 **開啟** 鈕，這樣一來即可將 <通訊錄.docx> 檔案中的表格匯入到目前的文件中使用。

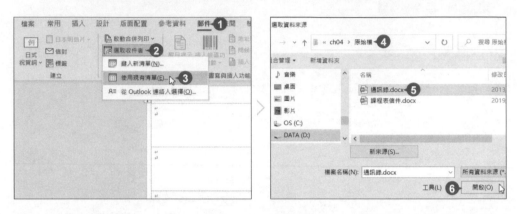

此時會發現文件上除了第一格的標籤外，其他的儲存格都自動加入 <<Next Record (下一筆紀錄)>> 的變數名稱。

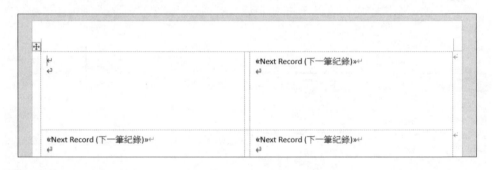

STEP 02 將輸入線移到第一個儲存格，於 **郵件** 索引標籤選按 **插入合併欄位** 清單鈕 \ **姓名** 將匯入的通訊錄資料欄位，插入到標籤上顯示。

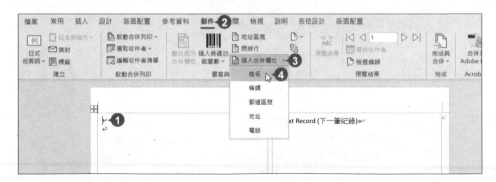

STEP 03 依序再插入 **稱謂**、**郵遞區號** 及 **地址** 欄位，利用 Enter 鍵分行後調整 **姓名** 欄位的字體大小。

STEP 04 於 **郵件** 索引標籤選按 **更新標籤**，即可將剛才所指定的欄位名稱套用到所有的標籤中。

預覽合併結果及完成合併

STEP 01 於 **郵件** 索引標籤選按 **預覽結果**，可在文件內看到資料套入標籤後的結果。

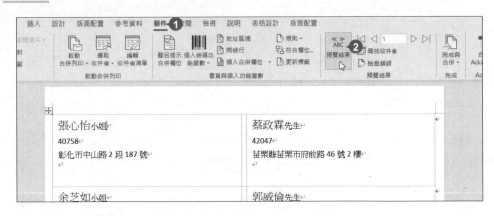

STEP 02 於 **郵件** 索引標籤選按 **完成與合併 \ 編輯個別文件**，則是將資料合併成新文件以供編輯。

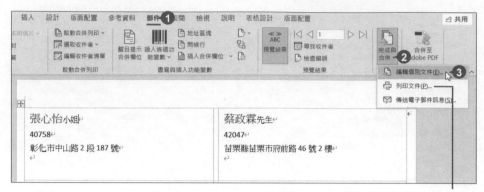

於 **郵件** 索引標籤選按 **完成與合併 \ 列印文件**，可將資料直接由印表機列出。

STEP 03 在 **合併到新文件** 對話方塊核選 **合併記錄：全部**，最後按 **確定** 鈕將成品新增到一個文件中。

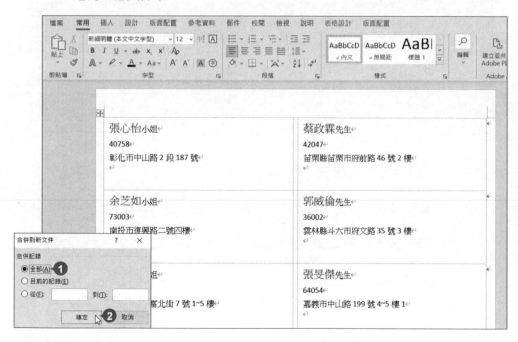

STEP 04 最後請將合併後的新文件儲存為 <標籤-合併列印結果.docx>，原來合併列印的文件儲存為 <標籤-合併列印.docx>。

請依如下提示完成 "錄取榜單" 文件作品。

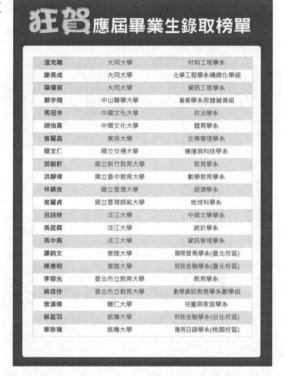

1. 開啟延伸練習原始檔 <錄取榜單.docx>。

2. 啟動合併列印：於 **郵件** 索引標籤選按 **啟動合併列印 \ 逐步合併列印精靈**。

3. 指定合併列印清單：在 **合併列印** 窗格中先核選 **選取文件類型：目錄**，再選按 **下一步：開始文件**，接著再選按 **下一步：選擇收件者**，再核選 **選取收件者：使用現有清單**，選按 **使用現有清單：瀏覽**，選取延伸練習原始檔 <錄取統計表.docx>，按 **開啟** 鈕。

4. 篩選合併列印資料：於 **合併列印收件者** 對話方塊中，選按 **錄取清單鈕 \ 通過**，最後按 **確定** 鈕。

5. 插入合併列印項目：於 **合併列印** 窗格中，選按 **下一步：安排目錄**，再選按 **安排目錄：其他項目**，於 **插入合併功能變數** 對話方塊分別選取 **姓名、學校名稱、學系組名稱** 後按 **插入** 鈕將欄位插入到文件中合適的位置，完成後按 **關閉** 鈕。

6. 於 **合併列印** 窗格中選按 **下一步：預覽目錄**，在文件內預覽資料完整內容。

7. 接著選按 **下一步：完成合併**，再選按 **成為新文件** 將資料合併成新文件。

8. 於 **合併到新文件** 對話方塊核選 **合併記錄：全部**，按 **確定** 鈕就可以將作品新增到一個文件中。

9. 儲存：最後記得儲存檔案，完成此作品。

05

主題式研究報告
Word 長文件製作

版面設定・樣式套用與修改

大綱模式・頁首頁尾

頁碼・目錄・封面

學習重點

舉凡報告、論文，甚至是書籍的編寫，都是內容複雜的長文件。在 Word 中提供許多工具幫助長文件的編輯與設計，除了辛苦搜集資料外，如何將資料匯整成一份完整的書面報告，就是本章的重點所在了。

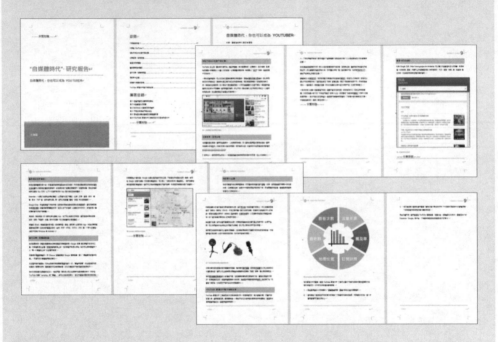

- ▶ 套用預設樣式
- ▶ 文件格式設定
- ▶ 修改樣式
- ▶ 認識大綱模式
- ▶ 顯示階層
- ▶ 折疊或展開段落內容
- ▶ 調整段落順序

- ▶ 提升或降低段落階層
- ▶ 設定頁首頁尾及頁碼
- ▶ 目錄建置
- ▶ 目錄編輯
- ▶ 加入標號
- ▶ 插入圖表目錄
- ▶ 加入封面

原始檔：<本書範例 \ ch05 \ 原始檔 \ 主題式研究報告.docx>
完成檔：<本書範例 \ ch05 \ 完成檔 \ 主題式研究報告.docx>

5.1 版面設定

製作報告前，為了讓整體的配置更顯得宜，我們必須先在文件版面上做一些調整。

------ --- ------ --- --- --- --- --- --- --- --- --- -- ---

STEP 01 開啟範例原始檔 <主題式研究報告.docx>，於 **版面配置** 索引標籤選按 **版面設定** 對話方塊啟動器。

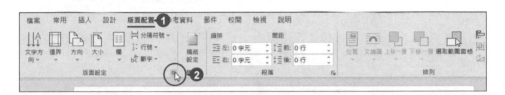

STEP 02 於 **版面設定** 對話方塊 **邊界** 標籤設定 **上、下、左、右** 數值，多頁：**左右對稱**。版面配置 標籤核選 **奇偶頁不同** 與 **第一頁不同**，最後按 **確定** 鈕完成設定。

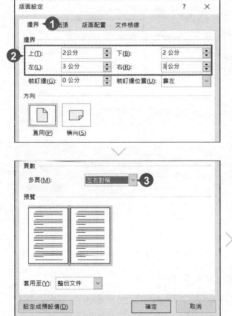

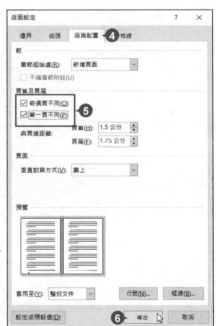

5.2 樣式的套用與修改

長文件篇幅較一般文件冗長，如何快速設定樣式與更新，成了重點所在。**樣式** 功能不但能迅速統一文件樣式，更能自動更新，不用擔心是否有所遺漏，而影響到整篇文件的美觀！

套用內建預設樣式

以下將利用 Word 內建樣式，先為這份原始文件迅速統一文字外觀。

STEP 01 將輸入線移到第一行文字任意處，於 **常用** 索引標籤選按 **樣式-其他**，樣式庫中選按 **標題**，透過內建樣式的套用，加強文件標題的呈現。

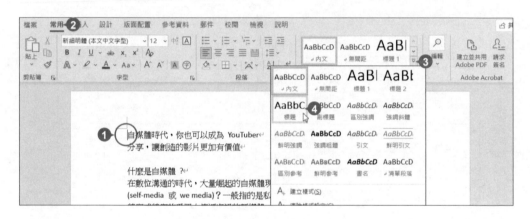

STEP 02 將輸入線移至第二行文字的任意處，套用 **副標題** 樣式。

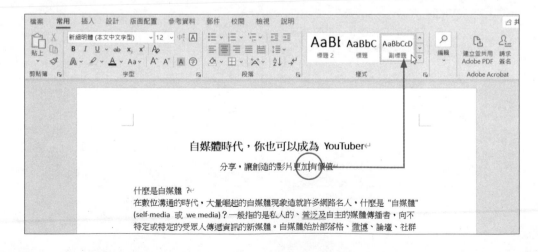

STEP 03　依步驟 1 操作方式，將輸入線移到 "什麼是自媒體？" 段落中，套用 **標題 1** 樣式。

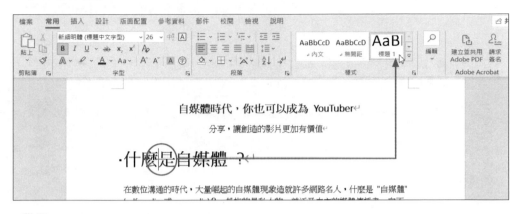

接著於下方找到 "什麼是 YouTuber ?"、"想點子與拍片前要了解的事"、"收集創意，發想主題"、"掌握快訊與趨勢"、"靈感爆發隨手筆記"、"資料收集、搜尋與勘查"、"確認影片主題"、"拍攝影片需要的設備"、"YouTube 數據分析幫你指點迷津" 九個段落文字，套用相同樣式。

STEP 04　其他段落保持預設的 **內文** 樣式，然後移到最後一頁，利用 **編號** 功能，透過數字編號的方式條列文件中的某些段落內容。請如下圖選取段落文字後，於 **常用** 索引標籤選按 **編號** 旁清單鈕，選按 **數字對齊方式: 靠左** 自動加上編號設計。

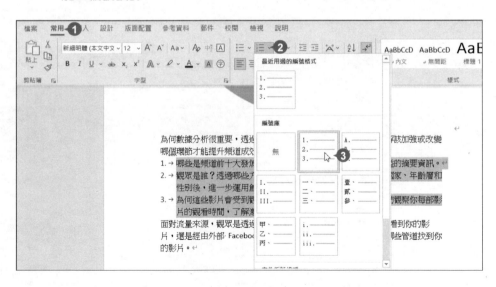

文件格式設定

為文件的段落套用基本樣式之後，可以使用內建的 **佈景主題色彩**、**佈景主題字型**、
段落間距 快速改變整份文件的風格，使其看起來實用美觀。

STEP 01 於 **設計** 索引標籤選按 **文件格式設定-其他 \ 陰影** 樣式集套用，讓編輯區中
的段落格式與配色隨之變化。

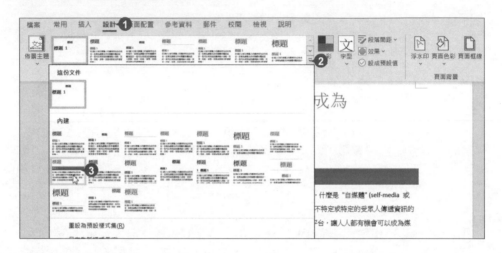

STEP 02 於 **常用** 索引標籤選按 **樣式-其他**，可以看到樣式庫中顯示的樣式已全數更
換為 **陰影** 樣式集的配置。

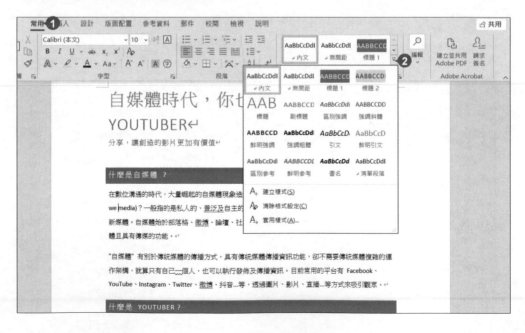

STEP 03 Word 提供多款不同顏色的配置方法,於 **設計** 索引標籤選按 **色彩 \ 黃色** 作為基礎配色,完成色彩變更。

從已套用樣式的段落文字可以查看
套用的顏色效果

套用預設內文樣式的段落文字並無法
表現顏色變化

如果不喜歡套用的佈景主題色彩,可以於 **設計** 索引標籤選按 **色彩 \ Office**,將色彩配置回復到套用前的狀態。

STEP 04 Word 透過多款不同字型的搭配與使用,讓視覺效果產生更多變化。於 **設計** 索引標籤選按 **字型 \ Arial** 作為基礎字型。

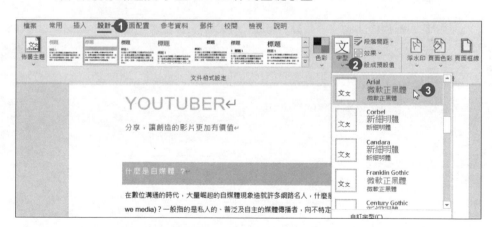

如果不喜歡套用的佈景主題字型,可以於 **設計** 索引標籤選按 **字型 \ Office**,將字型回復到套用前的狀態。

Word 提供不同的段落間距項目，於 **設計** 索引標籤選按 **段落間距 \ 寬鬆**
作為基礎段落設定。

修改樣式

如果對內建的樣式不是很滿意時可以修改，以下以 **標題** 樣式為例調整。

STEP **01** 將輸入線移至第 1 頁 "自媒體時代，你也可以..." 段落中，於 **常用** 索引標
籤選按 **樣式-其他**，樣式庫 **標題** 上按一下滑鼠右鍵，選按 **修改**，於 **修改**
樣式 對話方塊修改文字大小 **22**、字型色彩：**自動**，按 **確定** 鈕，完成 **標**
題 樣式的修改。

核選 **自動更新** 項目時，樣式若修改，文件
中套用相關樣式的段落或文字會全數更新。

STEP **02** 依相同方式，分別修改 **副標題、標題 1** 樣式的 **字型色彩：自動、內文** 樣
式為 **左右對齊**。

5.3 大綱模式的使用

長文件編輯要依循一定的規則，才能讓內容看來井井有條。大綱模式是在編排長文件時，套用樣式之後所產生的階層效果，透過這樣的編排可以快速並靈活地整理文章結構。

認識大綱模式

在設定完文件樣式後，於 **檢視** 索引標籤選按 **大綱模式**，即可進入大綱模式。

在大綱模式中，文件的內容會以段落為單位，根據所套用的樣式進行層次的排列。建議於 **大綱** 索引標籤取消核選 **顯示文字格式設定**，顯示的內容就不會被格式影響。

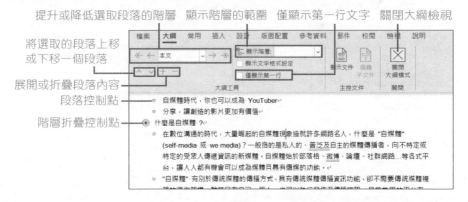

提升或降低選取段落的階層　顯示階層的範圍　僅顯示第一行文字　關閉大綱檢視

將選取的段落上移
或下移一個段落

展開或折疊段落內容
段落控制點
階層折疊控制點

顯示階層

為了要清楚的檢視長文件的結構，可以在 **顯示階層** 中設定要顯示的範圍。選項中預設分為 9 個階層，設定好要顯示的階層後，其他內容會被隱藏起來。

▲ 當設定 **顯示階層：階層 2**，文件中只保留標題 **1** 及 標題 **2** 的樣式內容。

折疊或展開段落內容

在折疊的狀態下 (文字下方會有一底線)，若要編輯或檢視某個段落的完整內容，可以在 ⊕ 階層折疊控制點上連按二下滑鼠左鍵，即會展開隱藏的內容。若需再折疊內容，只要在 ⊕ 階層折疊控制點上連按二下滑鼠左鍵。

 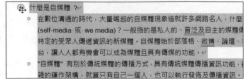

調整段落順序

若要調整段落的順序，可以在選取該段落後選按 ⌃ **上移** 或 ⌄ **下移** 鈕，即可將選取位置上移或下移一個段落，這個移動的動作包含標題及折疊的內容。也可以直接拖曳選取的段落到要移動的地方放開，完成調整。

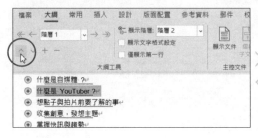 

提升或降低段落的階層

若要調整段落的階層，可以在選取該段落後選按 → **降階** 或 ← **升階** 鈕將選取位置提升或降低一個階層。

如果要回到一般的編輯模式，只要於 **大綱** 索引標籤選按 **關閉大綱模式**。

5.4

設定頁首頁尾及插入頁碼

在文件頁首頁尾，通常會標示書名、章名或頁碼...等，也可以加上不同的圖案或文字，只要設定一次，就能套用到所有的頁面。

設定首頁的頁首

此範例中，頁首將顯示文字與相關圖案，頁尾則加上頁碼。之前在 **版面配置** 中已設定首頁的頁首頁尾與其他頁不同，所以頁首、頁尾的部分都需要個別設定。

STEP**01** 　首先將輸入線移至首頁 (第 1 頁)，於 **插入** 索引標籤選按 **頁首**，清單中選按 **編輯頁首** 進入頁首編輯區。

STEP**02** 　因為第 1 頁是封面頁，所以此處不需設計頁首頁尾。在 **頁首及頁尾** 索引標籤選按 **下一節** 設定下個頁首。

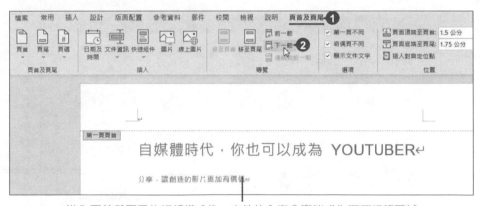

進入頁首與頁尾的編輯模式後，文件的內容會變淡成為不可編輯區域。

設定偶數頁的頁首及頁尾

STEP **01** 將輸入線移至偶數頁頁首文字編輯區，輸入文字「分享，讓創造的影片更加有價值」，於 **常用** 索引標設定合適字型、字型大小：**8**、**粗體**、**字型色彩：白色, 背景1, 較深 50%**。

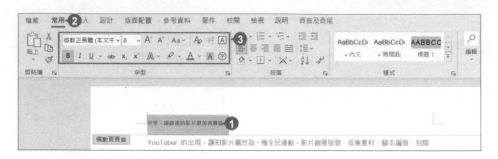

STEP **02** 將輸入線移至 "分享，讓創造的影片更加有價值" 文字最前方，於 **插入** 索引標籤選按 **圖示**，於 **插入圖示** 對話方塊選按 **分析**，清單中選按如下圖示，然後按 **插入** 鈕。

STEP 03 利用滑鼠指標拖曳控點調整圖示到適當大小，在選取圖示的狀態下，於 **常用** 索引標籤選按 **字型** 對話方塊啟動器。

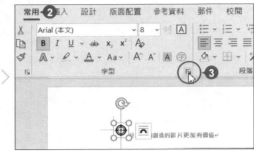

STEP 04 於 **字型** 對話方塊選按 **進階** 標籤，設定 **位置** 及 **位移點數**，然後按 **確定** 鈕，調整圖示與文字的對齊狀態。

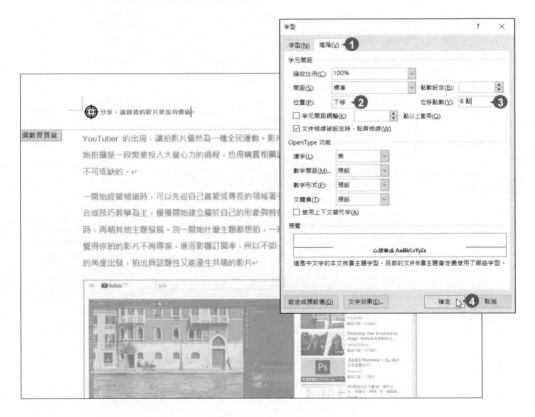

STEP 05 於 **頁首及頁尾** 索引標籤選按 **移至頁尾**，將輸入線移到頁尾。

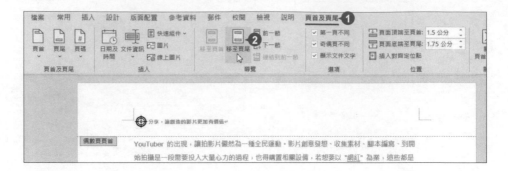

STEP 06 於 **頁首及頁尾** 索引標籤選按 **頁尾 \ 回顧**，套用設計好的樣式。

STEP 07 文件頁尾出現套用 **回顧** 樣式，更改左側 **作者** 資訊。

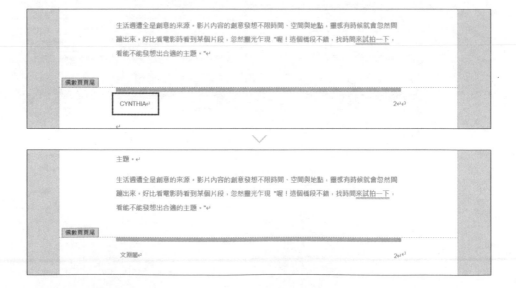

設定奇數頁的頁首及頁尾

STEP **01** 於 **頁首及頁尾** 索引標籤選按 **下一節**，再選按 **移至頁首** 切換到奇數頁頁首。

STEP **02** 於 **常用** 索引標籤選按 **靠右對齊** 鈕，將輸入線移至奇數頁頁首文字編輯區右側輸入「"自媒體時代" 研究報告」文字並選取，於 **常用** 索引標籤設定合適字型、**字型大小：8、粗體、字型色彩：白色, 背景1, 較深50%**。

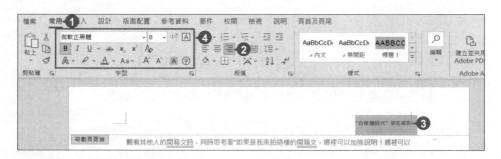

STEP **03** 將輸入線移至 "自媒體時代" 研究報告" 文字最後方，於 **插入** 索引標籤選按 **圖示**，於 **插入圖示** 對話方塊選按 **分析**，清單中選按如下圖示，然後按 **插入** 鈕。依照 P5-13 步驟 3、4 的操作，調整圖示大小與文字對齊。

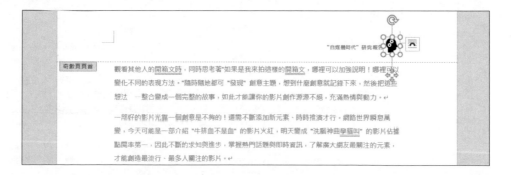

STEP 04 於 **頁首及頁尾** 索引標籤選按 **移至頁尾**，將輸入線移到頁尾開頭。

STEP 05 於 **頁首及頁尾** 索引標籤選按 **頁尾 \ 回顧**，套用設計好的頁尾樣式，**作者資訊會依照之前的修改變更。**

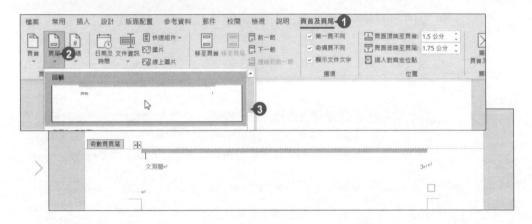

STEP 06 到此即完成該份文件頁首、頁尾的設定了，請儲存檔案。接著於 **頁首及頁尾** 索引標籤選按 **關閉頁首與頁尾** 離開頁首頁尾編輯模式。

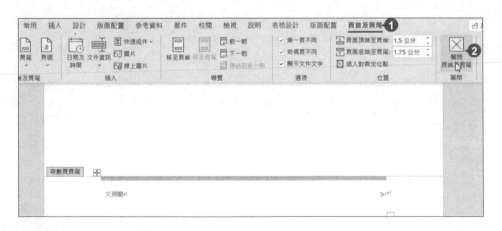

或直接在頁面的不可編輯區連按二下滑鼠左鍵，一樣可以離開頁首頁尾編輯模式。

5.5 目錄的建置與編輯

完成整份報告的編排後，如果在文件的最前面加上目錄頁，可以方便閱讀的人藉由目錄快速了解這份文件的重點，並確切掌握資料的所在頁數。

目錄建置

STEP 01 將滑鼠指標移到第 1 頁文章的最前方，於 **版面配置** 索引標籤選按 **分隔符號 \ 分頁符號** 插入分頁符號。

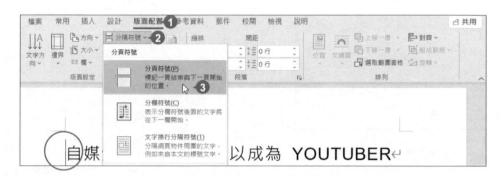

STEP 02 開始插入目錄。將輸入線移至第 1 頁的分頁符號前方，輸入「目錄」文字後按一下 **Enter** 鍵。

小提示

分頁符號看不到？！

若看不到分頁符號，於 **常用** 索引標籤選按 ⊞ **顯示/隱藏編輯標記** 即可顯示。

STEP 03 於 **參考資料** 索引標籤選按 **目錄\自訂目錄**，於 **目錄** 對話方塊選按 **目錄** 標籤，核選 **顯示頁碼** 及 **頁碼靠右對齊**，設定 **顯示階層：2** 後按 **確定** 鈕產生目錄資料。

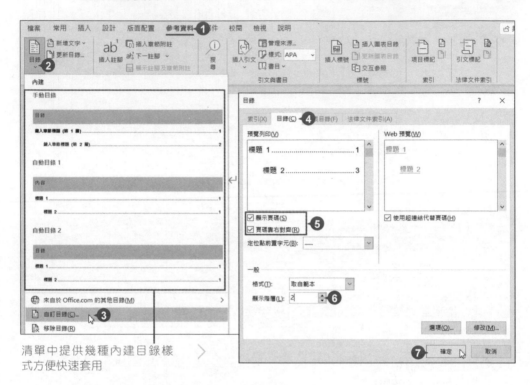

清單中提供幾種內建目錄樣式方便快速套用

文件中輸入線位置就會產生目錄資料。

目錄↵

————分頁符號————— ↵

目錄編輯

Word 建置的目錄是程式碼計算出來的結果，並不是單純的文字，所以除了可以透過
追蹤連結 直接切換到該頁，還可以 **更新目錄**。

STEP 01 **追蹤連結**：將滑鼠指標移至某一個目錄項目上，按 **Ctrl** 鍵不放出現手掌
形狀時，按一下滑鼠左鍵，即會捲動到該資料的所在頁次，藉此檢查目錄
的頁碼是否正確。

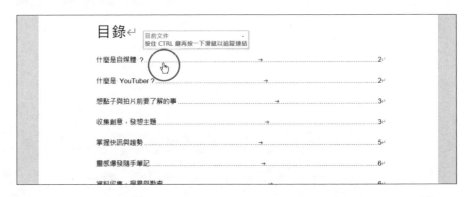

STEP 02 **刪除目錄項目**：選取該目錄項目後，按 **Del** 鍵可以移除不要的目錄項目。

STEP 03 **更新目錄**：當文件在新增或刪除某些內容時，顯示的目錄項目或頁數勢必
會有些調整。這時按 **F9** 鍵或在目錄區上按一下滑鼠右鍵選按 **更新功能
變數**。

於 **更新目錄** 對話方塊，如果核選 **只更新頁碼**，會將目錄中的頁碼重新計
算；如果核選 **更新整個目錄** 則是重新計算整個目錄內容。

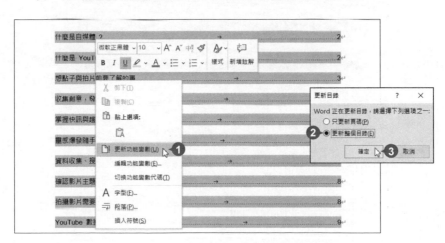

5.6 插入註腳

如果在文件中出現一些專有名詞，或是一些可以深入說明的部分，可以利用插入註腳的方式，標示這些名詞，再將說明放置該頁下方，讓讀者能更深入了解文件內容。

STEP 01 在第 3 頁選取要加入註腳的文字後，於 **參考資料** 索引標籤選按 **插入註腳**，準備為這個名詞加上說明。

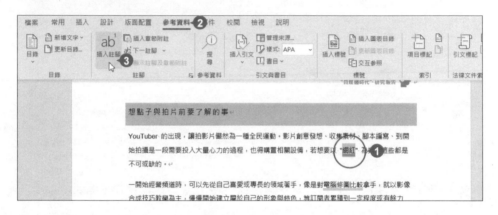

STEP 02 選取的文字後方會自動加上標號，並且在該頁下方新增一個文字編輯區域，在該區域的標號後方輸入註解文字。(內容可參考範例原始檔 <註腳與標號.txt>)

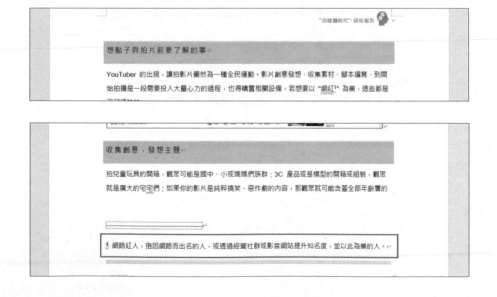

5.7 為圖片、表格加上標號

如何快速找到需要的圖片或表格？在 Word 中可以為圖片及表格加上標號，產生專屬目錄，讓使用者快速查詢並應用。

加上標號

STEP 01 選取第 3 頁要加入標號的圖片，於 **參考資料** 索引標籤選按 **插入標號**。

STEP 02 於 **標號** 對話方塊 **標號** 項目中的 "Figure 1" (或 "圖表1") 後方輸入圖片說明文字「經營頻道可從專長領域開始」，按 **新增標籤** 鈕。再於 **新增標籤** 對話方塊 **標籤** 項目中輸入「圖」後按 **確定** 鈕。 (圖片相關文字可以參考範例原始檔 <註腳與標號.txt>)

STEP 03 發現原本 **標號** 中 "Figure 1" 文字更改為 "圖 1"，設定 **標籤：圖**、**位置：選取項目之下** 後按 **確定** 鈕。

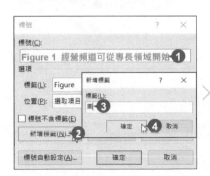

STEP 04 回到文件中，剛才選取的圖片下方已經加上標號。

圖‧1‧頻道頻道可從等長領域開始↵

STEP 05 依相同方式，為第 5、7、8、9、10 頁的圖片分別加上標號，此時會發現，在加入的過程中 Word 會自動為圖片編號。

圖‧2‧快速掌握流行哲學↵

▲ 第 5 頁

圖‧3‧Google‧地圖提供多種資訊↵

▲ 第 7 頁

圖‧4‧不同的設備有不同的特性↵

▲ 第 8 頁

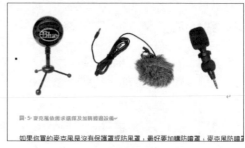

圖‧5‧麥克風依需求選擇及加購週邊設備↵

▲ 第 9 頁

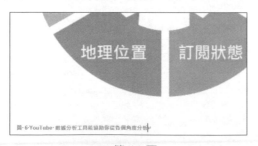

圖‧6‧YouTube‧數據分析工具能協助你從各個角度分析↵

▲ 第 10 頁

插入圖表目錄

加入圖片或表格的標號之後，可以在文件中插入圖表目錄，讓使用者快速找到這些圖表的所在頁數。

STEP 01 回到第 1 頁加入目錄的頁面，將輸入線移到 **分頁符號** 前方，輸入 "圖表目錄" 文字 (會以 **標題** 樣式顯示)，再按一下 **Enter** 鍵，於 **參考資料** 索引標籤選按 **插入圖表目錄**。

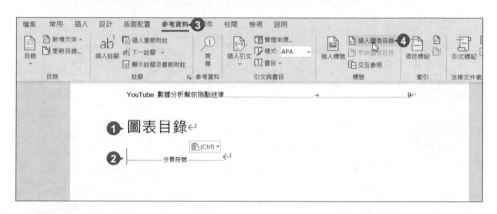

STEP 02 於 **圖表目標** 對話方塊設定 **格式：古典的**，按 **確定** 鈕，回到原來的畫面可以看到圖表目錄已經插入頁面中。

5.8

加入封面

完成內容與目錄製作後,現在就來製作報告封面。Word 為方便長文件的製作,已預設多套設計好的封面,即點即用。

STEP 01 於 **插入** 索引標籤選按 **封面頁**,選擇合適的設計後即會套用在頁面上。

STEP 02 封面頁自動產生於文件第 1 頁,上面會提示要輸入的資訊 (此範例為 "文件標題" 與 "文件副標題")。

輸入文件標題、副標題、刪除此份文件下方不需要的公司名稱及地址後,儲存檔案即完成本章範例。

請依如下提示完成 "課程期末報告" 文件作品。

1. 開啟延伸練習原始檔 <課程期末報告.docx>。

2. 修改樣示：於 **常用** 索引標籤選按 **樣式-其他**，樣式庫 **標題 1** 上按一下滑鼠右鍵，選按 **修改**，於 **修改** 對話方塊修改 **字型大小：20**，按 **確定** 鈕。依相同方式修改 **標題 2** 的 **字型大小：16**，**內文** 為 **左右對齊**。

3. 插入頁首：將輸入線移到第 1 頁，於 **插入** 索引標籤選按 **頁首 \ 側邊線條**，於 **頁首及頁尾** 索引標籤核選 **第一頁不同**，選按 **下一節**，接著將頁首原本的 "文件標題" 文字替換為 "攝影課程期末報告"，調整 **字型大小：10**。

4. 插入頁尾：於 **頁首及頁尾** 索引標籤選按 **移至頁尾**，再選按 **頁尾 \ 回顧** 樣式，並修改作者名稱，最後於 **頁首及頁尾** 索引標籤選按 **關閉頁首與頁尾**。

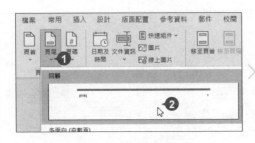 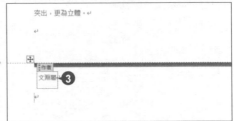

5. 插入註腳：選取第 1 頁下方 "一、拍攝商品需準備的器材" 內文中的 "ISO" 文字，於 **參考資料** 索引標籤選按 **插入註腳**，在該頁下方新增一個文字編輯區域，並在標號後方輸入註腳文字。(內容請參考 <註腳.txt>)。

6. 變更色彩：於 **設計** 索引標籤選按 **色彩 \ 綠色**。

7. 產生自動目錄：將輸入線移至第 1 頁文章最前方，於 **插入** 索引標籤選按 **分頁符號**，接著將輸入線移至分頁符號前方，於 **參考資料** 索引標籤選按 **目錄 \ 自動目錄2** 產生目錄資料。

8. 於目錄右下角插入圖示：於 **插入** 索引標籤選按 **圖示**，於 **插入圖示** 對話方塊選按 **科技與電子**，清單中選按相機圖示後再按 **插入** 鈕，之後調整合適大小、位置、**文繞圖**、**圖形樣式** 與 **圖形效果**。

9. 插入封面：於 **插入** 索引標籤選按 **封面頁 \ 格線**，修改文件標題與刪除不需的內容。

10. 儲存：最後記得儲存檔案，完成此作品。

06

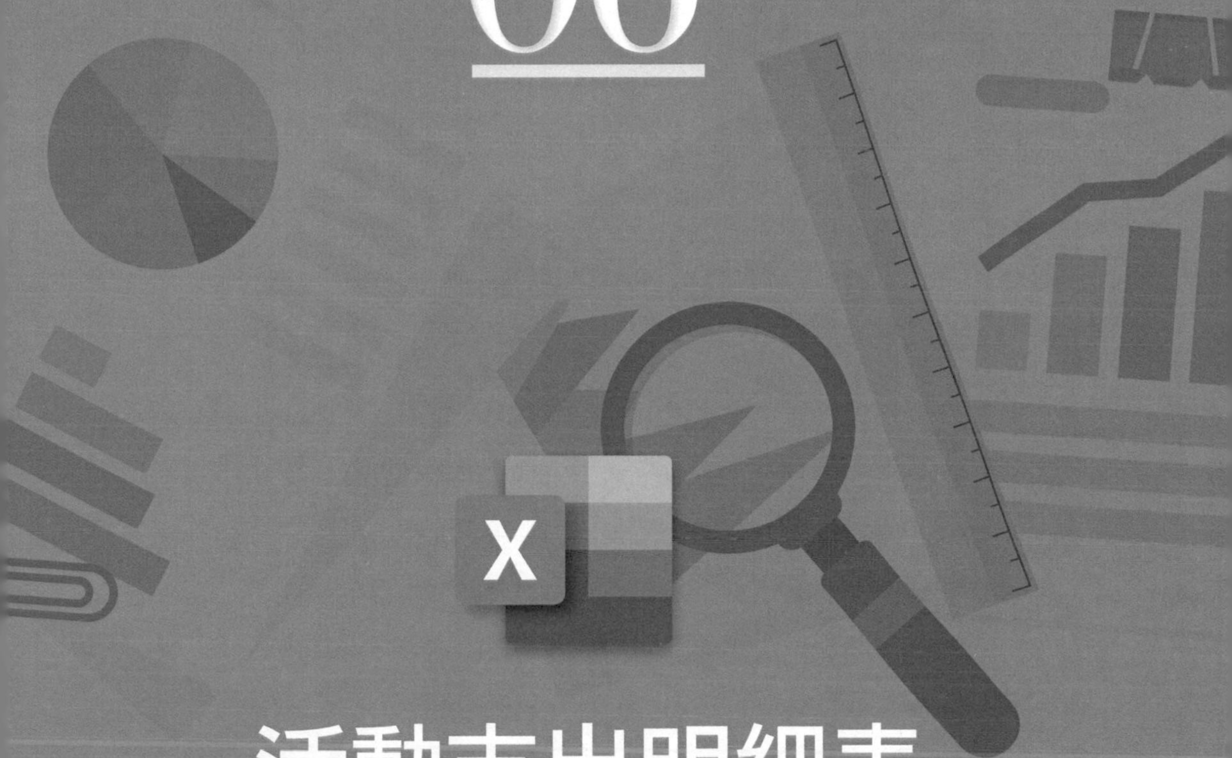

活動支出明細表
Excel 資料建立與公式運算

認識操作界面・儲存格

輸入公式

貨幣符號・對齊・套用色彩

儲存・列印

"活動支出明細表" 是將活動產生的每一筆支出，透過記錄與計算整理出來的 Excel 報表，可以清楚的掌握每項活動的相關花費。而透過這一份簡單、實用並詳實的支出明細表開始 Excel 的學習，可以說是非常適合！

活動支出明細表

編號	發票日期	申請者	活動名稱/名細	金額	稅額	小計
A-001	8月9日	李政美	員工旅遊/交通費	$904	$45	$949
A-002	8月9日	曹惠雯	員工旅遊/餐費	$280	$14	$294
A-003	8月15日	蕭皓鳳	員工旅遊/住宿費	$36,000	$1,800	$37,800
A-004	8月16日	蔡雅珮	員工旅遊/郵寄文件	$75	$4	$79
A-005	8月16日	林怡潔	員工旅遊/伴手禮	$604	$30	$634
A-006	9月8日	陳秉屏	公司週年慶/餐費	$28,000	$1,400	$29,400
A-007	9月10日	曹惠雯	公司週年慶/員工禮	$1,190	$60	$1,250
A-008	9月12日	楊如幸	公司週年慶/紀念品	$5,000	$250	$5,250
A-009	10月23日	李宗恩	尾牙/餐費	$20,000	$1,000	$21,000
A-010	10月23日	蔡雅珮	尾牙/禮券	$6,000	$300	$6,300
A-011	10月23日	李政美	尾牙/伴手禮	$5,000	$250	$5,250
A-012	10月24日	楊詩正	尾牙/交通費	$3,500	$175	$3,675

- ▶ 開啟空白活頁簿
- ▶ 認識 Excel 操作界面
- ▶ 認識儲存格與位址
- ▶ 移動與選取儲存格
- ▶ 輸入文字、日期、數值
- ▶ 調整欄位寬度
- ▶ 修改與清除資料

- ▶ 插入欄的方法
- ▶ 使用自動填滿
- ▶ 認識、輸入與複製公式
- ▶ 格式化數值並加上貨幣符號
- ▶ 格式化文字對齊方式
- ▶ 快速為儲存格套用色彩
- ▶ 儲存與列印

原始檔：<本書範例 \ ch06 \ 原始檔 \ 活動支出明細表.txt>

完成檔：<本書範例 \ ch06 \ 完成檔 \ 活動支出明細表.xlsx>

6.1 建立第一份活頁簿

Excel 是 Office 家族中的活頁簿軟體，除了可以運算、整合資料，還能進一步分析相關數據、製作圖表。

開啟空白活頁簿

開啟 Excel 程式後，選按 **空白活頁簿**，即可產生一個空白活頁簿開始編輯。

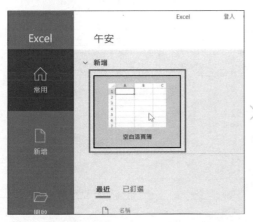 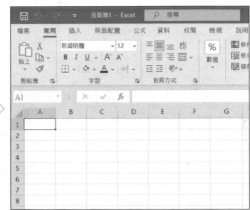

如果想要再另外建立一個新的檔案時，可以於 **檔案** 索引標籤選按 **新增**，然後選按 **空白活頁簿**。

認識 Excel 操作界面

透過下圖標示，熟悉 Excel 各項功能的所在位置，讓您在接下來的操作過程中，可以更加得心應手。

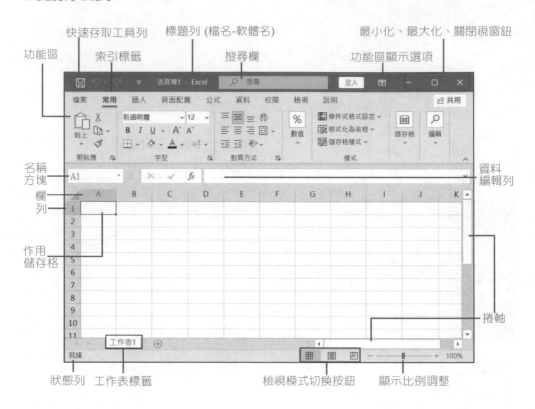

認識儲存格與位址

儲存格是工作表中的基本編輯單位，並以 "欄名" 加 "列號" 代表位址。當按一下任一儲存格時，該儲存格即成為 **作用儲存格**，並在 **名稱方塊** 中顯示其位址。

儲存格位址的表示方法有 **相對位址**、**絕對位址**、**混合位址**、**區塊位址** 四種：

位址	說明
相對位址	複製時其位址會隨著對應的儲存格而自動改變 (如 C2)。
絕對位址	在欄名及列號前都加上 $ 符號 (如 $C$2)，複製時其位址是固定的，不會隨著對應的儲存格而改變。
混合位址	欄名與列號中一個為相對位址，另一個為絕對位址 (如 $C2)。複製後絕對位址部分不變，但是相對位址的部分會隨著對應儲存格而改變。
區塊位址	以區塊範圍的左上角與右下角儲存格位址表示，如 A1:D3 即是由 A1 儲存格至 D3 儲存格交集所組成的矩形區塊範圍。

移動儲存格

如果要移動到某一儲存格時，可以在 **名稱方塊** 輸入位址後按 Enter 鍵，作用儲存格就會移到指定儲存格。

選取儲存格

如何選取儲存格是進行 Excel 活頁簿各項操作的必備技巧，以下將一一示範常用的儲存格選取方法。

● 單一儲存格的選取：在儲存格上按一下滑鼠左鍵可選取單一儲存格。

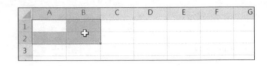

● 區塊選取：第一個儲存格選取後按滑鼠左鍵不放，拖曳至預設選取範圍最後一個儲存格，再放開左鍵。

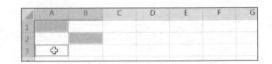

● 非相鄰儲存格的選取：選取一個儲存格後，按 Ctrl 鍵不放再選取其他儲存格。

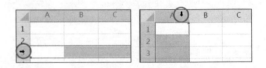

● 選取整列或整欄：在欄名或列號上按一下滑鼠左鍵，便可選取整欄或整列。

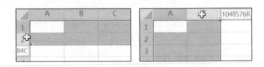

● 選取相鄰的列或欄：在列號或欄名上按一下滑鼠左鍵後向相鄰的列或欄進行拖曳可選取相鄰的列或欄。

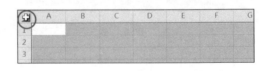

● 選取所有的儲存格：按欄列交界的 **全選** 鈕，可以將全部的儲存格一次選取起來。

● 輸入位址選取儲存格：於名稱方塊輸入儲存格位址或範圍，當按 Enter 鍵後，會自動選取指定的儲存格範圍。

6.2 輸入支出明細表

透過資料輸入、欄寬調整、修改與清除、插入欄、自動填滿及設定儲存格的資料格式...等功能,動手建立支出明細表。

輸入文字

首先開啟一個新的空白檔案,切換為中文輸入法後,進行文字的輸入:

STEP 01 選取 A1 儲存格,於資料編輯列輸入「活動支出明細表」文字,輸入完成後按 **Enter** 鍵,或於資料編輯列按 ✓ **輸入** 鈕。

A1	▾	✕	✓ **3**	活動支出明細表 **2**

	A	B	C	D	E	F	G	H	I	J	K
1	活動支出明細表										
2											

▲ 也可以在選取 A1 儲存格後直接輸入文字,儲存格內的文字資料預設為靠左側對齊。

STEP 02 在 A3 儲存格輸入「發票日期」,完成後按 **Tab** 鍵往右移動,參考右圖輸入所有欄位名稱。

一樣參考右圖,輸入 "申請者" 與 "活動名稱/明細" 欄位下方的內容,也可開啟範例原始檔 <活動支出明細表.txt>,複製相關文字並貼上。

	A	B	C	D	E	F	G	H
1	活動支出明細表							
2								
3	發票日期	申請者	活動名稱	金額	稅額	小計		
4		楊詩正	員工旅遊/交通費					
5		曹惠雯	員工旅遊/餐費					
6		蕭皓鳳	員工旅遊/住宿費					
7		蔡雅珮	員工旅遊/郵寄費					
8		林怡潔	員工旅遊/伴手禮					
9		陳秉屏	公司週年慶/餐費					
10		曹惠雯	公司週年慶/員工禮					
11		楊如幸	公司週年慶/紀念品					
12		李宗恩	尾牙/餐費					
13		蔡雅珮	尾牙/禮券					
14		李政美	尾牙/伴手禮					
15		楊詩正	尾牙/交通費					

小提示

使用資料編輯列的按鈕

1. ✕ **取消**:清除儲存格內的資料。

2. ✓ **輸入**:確認並完成儲存格內資料的輸入。

3. *fx* **插入函數**:開啟插入函數的對話方塊。

輸入日期

切換回英數輸入的狀態,為差旅費用標示日期,以方便作帳。

STEP **01** 選取 A4 儲存格,輸入「8/9」日期後,按 Enter 鍵,Excel 自動將資料轉換為 "8月9日",並靠右側對齊。

	A	B	C	D	E	F	G
1	活動支出明細表						
2							
3	發票日期	申請者	活動名稱	金額	稅額	小計	
4	8/9	楊詩正	員工旅遊/交通費				
5		曹惠雯	員工旅遊/餐費				

>

	A	B	C	D	E	F	G
1	活動支出明細表						
2							
3	發票日期	申請者	活動名稱	金額	稅額	小計	
4	8月9日	楊詩正	員工旅遊/交通費				
5		曹惠雯	員工旅遊/餐費				

STEP **02** 參考下圖內容,為另外十一筆資料輸入日期。

	A	B	C	D	E	F	G	H	I	J	K	L
1	活動支出明細表											
2												
3	發票日期	申請者	活動名稱	金額	稅額	小計						
4	8月9日	楊詩正	員工旅遊/交通費									
5	8月9日	曹惠雯	員工旅遊/餐費									
6	8月15日	蕭皓鳳	員工旅遊/住宿費									
7	8月16日	蔡雅珮	員工旅遊/郵寄費									
8	8月16日	林怡潔	員工旅遊/伴手禮									
9	9月8日	陳秉屏	公司週年慶/餐費									
10	9月10日	曹惠雯	公司週年慶/員工禮									
11	9月12日	楊如幸	公司週年慶/紀念品									
12	10月23日	李宗恩	尾牙/餐費									
13	10月23日	蔡雅珮	尾牙/禮券									
14	10月23日	李政美	尾牙/伴手禮									
15	10月24日	楊詩正	尾牙/交通費									

輸入數值

延續上個操作,一樣在英數輸入的狀態下,如下圖輸入 "金額"、"稅額" 欄位下方的金額 (或開啟範例原始檔 <活動支出明細表.txt> 複製相關資料並貼上),儲存格內的數字資料預設為靠右側對齊。

	A	B	C	D	E	F	G	H	I	J	K	L
3	發票日期	申請者	活動名稱	金額	稅額	小計						
4	8月9日	楊詩正	員工旅遊	904	45							
5	8月9日	曹惠雯	員工旅遊	280	14							
6	8月15日	蕭皓鳳	員工旅遊	36,000	1800							
7	8月16日	蔡雅珮	員工旅遊	76	4							
8	8月16日	林怡潔	員工旅遊	604	30							
9	9月8日	陳秉屏	公司週年	28,000	1400							
10	9月10日	曹惠雯	公司週年	1190	60							
11	9月12日	楊如幸	公司週年	5000	250							
12	10月23日	李宗恩	尾牙/餐費	20000	1000							
13	10月23日	蔡雅珮	尾牙/禮券	6000	300							
14	10月23日	李政美	尾牙/伴手	5000	250							
15	10月24日	楊詩正	尾牙/交通	3500	175							

資 訊 補 給 站

認識儲存格的資料類型

Excel 儲存格中的資料基本型態有三種：文字、數字及日期/時間：

資料型態	說明
文字	在儲存格中輸入中、英文及標點符號的內容，大都會被判斷為文字格式，預設為靠左對齊。若要將數字的內容設定為文字型態，可在輸入前加上「'」符號。例如：要輸入「168」數字當作文字時，要輸入成「'168」。
數值	在儲存格中輸入數值的方式與一般文字相同，不同的是儲存格內的數值可以進行運算，顯示的方式預設是靠右對齊。 當數值過大時，Excel 會自動以科學記號表示，如果欄寬不足以顯示時，則會以 "#" 表示。 日期資料與分數資料類似，建議在輸入分數時可以補齊前方的數值，例如若要顯示 "3/4" 可以輸入成「0 3/4」，否則很容易被 Excel 誤判成為日期。
日期 / 時間	日期時間資料基本上仍被視為數值資料，因為儲存格內的資料是可以進行運算，預設是靠右對齊。只要在儲存格中依習慣的日期時間格式輸入，大都可以被正確判別，若是沒有依照格式輸入則會被視為文字。

調整欄位寬度

輸入過程中會發現有些資料長度大於儲存格寬度,所以資料無法完整呈現,可參考以下方式調整。

首先使用手動方式調整欄位寬度:將滑鼠指標移到要調整寬度的欄名之間,待滑鼠指標呈 ✛ 狀,按左鍵不放拖曳到適當欄位的寬度後放開。

	A	B	C	D	E	F	G	H	I	J
1	活動支出明細表									
2										
3	發票日期	申請者	活動名稱	金額	稅額	小計				
4	8月9日	楊詩正	員工旅遊	904	45					
5	8月9日	曹惠雯	員工旅遊	280	14					
6	8月15日	蕭皓鳳	員工旅遊	36,000	1800					
7	8月16日	蔡雅珊	員工旅遊	76	4					
8	8月16日	林怡潔	員工旅遊	604	30					
9	9月8日	陳秉屏	公司週年	28,000	1400					

另一種方式是自動依內容調整寬度:將滑鼠指標移到要調整寬度的欄名之間,待滑鼠指標呈 ✛ 狀,連按二下滑鼠左鍵,儲存格即會依該欄的內容自動調整寬度。

	A	B	C	D	E	F	G	H	I
1	活動支出明細表								
2									
3	發票日期	申請者	活動名稱/名細	金額	稅額	小計			
4	8月9日	楊詩正	員工旅遊/交通費	904	45				
5	8月9日	曹惠雯	員工旅遊/餐費	280	14				
6	8月15日	蕭皓鳳	員工旅遊/住宿費	36,000	1800				
7	8月16日	蔡雅珊	員工旅遊/郵寄費	76	4				
8	8月16日	林怡潔	員工旅遊/伴手禮	604	30				
9	9月8日	陳秉屏	公司週年慶/餐費	28,000	1400				

修改與清除資料

儲存格中輸入的資料,可以透過以下修改與清除的方式,在發現錯誤的第一時間內快速編修。

STEP **01** 在想要更新資料的儲存格上按一下滑鼠左鍵後,即可重新輸入資料,完成新資料的輸入後按 Enter 鍵。

	A	B	C	D	E
1	活動支出明細表				
2					
3	發票日期	申請者	活動名稱/名細	金額	稅額
4	8月9日	楊詩正	旅遊/交通費	904	45
5	8月9日	曹惠雯	員工旅遊/餐費	280	14

	A	B	C	D	E
1	活動支出明細表				
2					
3	發票日期	申請者	活動名稱/名細	金額	稅額
4	8月9日	李政美	員工旅遊/交通費	904	45
5	8月9日	曹惠雯	旅遊/餐費	280	14

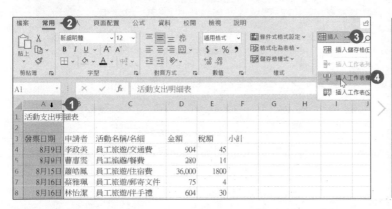

STEP 02 在想要局部修改資料的儲存格上連按二下滑鼠左鍵或 F2 鍵,即可修改輸入線前後的內容文字。

STEP 03 選取想要清除資料的儲存格後,按 Del 鍵,Excel 會清除此儲存格內的資料,但不會刪除該儲存格,之後再輸入正確內容。

插入欄、列

除了現有資料的編修,也可隨時依需求增減 "欄" 或 "列" 改變工作表結構。以下要為這個活動支出明細表新增 "編號" 一欄。

STEP 01 於欄號 A 上按一下滑鼠左鍵選取此欄,接著於 **常用** 索引標籤選按 **插入** 清單鈕 \ **插入工作表欄**,即可在選取欄左側新增一空白欄。

STEP 02 如下圖於 A3 至 A4 儲存格分別輸入 「編號」、「A-001」。

使用自動填滿

輸入的過程中，常需要在連續儲存格中填入連續的數字、編號或相關文字，此時就可以使用自動填滿功能。這個例子要於 "編號" 欄位輸入連續數字，方式如下：

STEP**01**　選取已填入號碼的 **A4** 儲存格，將滑鼠指標移到儲存格右下角的 **填滿控點** 上，滑鼠指標呈 **+** 狀，於 **填滿控點** 上連按二下滑鼠左鍵。

	A	B	C	D	E	F
1		活動支出明細表				
2						
3	編號	發票日期	申請者	活動名稱/名細	金額	稅額
4	A-001	8月9日	李政美	員工旅遊/交通費	904	
5		8月9日	曹惠雯	員工旅遊/餐費	280	
6		8月15日	蕭皓鳳	員工旅遊/住宿費	36,000	1
7		8月16日	蔡雅珮	員工旅遊/郵寄文件	75	
8		8月16日	林怡潔	員工旅遊/伴手禮	604	
9		9月8日	陳秉屏	公司週年慶/餐費	28,000	1
10		9月10日	曹惠雯	公司週年慶/員工禮	1190	

STEP**02**　Excel 即會往下在有資料的區域內填入連續數列。

	A	B	C	D	E	F
1		活動支出明細表				
2						
3	編號	發票日期	申請者	活動名稱/名細	金額	稅額
4	A-001	8月9日	李政美	員工旅遊/交通費	904	
5	A-002	8月9日	曹惠雯	員工旅遊/餐費	280	
6	A-003	8月15日	蕭皓鳳	員工旅遊/住宿費	36,000	1
7	A-004	8月16日	蔡雅珮	員工旅遊/郵寄文件	75	
8	A-005	8月16日	林怡潔	員工旅遊/伴手禮	604	
9	A-006	9月8日	陳秉屏	公司週年慶/餐費	28,000	1
10	A-007	9月10日	曹惠雯	公司週年慶/員工禮	1190	
11	A-008	9月12日	楊如幸	公司週年慶/紀念品	5000	
12	A-009	10月23日	李宗恩	尾牙/餐費	20000	1
13	A-010	10月23日	蔡雅珮	尾牙/禮券	6000	
14	A-011	10月23日	李政美	尾牙/伴手禮	5000	
15	A-012	10月24日	楊詩正	尾牙/交通費	3500	
16						
17						

小提示

自動填滿的應用方式

利用原來的儲存格資料，填滿其他相鄰的儲存格即為自動填滿。
其應用方式包含了：**複製儲存格、以數列填滿、僅以格式填滿、填滿但不填入格式、快速填入**。

除了上述的自動填滿方式，也可以手動拖曳 **填滿控點**，儲存格內的資料若為數值，預設填入方式為 **複製儲存格**，就是儲存格內容複製到其他儲存格；如果配合 **Ctrl** 鍵拖曳，填入方式為 **以數列方式填滿**。儲存格的資料是文字時，狀況則為相反。

自動填滿後仍然可以修改填滿的內容，請選按填滿範圍右下角的 **自動填滿選項** 鈕選擇合適的填滿方式套用。

15	A-012	10月24日	楊詩正	尾牙/交通費		3500
16						
17		○ 複製儲存格(C)				
18		◉ 以數列填滿(S)				
19		○ 僅以格式填滿(F)				
20		○ 填滿但不填入格式(O)				
21		○ 快速填入(F)				

6.3 金額計算

Excel 中透過公式的運用，可以對數值進行計算，不但能夠得到彙整後的數值，對於資料分析也相當有幫助。

認識公式

Excel 的公式是由 "運算子" 與 "數字" 所組成，其運算的優先順序為：**括弧 〉次方 〉乘除 〉加減** 為基本架構。而所有公式皆以 "=" 等號為起始，再加上數值或儲存格位址與運算子組合而成。

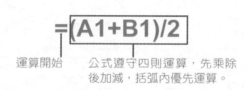

$$=(A1+B1)/2$$

運算開始　　公式遵守四則運算，先乘除
　　　　　　後加減，括弧內優先運算。

算術運算子	比較運算子
+ 加號	= 等於
- 減號	> 大於
* 乘號	< 小於
/ 除法	>= 大於或等於
% 百分比	<= 小於或等於
^ 次方符號 (乘冪)	<> 不等於

輸入公式

以範例中的 G 欄 "小計" 為例，計算公式為 E 欄 "金額" + F 欄 "稅額"。選取 G4 儲存格後直接輸入公式「=E4+F4」，按 Enter 鍵或 ☑ 輸入 鈕完成計算。

複製公式

STEP 01 透過複製的動作，將 G4 儲存格的公式自動填滿至 G15 儲存格：選取 G4 儲存格，將滑鼠指標移至該儲存格右下角 **填滿控點** 上呈 **+** 狀，按滑鼠左鍵不放往下拖曳到 G15 儲存格，放開滑鼠左鍵。(也可直接於 G4 儲存格右下角 **填滿控點** 上連按二下滑鼠左鍵)

STEP 02 即可將 G4 儲存格內的公式複製到下方資料項目，完成明細表中各項目小計的運算。

	D	E	F	G	H	I
3	活動名稱/名細	金額	稅額	小計		
4	員工旅遊/交通費	904	45	949		
5	員工旅遊/餐費	280	14	294		
6	員工旅遊/住宿費	36,000	1800	37800		
7	員工旅遊/郵寄文件	75	4	79		
8	員工旅遊/伴手禮	604	30	634		
9	公司週年慶/餐費	28,000	1400	29400		
10	公司週年慶/員工禮	1190	60	1250		
11	公司週年慶/紀念品	5000	250	5250		
12	尾牙/餐費	20000	1000	21000		
13	尾牙/禮券	6000	300	6300		
14	尾牙/伴手禮	5000	250	5250		
15	尾牙/交通費	3500	175	3675		
16						

6.4 設定儲存格樣式

一份充滿文字、數值的活頁簿文件如果沒有善用格式來呈現，不但閱讀時無法明確表達訊息，更無法善用於其他相關的分析，因此儲存格格式的設計是相當重要的。

格式化數值並加上貨幣符號

Excel 活頁簿中最常見的就是數值資料，數值預設的類別區分為：數值、貨幣、會計專用、百分比、分數...等，如下選取要格式化的儲存格範圍加上貨幣符號 "$"：

STEP **01** 選取 E4:G15 儲存格，於 **常用** 索引標籤選按 **數值** 對話方塊啟動器。

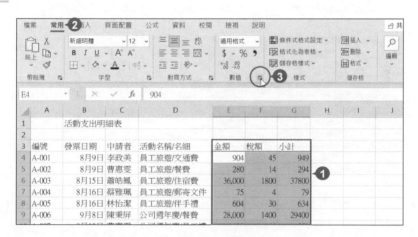

STEP **02** 於 **設定儲存格格式** 對話方塊 **數值** 標籤選按 **類別：貨幣**，接著設定合適的 **小數位數、符號** 與 **負數表示方式** 按 **確定** 鈕，即會依指定的千分位、小數位數、貨幣符號樣式套用在數值資料上。

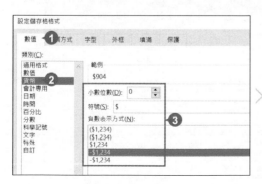

格式化文字對齊方式

文字資料預設是 **靠左對齊**，數值資料預設是 **靠右對齊**，但儲存格中的資料仍可透過對齊功能整理，讓資料顯得更有條理。

STEP01 選取 A3:G3 儲存格後，按 `Ctrl` 鍵不放再選取 A4:D15 儲存格，於 **常用** 索引標籤選按 **置中對齊**、**置中**，將儲存格的資料內容擺放在儲存格正中央 (垂直、水平均置中)。

STEP02 明細表標題文字要置中擺放在目前資料欄位中：選取 A1:G1 儲存格，於 **常用** 索引標籤選按 **跨欄置中** 清單鈕 \ **跨欄置中**，如此一來即將 A1:G1 儲存格合併為一個儲存格，讓資料擺放於該儲存格中央。

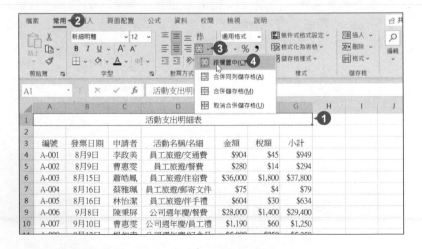

快速為儲存格套用色彩

儲存格樣式 能讓趕時間或想不出特別樣式的使用者，於內建清單中選擇喜好的樣式套用，這些樣式可讓您快速的為儲存格套用數種格式設計。

STEP**01** 選取 A1 儲存格，於 **常用** 索引標籤選按 **儲存格樣式 \ 標題 \ 標題**。

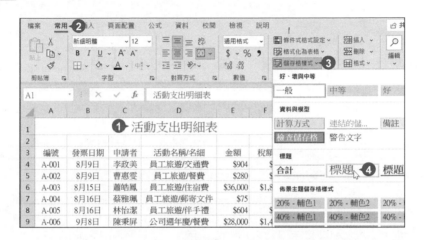

STEP**02** 選取 A3:G3 儲存格，於 **常用** 索引標籤選按 **儲存格樣式 \ 佈景主題儲存格樣式 \ 藍色, 輔色1**；再選取 A4:G15 儲存格，於 **常用** 索引標籤選按 **儲存格樣式 \ 佈景主題儲存格樣式 \ 淺藍, 20% - 輔色1**。

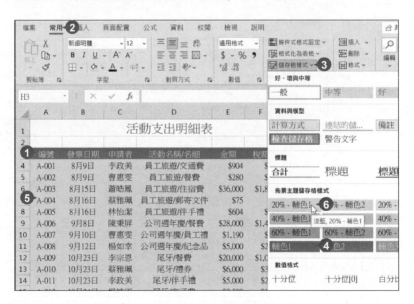

6.5

儲存活頁簿

檔案儲存的動作，可以完整保存製作好的活頁簿，方便以後可以隨時取用或修改。

支援的檔案類型

檔案的開啟與儲存之前，先來認識一下 Excel 支援的檔案格式。檔案格式不同不僅部分資料、格式會因此改變，還有可能造成資料流失，所以不管在開啟或儲存檔案時，都要非常注意檔案的類型，以下列舉幾種常見的副檔名供參考：

檔案類型	說明
.xlsx	為活頁簿檔案，也是 Excel 2007-2019 預設的存檔類型。
.xls	舊版 Excel 97-2003 活頁簿所使用的檔案類型
.xlsm	Excel 2007-2013 的 XML 且啟用巨集的檔案格式
.xml	XML 資料
.mht	單一檔案網頁
.htm .html	Web 網頁類型
.xltx	Excel 範本檔
.xlt	Excel 97-2003 的範本
.xltm	Excel 啟用巨集的範本
.xla	Excel 97-2003 增益集檔案
.xlam	Excel 增益集
.prn	格式化文字檔 (以空白分隔)
.txt	僅儲存文字檔 (以 Tab 字元分隔)，不儲存格式或圖表的檔案類型。

儲存檔案

辛苦建立好的檔案，千萬記得要隨時儲存，才能算大功告成。

STEP 01 於 **檔案** 索引標籤選按 **儲存檔案**，或於快速存取工具列上選按 🖫 **儲存檔案** 鈕，若是第一次儲存檔案，會切換到 **另存新檔** 項目，再選按 **瀏覽**。

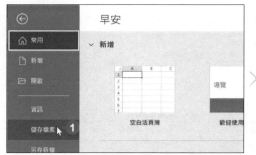

STEP 02 於 **另存新檔** 對話 方塊選取檔案儲存位置，輸入 **檔案名稱** (檔名不可含有 * / \ < > ? : ; ...等符號)，最後按 **儲存** 鈕。

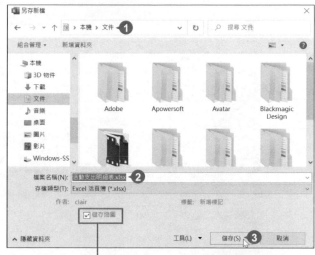

核選 **儲存縮圖** 可在檔案檢視時顯示內容縮圖，清楚預覽檔案內容。

小提示

儲存檔案與另存新檔的差異性

1. 修改後的舊檔選按 **儲存檔案** 時，Excel 不會再次開啟 **另存新檔** 對話方塊，而是直接存檔覆蓋。

2. 如果原來已儲存好的檔案，想要另外儲存為新的名稱及位置時，則選按 **另存新檔**。(如果在相同路徑下需要以不同的名稱儲存)

6.6 列印活頁簿

完成資料輸入、計算及簡單的樣式設定，最後就是學習如何調整列印設定值，將報表完整列印。

認識列印操作界面

要將文件完美印出，必須先進入列印設定畫面了解各項設定，才能讓操作更順手，於 **檔案** 索引標籤選按 **列印**，預覽文件：

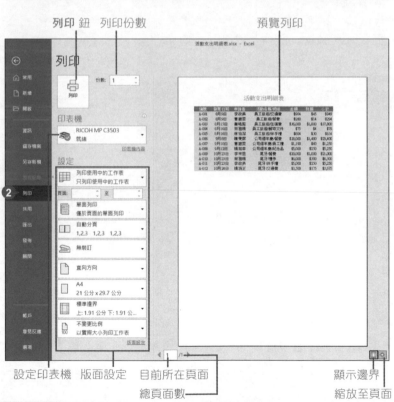

列印 鈕　列印份數　　　　　　　　　　　　　　預覽列印

設定印表機　版面設定　　目前所在頁面　　　　　　　　　顯示邊界

總頁面數　　　　　　　　　　　　　　　　　　縮放至頁面

除了可以透過預覽畫面檢視最後的列印結果，如果要調整工作表的列印範圍或其他設定時，可以參考下圖的功能標示，依照需求操作。

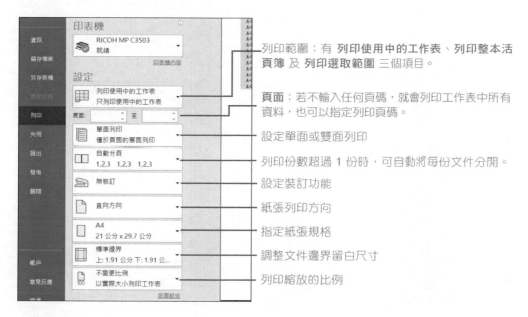

列印範圍：有 **列印使用中的工作表**、**列印整本活頁簿** 及 **列印選取範圍** 三個項目。

頁面：若不輸入任何頁碼，就會列印工作表中所有資料，也可以指定列印頁碼。

設定單面或雙面列印

列印份數超過 1 份時，可自動將每份文件分開。

設定裝訂功能

紙張列印方向

指定紙張規格

調整文件邊界留白尺寸

列印縮放的比例

預覽及列印

透過預覽列印確認微調邊界及其他設定。

STEP**01** 按 ▣ **顯示邊界** 鈕顯示邊界線，將滑鼠指標移至線上呈 ✛ 或 ✛ 狀時，按左鍵不放拖曳可調整頁面上、下、左、右邊界。

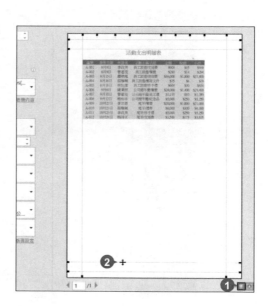

按 ▦ **縮放至頁面** 鈕可將檢視比例放大、縮小，以方便檢閱；拖曳頁面上方控點可以調整儲存格的欄寬。

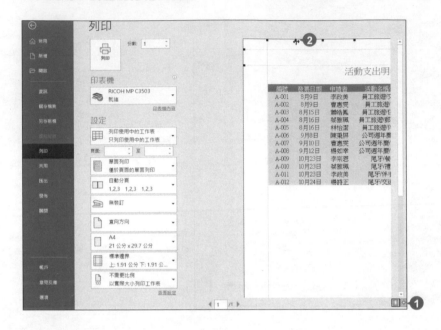

設定列印份數，確認印表機機型，可再確認列印範圍、列印尺寸、頁面方向...等相關項目，最後按 **列印** 鈕即可列印文件。

請依如下提示完成 "差旅費用明細表" 試算作品。

差旅費用明細表							
編號	日期	地點/事由	膳雜費	交通費	住宿費	小計	
1	7月3日	台北/Arduino 研習	$250	$1,008	$0	$1,258	
2	7月8日	宜蘭/ Office 研習	$580	$1,500	$2,000	$4,080	
3	7月11日	台中/採購	$0	$500	$0	$500	
4	7月15日	台南/Google 研習	$380	$1,920	$0	$2,300	
5	7月18日	高雄/AI2研習	$360	$1,500	$1,800	$3,660	
6	7月20日	台北/學承研習	$200	$536	$0	$736	
7	7月22日	台北/Google 研習	$640	$1,980	$1,500	$4,120	
8	7月25日	高雄/AI2研習	$180	$1,500	$0	$1,680	
9	7月28日	南投/影像處理研習	$200	$1,000	$0	$1,200	
10	7月31日	台北/開會	$2,000	$1,980	$0	$3,980	

1. 開啟延伸練習原始檔 <差旅費用明細表.xlsx>。

2. 手動調整欄位寬度：原始練習檔案已經將費用明細與金額佈置好，首先調整
    一下 "地點/事由" 的欄位寬度，讓資料內容完整顯示。

3. 自動填滿編號：於 "編號" 欄位選取
    A4 儲存格，按 **Ctrl** 鍵不放，透過
    自動填滿 功能，為 A5 到 A13 儲存
    格填入連續編號。

	編號	日期	地點/事由	膳雜費	交通費	住
4	1	7月3日	台北/Arduino 研習	250	1008	
5	2	7月8日	宜蘭/ Office 研習	580	1500	
6	3	7月11日	台中/採購	0	500	
7	4	7月15日	台南/Google 研習	380	1920	
8	5	7月18日	高雄/AI2研習	360	1500	
9	6	7月20日	台北/學承研習	200	536	
10	7	7月22日	台北/Google 研習	640	1980	
11	8	7月25日	高雄/AI2研習	180	1500	
12	9	7月28日	南投/影像處理研習	200	1000	
13	10	7月31日	台北/開會	2000	1980	

4. 公式輸入："小計" 計算公式為 D 欄 "膳雜費" + E 欄 "交通費" + F 欄 "住宿費"。
    於 G4 儲存格公式輸入「=d4+e4+f4」(膳雜費+交通費+住宿費)，。

SUMIF		× ✓ fx	=D4+E4+F4			
	A	B	C	D	E	F	G
1	差旅費用明細表						
2							
3	編號	日期	地點/事由	膳雜費	交通費	住宿費	小計
4	1	7月3日	台北/Arduino 研習	250	1008	0	=D4+E4+F4
5	2	7月8日	宜蘭/ Office 研習	580	1500	2000	
6	3	7月11日	台中/採購	0	500	0	
7	4	7月15日	台南/Google 研習	380	1920		

5. 複製公式：透過自動填滿動作，將 G4 儲存格的公式自動填滿至 G13 儲存格。

6. 設定貨幣格式與千分位樣式：選取 D4:G13 儲存格，為這些費用加上貨幣格式與千分位樣式。

7. 文字對齊方式：調整標題文字為 **跨欄置中**，並參考下圖設定部分儲存格內容為 **置中** 對齊。

	A	B	C	D	E	F	G	H	I	J
1			差旅費用明細表							
2										
3	編號	日期	地點/事由	膳雜費	交通費	住宿費	小計			
4	1	7月3日	台北/Arduino 研習	$250	$1,008	$0	$1,258			
5	2	7月8日	宜蘭/ Office 研習	$580	$1,500	$2,000	$4,080			
6	3	7月11日	台中/採購	$0	$500	$0	$500			
7	4	7月15日	台南/Google 研習	$380	$1,920	$0	$2,300			
8	5	7月18日	高雄/AI2研習	$360	$1,500	$1,800	$3,660			
9	6	7月20日	台北/學承研習	$200	$536	$0	$736			
10	7	7月22日	台北/Google 研習	$640	$1,980	$1,500	$4,120			
11	8	7月25日	高雄/AI2研習	$180	$1,500	$0	$1,680			
12	9	7月28日	南投/影像處理研習	$200	$1,000	$0	$1,200			
13	10	7月31日	台北/開會	$2,000	$1,980	$0	$3,980			

8. 設定儲存格樣式：選取標題文字的儲存格，於 **常用** 索引標籤選按 **儲存格樣式 \ 標題** 項目之下的 **標題1**。

另外參考下圖設定其他儲存格的色彩。

選取 A3:G3 儲存格，套用 **儲存格樣式 \ 佈景主題儲存格樣式** 項目之下的 **輔色 2**。

	A	B	C	D	E	F	G	H	I	J
1			差旅費用明細表							
2										
3	編號	日期	地點/事由	膳雜費	交通費	住宿費	小計			
4	1	7月3日	台北/Arduino 研習	$250	$1,008	$0	$1,258			
5	2	7月8日	宜蘭/ Office 研習	$580	$1,500	$2,000	$4,080			
6	3	7月11日	台中/採購	$0	$500	$0	$500			
7	4	7月15日	台南/Google 研習	$380	$1,920	$0	$2,300			
8	5	7月18日	高雄/AI2研習	$360	$1,500	$1,800	$3,660			
9	6	7月20日	台北/學承研習	$200	$536	$0	$736			
10	7	7月22日	台北/Google 研習	$640	$1,980	$1,500	$4,120			
11	8	7月25日	高雄/AI2研習	$180	$1,500	$0	$1,680			
12	9	7月28日	南投/影像處理研習	$200	$1,000	$0	$1,200			
13	10	7月31日	台北/開會	$2,000	$1,980	$0	$3,980			

選取 A4:G13 儲存格，套用 **儲存格樣式 \ 佈景主題儲存格樣式** 項目之下的 **20% - 輔色2**。

9. 儲存：最後記得儲存檔案，完成此作品。

07

業績統計表
Excel 函數應用

SUM・AVERAGE

ROUND・RANK

VLOOKUP・格式化條件

排序・篩選

學習重點

"業績統計表" 具有計算與統計的動作，為了加速工作流程並提高正確率，此時會應用到 Excel 函數。業績輸入後，不僅會即時產生總和與平均，還可以統計出名次與評等，即使有修改或是更動都能馬上重新產生應有的數據。

欣榮文具上半年業績統計表

業務名稱	一月	二月	三月	四月	五月	六月	總和	平均	名次	評等
顏欣潔	8435	604	500	3872	2520	4050	19981	3330	1	特優
鄭宏函	6420	1650	1530	1500	3010	2100	16210	2702	2	優
陳志倩	9990	350	1250	588	1250	2380	15808	2635	3	優
楊雅婷	3999	280	1600	4232	411	4608	15130	2522	4	良
蔡至芝	1999	1200	1400	3528	2738	3200	14065	2344	5	佳
蔡誠祐	3450	1100	1300	1500	4000	2100	13450	2242	6	佳
陳鈺治	5499	904	1190	1250	1800	2738	13381	2230	7	佳
張慧茹	4888	2244	135	3444	1300	76	12087	2015	8	可
孫書岑	1367	750	1800	2730	840	2738	10225	1704	9	差
蔣佳琪	3210	800	1740	1280	940	2160	10130	1688	10	差

- ▶ 認識函數
- ▶ 加入 SUM 函數計算加總
- ▶ 加入 AVERAGE 函數計算平均
- ▶ 加入 ROUND 函數設定四捨五入
- ▶ 加入 RANK 函數設定名次

- ▶ 加入 VLOOKUP 函數評定等級
- ▶ 設定格式化條件
- ▶ 資料排序
- ▶ 自動篩選資料

原始檔：<本書範例 \ ch07 \ 原始檔 \ 業績統計表.txt>
完成檔：<本書範例 \ ch07 \ 完成檔 \ 業績統計表.xlsx>

7.1 認識函數

簡單的加、減、乘、除計算不敷使用時，該怎麼辦？Excel 函數，可以在最短時間內將報表中的數據轉化成有用的統計表，使工作更有效率。

Excel 已將數百個常用的數學運算公式，化為函數置放於 **插入函數** 對話方塊中，只要遵守其內建的格式來輸入即可。

STEP 01 於儲存格輸入要運算的值，然後選取存放運算結果的儲存格，於資料編輯列按 f_x **插入函數** 鈕，於 **插入函數** 對話方塊選取所需函數後按 **確定** 鈕。

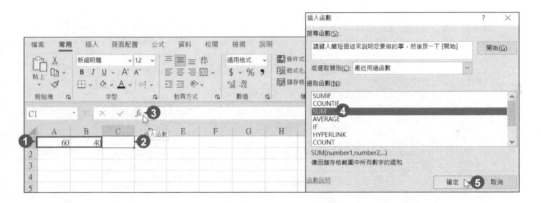

STEP 02 於 **函數引數** 對話方塊中依照欄位說明指定要作用的儲存格後，按 **確定** 鈕，儲存格中會顯示計算結果。

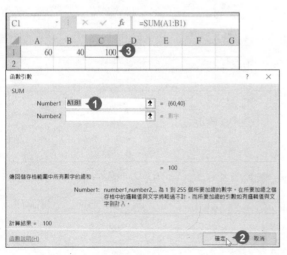

= SUM(A1:B1)

運算開始　函數名稱

每個函數指定的語法，以括弧包含著，其中以 ":" (半形冒號) 表示一個範圍。例如 "A1:B1" 表示由 A1 到 B1 儲存格的範圍。

常用的函數與應用方法，在此以表列的方式整理出來：

函數	說明	應用方法
COUNT	數量	=COUNT(計算範圍) =COUNT(A1:A10)
SUM	加總	=SUM(計算範圍) =SUM(A1:C10)
AVERAGE	平均數	=AVERAGE(計算範圍) =AVERAGE(A1:A10)
INT	整數	=INT(數值) =INT(1000/30)
ROUND	四捨五入	=ROUND(數值，小數點的指定位數) =ROUND(1000/30,2)
MAX	最大值	=MAX(計算範圍) =MAX(A1:A10)
MIN	最小值	=MIN(計算範圍) =MIN(A1:A10)
RANK	排序值	=RANK(尋找值，參照的範圍) =RANK(A3,$A$1:$A$10)
PMT	借貸利息	=PMT(本金，利率，期數) =PMT(50000,0.2/12,6)
IF	真假值	=IF(條件式，真值，假值) =IF(A10>=30,True,False)
VLOOKUP	垂直查詢	=VLOOKUP(查詢儲存格，查詢表範圍，值的間隔數) =VLOOKUP(A10,$A$1:$A$10,2)
HLOOKUP	水平查詢	=HLOOKUP(查詢儲存格，查詢表範圍，值的間隔數) =HLOOKUP(A10,$A$1:$F$1,2)

7.2 加入 SUM 函數計算加總

指定加總的儲存格利用 **SUM** 函數，可以快速得到所有數字的總和，不需要一筆筆加總計算。

開啟範例原始檔 <業績統計表.xlsx>，目前工作表中已經輸入一到六月的業績，接下來就是利用函數完成工作表的其他內容，在此先進行 "總和" 欄位中值的加總運算。

STEP 01 選取 H3 儲存格，於資料編輯列按 fx **插入函數** 鈕，於 **插入函數** 對話方塊設定 **或選取類別：全部**，選取函數：**SUM** 後按 **確定** 鈕。

▲ 如果不知道該使用何種函數，可以在 **搜尋函數** 中輸入關鍵字 (例如：輸入「加總」)，再按 **開始** 鈕，即可找到相關函數。

STEP 02 於 **SUM** 的 **函數引數** 對話方塊，**Number1** 引數裡會自動偵測到需要加總的儲存格範圍，也可手動指定，然後按 **確定** 鈕。

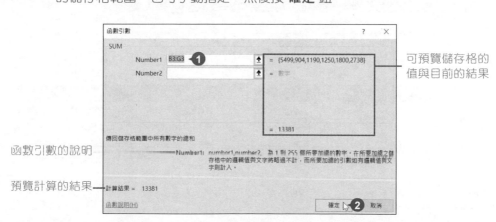

可預覽儲存格的值與目前的結果

函數引數的說明

預覽計算的結果

回到工作表中檢視 **SUM** 函數設定後的結果，資料編輯列會顯示函數內容，儲存格中則是顯示計算結果。

H3		▾	⋮	×	✓	fx	=SUM(B3:G3)				
	A	B	C	D	E	F	G	H	I	J	K	L

欣榮文具上半年業績統計表										
業務名稱	一月	二月	三月	四月	五月	六月	總和	平均	名次	評等
陳鈺治	5499	904	1190	1250	1800	2738	13381			
楊雅婷	3999	280	1600	4232	411	4608				
陳志倩	9990	350	1250	588	1250	2380				
蔡至芝	1999	1200	1400	3528	2738	3200				

小提示

修改函數中引數的儲存格範圍

如果函數引數原來指定的儲存格範圍需更改，可以在選取該函數的儲存格後按資料編輯列的 fx 插入函數 鈕，即可回到原來設定引數的對話方塊中設定。

另一個方式，可以先選取資料編輯列函數中的引數，直接輸入儲存格範圍或是在工作表中選取合適的儲存格範圍後，再按資料編輯列的 ☑ 輸入 鈕。

STEP **04** 將滑鼠指標移至 H3 儲存格右下角的填滿控點上，待呈 **+** 狀，按滑鼠左鍵不放往下拖曳到 H12 儲存格，放開滑鼠左鍵後即可完成複製動作，所有 "總和" 的計算也就完成。

	C	D	E	F	G	H	I
2	二月	三月	四月	五月	六月	總和	平均
3	904	1190	1250	1800	2738	13381	
4	280	1600	4232	411	4608		
5	350	1250	588	1250	2380		
6	1200	1400	3528	2738	3200		
7	2244	135	3444	1300	76		
8	604	500	3872	2520	4050		
9	1100	1300	1500	4000	2100		
10	750	1800	2730	840	2738		
11	1650	1530	1500	3010	2100		
12	800	1740	1280	940	2160		

	C	D	E	F	G	H	I
2	二月	三月	四月	五月	六月	總和	平均
3	904	1190	1250	1800	2738	13381	
4	280	1600	4232	411	4608	15130	
5	350	1250	588	1250	2380	15808	
6	1200	1400	3528	2738	3200	14065	
7	2244	135	3444	1300	76	12087	
8	604	500	3872	2520	4050	19981	
9	1100	1300	1500	4000	2100	13450	
10	750	1800	2730	840	2738	10225	
11	1650	1530	1500	3010	2100	16210	
12	800	1740	1280	940	2160	10130	

小提示

自動加總鈕的使用

由於 **SUM** 函數是最常使用的函數，所以在 **常用** 及 **公式** 索引標籤中都有一個 **自動加總** 鈕，按下後會自動偵測需要加總的儲存格區域，並置入加總的函數中，只要按 Enter 鍵即完成 **SUM** 函數加總。

於 **常用** 索引標籤選按 **自動加總**

於 **公式** 索引標籤選按 **自動加總**

7.3 加入 AVERAGE 函數計算平均

AVERAGE 函數能輕鬆算出一整排數字的平均數，不需要一筆筆加總再除以數量計算平均。

STEP 01 選取 I3 儲存格，於資料編輯列按 ☒ **插入函數** 鈕，於 **插入函數** 對話方塊設定 **或選取類別：全部**，選取函數：**AVERAGE** 後按 **確定** 鈕。

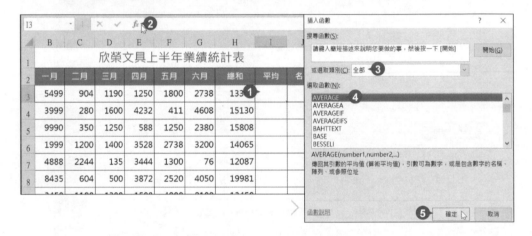

STEP 02 在 **函數引數** 對話方塊中自動判斷的運算儲存格範圍有誤時，按 ⬆ 鈕回到工作表重新選取要計算平均值的儲存格範圍 (此範例選取 B3:G3)，再按 ▣ 鈕回到對話方塊。

STEP 03 設定 **AVERAGE** 函數的引數後，按 **確定** 鈕回到工作表，資料編輯列會顯示函數內容，儲存格中則會顯示計算結果。

STEP 04 將滑鼠指標移至 I3 儲存格右下角的填滿控點上，待呈 **+** 狀，按滑鼠左鍵不放往下拖曳到 I12 儲存格，放開滑鼠左鍵後即可完成複製的動作，完成所有 "平均" 的計算。

	三月	四月	五月	六月	總和	平均	名次
欣榮文具上半年業績統計表							
04	1190	1250	1800	2738	13381	2230.2	
80	1600	4232	411	4608	15130		
50	1250	588	1250	2380	15808		
00	1400	3528	2738	3200	14065		
44	135	3444	1300	76	12087		
04	500	3872	2520	4050	19981		
00	1300	1500	4000	2100	13450		
50	1800	2730	840	2738	10225		
50	1530	1500	3010	2100	16210		
00	1740	1280	940	2160	10130		

三月	四月	五月	六月	總和	平均	名次	詳
欣榮文具上半年業績統計表							
1190	1250	1800	2738	13381	2230.2		
1600	4232	411	4608	15130	2521.7		
1250	588	1250	2380	15808	2634.7		
1400	3528	2738	3200	14065	2344.2		
135	3444	1300	76	12087	2014.5		
500	3872	2520	4050	19981	3330.2		
1300	1500	4000	2100	13450	2241.7		
1800	2730	840	2738	10225	1704.2		
1530	1500	3010	2100	16210	2701.7		
1740	1280	940	2160	10130	1688.3		

小提示

線上查詢函數

於 **插入函數** 對話方塊中，只要選取要查詢的函數，選按 **函數說明** 就可以即時線上查詢，不必花許多時間記住所有函數代表意義及引數用法。

7.4 加入 ROUND 函數設定四捨五入

整理資料的時候，太多的小數位數常常會看的頭昏腦脹，
ROUND 函數可以指定小數點位數，更能自動四捨五入。

STEP**01** 選取 I3 儲存格後，於資料編輯列原來的 **AVERAGE** 函數外加入 **ROUND**
函數包含原來的結果，接著指定引數的位數：0 (代表顯示小數位數；0 即
取到個位正整數)，然後按 **Enter** 鍵完成輸入。

| AVERAGE | i | × | ✓ | fx | =ROUND(AVERAGE(B3:G3),0) ② |

	A	B	C	D	E	F	G	H	I	J	K		H	I	J	K
1				欣榮文具上半年業績統計表										統計表			
2	業務名稱	一月	二月	三月	四月	五月	六月	總和	平均	名次	評		總和	平均	名次	評等
3	陳鈺治	5499	904	1190	1250	1800	2738	13381	GE(B3: G3),0) ①				13381	2230 ③		
4	楊雅婷	3999	280	1600	4232	411	4608	15130	2521.7				15130	2521.7		
	陳志偉	9990	350	1250	588	1250	2380	15808	2634.7							

STEP**02** 將滑鼠指標移至 I3 儲存格右
下角的填滿控點上，待呈 **+**
狀，按滑鼠左鍵不放往下拖曳
到 I12 儲存格，放開滑鼠左鍵
後即可完成複製的動作，所有
"平均" 數值都以四捨五入的方
式呈現。

D	E	F	G	H	I	J	K
三月	四月	五月	六月	總和	平均	名次	評
1190	1250	1800	2738	13381	2230		
1600	4232	411	4608	15130	2522		
1250	588	1250	2380	15808	2635		
1400	3528	2738	3200	14065	2344		
135	3444	1300	76	12087	2015		
500	3872	2520	4050	19981	3330		
1300	1500	4000	2100	13450	2242		
1800	2730	840	2738	10225	1704		
1530	1500	3010	2100	16210	2702		
1740	1280	940	2160	10130	1688		

小提示

ROUND 函數引數中的位數

· 輸入「-2」取到百位數。(例如：123.456，取得 100。)
· 輸入「-1」取到十位數。(例如：123.456，取得 120。)
· 輸入「0」取到個位正整數。(例如：123.456，取得 123。)
· 輸入「1」取到小數點以下第一位。(例如：123.456，取得 123.5。)
· 輸入「2」取到小數點以下第二位。(例如：123.456，取得 123.46。)

7.5 加入 RANK 函數設定名次

透過 **RANK** 函數，會依每位業務一到六月的業績總和，傳回數字在數列中的排名。

六個月份的總和在 H 欄，名次是以每位業務 H 欄中總和值與所有總和儲存格範圍 H3:H12 比較。

STEP 01 選取 J3 儲存格，選按資料編輯列 匣 **插入函數** 鈕，於 **插入函數** 對話方塊設定 **或選取類別：全部**，選取函數：**RANK**，按 **確定** 鈕。

J3	▼ : × ✓ f_x ❷							
▲	D	E	F	G	H	I	J	K	L
1	欣榮文具上半年業績統計表							
2	三月	四月	五月	六月	總和	平均	名次	評等
3	1190	1250	1800	2738	13381	2230	❶	
4	1600	4232	411	4608	15130	2522		

插入函數　　　　　　　　　　　　　　　? ×

搜尋函數(S)：

請鍵入簡短描述來說明您要做的事，然後按一下 [開始]　　開始(G)

或選取類別(C)：全部 ❸

選取函數(N)：

RANK ❹
RANK.AVG

STEP 02 於 **函數引數** 對話方塊 **Number** 輸入第一位業務的總和儲存格：「**H3**」、於 **Ref** 輸入所有總和的儲存格範圍：「**$H$3:$H$12**」(因為待會要利用填滿控點複製 J3 儲存格中的函數，而 **Ref** 的範圍需固定，因此以絕對位址指定。)，按 **確定** 鈕完成名次計算。

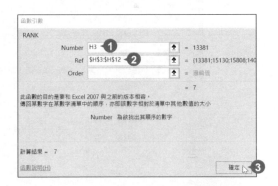

函數引數

RANK

Number　H3 ❶　　　　　　　= 13381
Ref　$H$3:$H$12 ❷　　　　= {13381;15130;15808;140
Order　　　　　　　　　　= 邏輯值

= 7

此函數的目的是要和 Excel 2007 與之前的版本相容，
傳回某數字在某數字清單中的順序，亦即該數字相對於清單中其他數值的大小

Number　為欲找出其順序的數字

計算結果 = 7

函數說明(H)　　　　　　　　　　　　　　確定 ❸

小提示

相對、絕對位址的觀念

在 Excel 中無論是公式或是函數，在複製儲存格內的值或位址，其位址會隨著對應的儲存格而自動改變。例如儲存格往下複製，相對位址會變動的是列號，欄名不會變動，所以位址會保持相同的欄名，根據相對位置變更列號。

但這樣的方式還是有例外，有時候函數參照時必須使用絕對位址，就是在欄名及列號前都加上 $ 符號 (如 $C$2)，這樣複製時位址才不會隨著對應儲存格改變。

STEP 03 回到工作表後先檢視 **RANK** 函數設定後的結果，資料編輯列會顯示函數內容，儲存格中則會顯示計算結果。

J3			✕ ✓ *fx*	=RANK(H3,$H$3:$H$12)							
	A	B	C	D	E	F	G	H	I	J	K	L
1	欣榮文具上半年業績統計表											
2	業務名稱	一月	二月	三月	四月	五月	六月	總和	平均	名次	評等	
3	陳鈺治	5499	904	1190	1250	1800	2738	13381	2230	7		
4	楊雅婷	3999	280	1600	4232	411	4608	15130	2522			
5	陳志倩	9990	350	1250	588	1250	2380	15808	2635			
6	蔡至芝	1999	1200	1400	3528	2738	3200	14065	2344			

STEP 04 將滑鼠指標移動到 J3 儲存格右下角的填滿控點上，待呈 ✚ 狀，按滑鼠左鍵不放往下拖曳到 J12 儲存格，放開滑鼠左鍵後即可完成複製的動作，所有 "名次" 的統計也就完成。

	A	B	C	D	E	F	G	H	I	J	K	L
1	欣榮文具上半年業績統計表											
2	業務名稱	一月	二月	三月	四月	五月	六月	總和	平均	名次	評等	
3	陳鈺治	5499	904	1190	1250	1800	2738	13381	2230	7		
4	楊雅婷	3999	280	1600	4232	411	4608	15130	2522	4		
5	陳志倩	9990	350	1250	588	1250	2380	15808	2635	3		
6	蔡至芝	1999	1200	1400	3528	2738	3200	14065	2344	5		
7	張慧茹	4888	2244	135	3444	1300	76	12087	2015	8		
8	顏欣潔	8435	604	500	3872	2520	4050	19981	3330	1		
9	蔡誠祐	3450	1100	1300	1500	4000	2100	13450	2242	6		
10	孫書岑	1367	750	1800	2730	840	2738	10225	1704	9		
11	鄭宏函	6420	1650	1530	1500	3010	2100	16210	2702	2		
12	蔣佳琪	3210	800	1740	1280	940	2160	10130	1688	10		
13												

小 提 示

快速設定絕對位址的方式

絕對位址的設定方式是在欄名列號前加上 "$"，但是在輸入上很麻煩。這時可以選取位址後按 **F4** 鍵，快速為欄名列號前自動加上 "$"。

7.6 加入 VLOOKUP 函數評定等級

VLOOKUP 函數的 V 代表 Vertical 垂直，可以從垂直的參照表中判斷符合條件的資料回傳，讓資料項目依指定標準分類出不同等級。

透過 "平均" 值判定業績等級，例如：平均業績 **0-1999** 為 **差**、**2000-2199** 為 **可**、**2200-2399** 為 **佳**、**2400-2599** 為 **良**、**2600-2799** 為 **優**、**2800** 為 **特優**。

VLOOKUP 函數是在一指定範圍內以最左欄為比對的值，若符合時傳回同一列中指定儲存格資料。例如：以業務員 "陳鈺治" 來說，要顯示業績等級必須依據 I3 儲存格的平均業績來判斷，參照表範圍為絕對位址 "$M$3:$P$8"，用來比對的是參照表範圍內最左欄 "對照" 欄，並回傳參照表範圍內第 4 欄 "評等" 中的值。

STEP 01 選取 K3 儲存格，選按資料編輯列 图 **插入函數** 鈕，於 **插入函數** 對話方塊設定 **或選取類別：查閱與參照**，選取函數：**VLOOKUP**，按 **確定** 鈕。

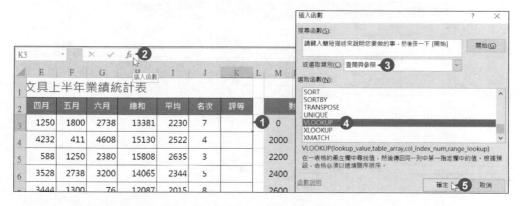

STEP 02 於 **函數引數** 對話方塊輸入 **Lookup value**：「I3」、**Table_array**：「$M$3:$P$8」(因為待會要利用填滿控點複製 K3 儲存格中的函數，所以必須規定 **Table_array** 值為絕對位址)、**Col_index_num**：「4」，按 **確定** 鈕完成此函數設定。

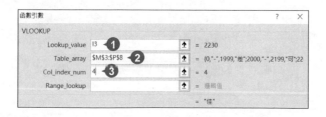

回到工作表，資料編輯列會顯示函數內容，儲存格中則會顯示判斷結果。

K3		:	×	✓	fx	=VLOOKUP(I3,$M$3:$P$8,4)				

	E	F	G	H	I	J	K	L	M	N	O	P	Q
1	文具上半年業績統計表												
2	四月	五月	六月	總和	平均	名次	評等		對照			評等	
3	1250	1800	2738	13381	2230	7	佳		0	-	1999	差	
4	4232	411	4608	15130	2522	4			2000	-	2199	可	
5	588	1250	2380	15808	2635	3			2200	-	2399	佳	
6	3528	2738	3200	14065	2344	5			2400	-	2599	良	
7	3444	1300	76	12087	2015	8			2600	-	2799	優	
	3872	2520	4050	19981	3330	1			2800			特優	

將滑鼠指標移至 **K3** 儲存格右下角的填滿控點上，待呈 **+** 狀，按滑鼠左鍵不放往下拖曳到 **K12** 儲存格，放開滑鼠左鍵後即可完成複製的動作，所有 "評等" 的判斷也就完成。

	E	F	G	H	I	J	K	L	M	N	O	P	Q
1	文具上半年業績統計表												
2	四月	五月	六月	總和	平均	名次	評等		對照			評等	
3	1250	1800	2738	13381	2230	7	佳		0	-	1999	差	
4	4232	411	4608	15130	2522	4	良		2000	-	2199	可	
5	588	1250	2380	15808	2635	3	優		2200	-	2399	佳	
6	3528	2738	3200	14065	2344	5	佳		2400	-	2599	良	
7	3444	1300	76	12087	2015	8	可		2600	-	2799	優	
8	3872	2520	4050	19981	3330	1	特優		2800			特優	
9	1500	4000	2100	13450	2242	6	佳						
10	2730	840	2738	10225	1704	9	差						
11	1500	3010	2100	16210	2702	2	優						
12	1280	940	2160	10130	1688	10	差						
13													

小提示

VLOOKUP 函數查詢範圍的找尋原則

VLOOKUP 函數最後一個引數為 **Range_Lookup**，要填入邏輯值 (TRUE / FALSE)，若設定 TRUE 或留白即代表要找尋範圍首欄 (左側第一欄) 最接近的值，FALSE 則代表要找尋完全相同的值，如果找不到則傳回錯誤值 #N/A。

其中有一點要注意，在查詢範圍中的首欄，無論其資料類型為文字或數字，都必須以遞增順序排列，否則會產生取得的資料不正確或其他執行上的錯誤。

7.7 設定格式化條件

所謂格式化條件，就是為選取的儲存格範圍加上條件，符合
條件即以指定的格式顯示，如此能將有差異性的資料明顯標
示出來。

試著將六個月中 "1000" 以下的業績標示出來：利用 **醒目提示儲存格規則** 依儲存格內
的數值、文字、日期...等，找到特定儲存格，此功能包含 **大於、小於、介於、等於**...
等七項規則。

STEP 01 選取要將資料格式化的範圍 B3:G12 儲存格，於 **常用** 索引標籤選按 **條件
式格式設定 \ 醒目提示儲存格規則 \ 小於**，於 **小於** 對話方塊輸入 **格式化小
於下列的儲存格**：「**1000**」。按 **顯示為** 清單鈕，選擇合適的格式化樣式，
按 **確定** 鈕。

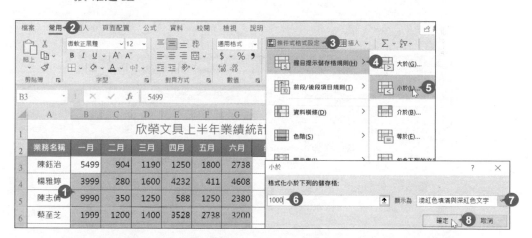

STEP 02 完成格式化條件的指定後，業績低於 "1000" 會被標示出來。若修改套用
格式化條件的儲存格內容，Excel 會自動再依目前新的內容判斷，做出即
時的調整。

業務名稱	一月	二月	三月	四月	五月	六月	總和	平均	名次	
陳鈺治	5499	904	1190	1250	1800	2738	13381	2230	7	
楊雅婷	3999	280	1600	4232	411	4608	15130	2522	4	
陳志倩	9990	350	1250	588	1250	2380	15808	2635	3	
蔡至芝	1999	1200	1400	3528	2738	3200	14065	2344	5	

欣榮文具上半年業績統計表

7.8 資料排序與篩選

函數計算後得到的資料，可再使用排序與篩選讓資料更符合需求，也能更清楚表達報表資料。

資料排序

STEP 01 選取 J3 儲存格，於 **資料** 索引標籤選按 ⬇ **從最小到最大排序**。(同理，也可試試 ⬆ **從最大到最小排序** 的排序效果。)

STEP 02 可發現以依 J 欄名次從最小至最大排序所有資料！

	A	B	C	D	E	F	G	H	I	J	K	L
1	欣榮文具上半年業績統計表											
2	業務名稱	一月	二月	三月	四月	五月	六月	總和	平均	名次	評等	
3	顏欣潔	8435	604	500	3872	2520	4050	19981	3330	1	特優	
4	鄭宏函	6420	1650	1530	1500	3010	2100	16210	2702	2	優	
5	陳志倩	9990	350	1250	588	1250	2380	15808	2635	3	優	
6	楊雅婷	3999	280	1600	4232	411	4608	15130	2522	4	良	
7	蔡至芝	1999	1200	1400	3528	2738	3200	14065	2344	5	佳	
8	蔡誠祐	3450	1100	1300	1500	4000	2100	13450	2242	6	佳	
9	陳鈺治	5499	904	1190	1250	1800	2738	13381	2230	7	佳	
10	張慧茹	4888	2244	135	3444	1300	76	12087	2015	8	可	
11	孫書岑	1367	750	1800	2730	840	2738	10225	1704	9	差	
12	蔣佳琪	3210	800	1740	1280	940	2160	10130	1688	10	差	

自動篩選資料

面對大量的資料記錄，要如何快速顯示符合條件的記錄而暫時隱藏不需要的呢？這方面的工作就要用 **篩選** 功能，在此先就 **自動篩選** 的應用說明，讓您對篩選功能有初步認識。

STEP 01 將作用儲存格移至資料記錄的任一儲存格中，Excel 會自動偵測資料範圍，於 **資料** 索引標籤選按 **篩選**。

STEP 02 在標題列中每個欄位名稱右側均顯示 ▾ 篩選鈕，按 "評等" 欄位 ▾ 篩選鈕，然後在資料值中先取消核選 **全選** 項目，再核選 **佳**，最後按 **確定** 鈕。

STEP **03** 篩選後僅顯示 "評等" 為 "佳" 的資料，且 "評等" 欄位名稱的篩選鈕多了 ▽ 漏斗圖案，狀態列上則會顯示由 10 筆記錄中找出 3 筆符合條件的記錄。

	A	B	C	D	E	F	G	H	I	J	K
1				欣榮文具上半年業績統計表							
2	業務名稱▼	一月▼	二月▼	三月▼	四月▼	五月▼	六月▼	總和▼	平均▼	名次▼	評等▼
7	蔡至芝	1999	1200	1400	3528	2738	3200	14065	2344	5	佳
8	蔡誠祐	3450	1100	1300	1500	4000	2100	13450	2242	6	佳
9	陳鈺治	5499	904	1190	1250	1800	2738	13381	2230	7	佳
13											
14											
15											
16											

業績統計表 ⊕

就緒 從 10 中找出 3 筆記錄

STEP **04** 運用多次套用篩選鈕的方法，可讓資料的篩選動作處理 AND (且) 的多重欄位篩選。選按 "平均" 欄位右側 ▼ 篩選鈕，然後於資料值中先取消核選 **全選** 項目，再核選 **2230**，最後按 **確定** 鈕。

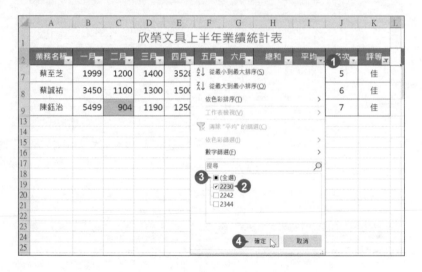

顯示 "評等" 為 "佳" 且 "平均" 為 "2230" 的資料記錄。

	A	B	C	D	E	F	G	H	I	J	K
1				欣榮文具上半年業績統計表							
2	業務名稱▼	一月▼	二月▼	三月▼	四月▼	五月▼	六月▼	總和▼	平均▼	名次▼	評等▼
9	陳鈺治	5499	904	1190	1250	1800	2738	13381	2230	7	佳
13											
14											

■ 7-18

延 伸 練 習

請依如下提示完成 "商品銷售表" 試算作品。

運動用品年度銷售表(量)

	第一季	第二季	第三季	總計	平均	排名
高爾夫用品	44	83	68	195	65	2
露營用品	63	71	117	251	84	1
溜冰鞋	28	49	61	138	46	4
羽球用品	27	43	18	88	29	9
登山運動鞋	48	46	51	145	48	3
籃球用品	22	35	15	72	24	10
滑雪用品	23	40	50	113	38	7
網球用品	39	38	42	119	40	6
足球用品	35	37	28	100	33	8
釣魚用品	48	67	20	135	45	5

1. 開啟延伸練習原始檔 <商品銷售表.xlsx>。

2. 利用 **SUM** 函數計算加總:選取 E3 儲存格,選按資料編輯列的 [fx] 插入函數 鈕,利用 **SUM** 函數計算該項運動用品三季的總金額,接著再透過自動填滿,完成其他運動用品的總金額運算。

3. 利用 **AVERAGE** 函數計算平均:選取 F3 儲存格,選按資料編輯列的 [fx] 插入函數 鈕,利用 **AVERAGE** 函數計算該項運動用品三季的平均金額,接著再透過自動填滿,完成其他運動用品的平均金額運算。

利用 **SUM** 函數計算該項運動用品三季總金額,再利用 **填滿控點** 完成其他運動用品的總金額運算。

利用 **AVERAGE** 函數計算該項運動用品三季平均金額,再利用 **填滿控點** 完成其他運動用品的平均金額運算。

4. 利用 **ROUND** 函數設定四捨五入：選取 F3 儲存格，在原來的 **AVERAGE** 函數外，加入 **ROUND** 函數，並指定不顯示小數點以後的數字，接著再透過自動填滿的動作，完成平均值小數不顯示並四捨五入到整數的結果。

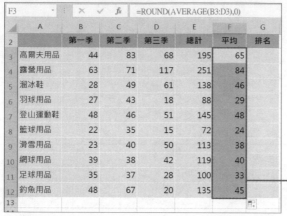

F3			× ✓	fx	=ROUND(AVERAGE(B3:D3),0)	
	A	B	C	D	E	F	G
2		第一季	第二季	第三季	總計	平均	排名
3	高爾夫用品	44	83	68	195	65	
4	露營用品	63	71	117	251	84	
5	溜冰鞋	28	49	61	138	46	
6	羽球用品	27	43	18	88	29	
7	登山運動鞋	48	46	51	145	48	
8	籃球用品	22	35	15	72	24	
9	滑雪用品	23	40	50	113	38	
10	網球用品	39	38	42	119	40	
11	足球用品	35	37	28	100	33	
12	釣魚用品	48	67	20	135	45	
13							

利用 **ROUND** 函數設定四捨五入，再利用 **填滿控點** 完成其他運動用品四捨五入到整數的金額。

5. 利用 **RANK** 函數計算銷售排名：選取 G3 儲存格，接著選按資料編輯列的 fx **插入函數** 鈕，利用 **RANK** 函數計算該項運動用品的銷售排名，接著再透過自動填滿的動作，完成其他運動用品的銷售排名。

G3			× ✓	fx	=RANK(F3,$F$3:$F$12)	
	A	B	C	D	E	F	G
2		第一季	第二季	第三季	總計	平均	排名
3	高爾夫用品	44	83	68	195	65	2
4	露營用品	63	71	117	251	84	1
5	溜冰鞋	28	49	61	138	46	4
6	羽球用品	27	43	18	88	29	9
7	登山運動鞋	48	46	51	145	48	3
8	籃球用品	22	35	15	72	24	10
9	滑雪用品	23	40	50	113	38	7
10	網球用品	39	38	42	119	40	6
11	足球用品	35	37	28	100	33	8
12	釣魚用品	48	67	20	135	45	5
13							

利用 **RANK** 函數計算銷售排名，再利用 **填滿控點** 完成其他運動用品的銷售排名。

6. 儲存：最後記得儲存檔案，完成此作品。

08

銷售成長率分析表
Excel 圖表製作

建立圖表·移動與調整寬高

樣式與色彩·來源資料

圖表類型·格式化資料數列

圖例·資料標籤·運算列表

全是數字統計報表，總顯得較生硬讓人難以理解，將 "銷售成長率分析表" 適度以圖文並茂的方式顯示，有助於瀏覽者快速消化數據資料，掌握報表重點。

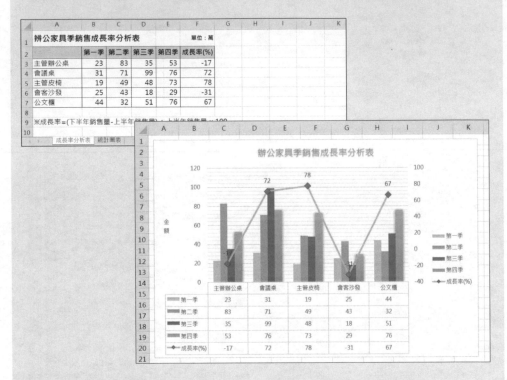

- ◉ 解析圖表、圖表製作流程
- ◉ 圖表使用小技巧
- ◉ 判斷圖表類型使用的原則
- ◉ 常見圖表錯誤用法、圖表類型
- ◉ 建立圖表
- ◉ 移動圖表至其他工作表

- ◉ 調整圖表位置並設定圖表寬高
- ◉ 變更圖表來源資料
- ◉ 變更圖表類型與新增副座標軸
- ◉ 格式化資料數列、圖例
- ◉ 新增資料標籤、運算列表
- ◉ 新增座標軸標題文字、設計文字

原始檔：<本書範例＼ch08＼原始檔＼銷售成長率分析表.xlsx>
完成檔：<本書範例＼ch08＼完成檔＼銷售成長率分析表.xlsx>

8.1 認識統計圖表

圖表的主要功能是將數值資料轉換為圖形，因為大家的閱讀習慣都是先看圖再看文字，用圖表說明複雜的統計數據會比用口頭說明或冗長的文字報告來的有效率。

組成圖表的項目

Excel 圖表包含了代表整個圖表的 **圖表區** 與代表圖表主體的 **繪圖區**。**圖表區** 是由 **圖表標題**、**座標軸標題**、**繪圖區** 以及 **圖例** ...等組成，而 **繪圖區** 則是由 **座標軸**、**資料數列**...等組成，以下以組合式直條圖為例說明：

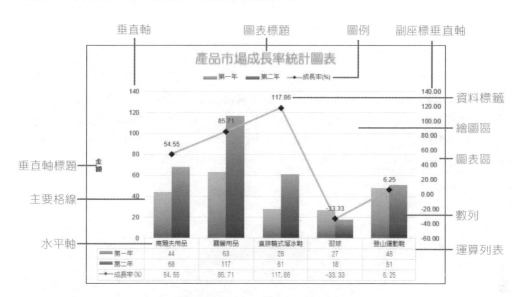

將資料數據化為圖表的步驟

圖表包含直條圖、橫條圖、折線圖、圓形圖...等類別，要將資料轉換為圖表其實不難，但首要將資料內容整理好並選擇合適的圖表類型套用，才能有效的透析數據中的資訊。以下列出將資料數據化為圖表的五個步驟：

輸入相關資料與數據 → **確認圖表主題** → **套用合適的圖表類型** → **調整圖表相關元素** → **設定圖表樣式與色彩**

圖表使用小技巧

1. 依資料內容與主題建立合適的圖表。

2. 一個圖表只表達一個觀點，不做過於複雜的圖表，必要時分成多個圖表呈現。

3. 掌握圖表標題說出重點，讓瀏覽者一看就知道是什麼主題的圖表。

4. 色彩搭配上盡量使用柔和色調，或者使用同一顏色不同深淺的搭配。

5. 儘量不使用立體效果的圖表，實在想用的話也不要套用太多花俏的設計。

選擇合適的圖表類型

製作圖表前需要先思考資料的重點與方向，例如：表現年度銷售量的變化、每個月數量的比率或是不同年度同項目的價格比較...等，此思考的方向主要可分為 "數量"、"變化" 與 "比較" 三大原則，透過這三大原則可以讓您更了解該選擇哪種類型圖表。

"數量" 是指資料內容著重在總和、比率、平均...等的差異時，較適用表現部分與總體關係的圓形圖；"變化" 是指資料內容著重在某段時間內的值或項目的變化，較適用折線圖、橫條圖...等；而 "比較" 則是指資料內容著重在不同項目間數量的差異，較適用 XY 散佈圖...等。判斷出資料內容的正確方向後才能選用合適的圖表類型，圖表設計也才能更有效率。

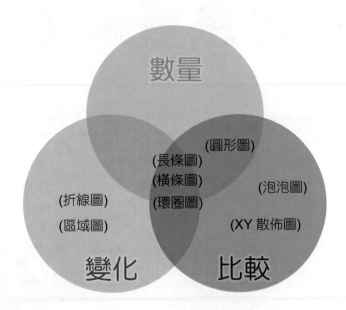

常見的圖表問題

圖表製作的過程中，常會著眼於美化的動作，反而忘了這些格式在套用時，是否會影響資訊的表達。畢竟圖表再好看，如果無法讓瀏覽者一目瞭然，也只是虛有其表，而沒有任何意義。以下整理了圖表製作常見的問題，提醒您避免這些錯誤。

例 1：惠發食品行銷售業績

錯誤

問題1：整年度的銷售業績用圓形圖表現較不適合，無法直接看出整年份銷售的起伏。

問題2：圖表標題太過於籠統，沒有清楚的傳達出圖表主題。

問題3：當資料數列為八項以上時，建議套用折線圖來表現較為合適。

正確

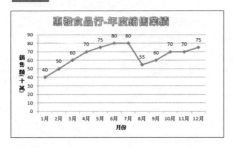

優點1：折線圖清楚的傳達出該公司整年度的銷售業績起伏。

優點2：圖表標題清楚且明確，文字格式經過設計，在圖表中更合適。

優點3：水平與垂直座標軸的標示讓圖表資料一目瞭然。

例 2：惠發食品市場佔有率

錯誤

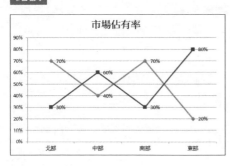

問題1：折線圖較不適合表現項目對比關係，無法清楚看出同一地區惠發食品行與其他公司的佔有率對比。

問題2：水平與垂直座標軸沒有加上文字標題，瀏覽者無法明白所要表達的意思。

問題3：因為沒有標示圖例，所以會導致觀看圖表時無法有效分辨資訊。

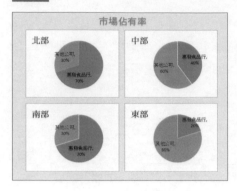

優點1：分別用四個圓形圖表示，佔有率對比一目瞭然，清楚的由圖表了解目前各地區佔有率的對比關係。

優點2：圓形圖中的資料標籤是一項重要設定，像 **類別名稱** 與 **值** 資料標籤的標示，讓圖表簡單易懂。

優點3：雖使用四個圓形圖表示，但公司行號的代表色彩要一致，才不會造成圖表閱讀上的困擾。

例3：惠發食品行近二年度價格、銷售量、利潤比對。

錯誤

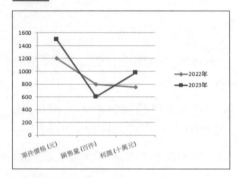

問題1：圖表沒有標題也沒有水平與垂直座標軸標題。

問題2：圖表繪圖區太小，水平座標軸文字呈傾斜擺放，令瀏覽者不易觀看。

問題3：折線圖太細無法表現圖表主題 (每一個項目不同年度的起伏)。

正確

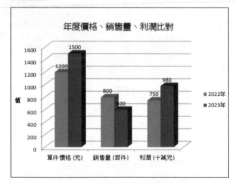

優點1：圖表標題與水平、垂直座標軸標題清楚且明確。

優點2：繪圖區較大，資料數列表現明顯，水平座標軸文字位於相對資料數列下方，較易閱讀。

優點3：長條圖清楚的傳達出每一項目不同年度的起伏關係。

圖表類型

Excel 內建多種常見圖表足以支援多重的需求，只要選取資料範圍後，於 **插入** 索引標籤選按 **圖表** 對話方塊啟動器，即可開啟對話方塊設定需要的圖表類型。

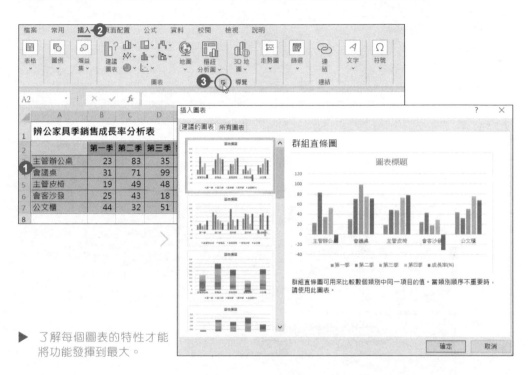

▶ 了解每個圖表的特性才能
將功能發揮到最大。

圖表類型	操作方法
直條圖	可比較資料間的相差情形，"類別" 置於水平軸、"值" 置於垂直軸。
折線圖	用描點方式繪製資料再相連接，呈現期間趨勢變化或未來走勢。
圓形圖	只能顯示一組資料數列，呈現各項目相對於全體資料的佔有率。
橫條圖	與直條圖作用相似，主要強調每個項目之間的比較情形。
區域圖	強調一段時間之內的變化幅度，用面積大小表示其與整體間的關係。
XY 散佈圖	顯示多組資料數列彼此之間的關聯性，以 X 與 Y 座標值繪製，可快速看出兩組資料間的差距，常用於科學、統計及工程資料的比較。
其他圖表	股票圖、曲面圖、雷達圖、矩形樹結構圖、放射環狀圖、長條圖...。

8.2 圖表的新增

這一節要將已建置好的活頁簿資料經由簡單的步驟,在彈指間快速轉換成美觀、專業的圖表,並透過移動、位置與大小的調整,讓圖表更方便檢閱。

建立圖表

開啟範例原始檔 <銷售成長率分析表.xlsx>,選按 **成長率分析表** 工作表後,依照如下步驟建立圖表。

STEP 01 選取製作圖表的資料來源範圍 A2:E7 儲存格,於 **插入** 索引標籤選按 **建議圖表**。

STEP 02 於 **插入圖表** 對話方塊 **建議的圖表** 標籤中,透過清單快速選擇與建立圖表,以這個範例來說選按 **群組直條圖** 後,按 **確定** 鈕。

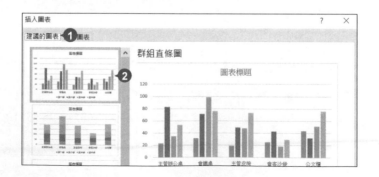

移動圖表至其他工作表

為了方便單獨檢閱圖表，可以將圖表搬移至其他工作表中。選取圖表後，將其搬移至已事先新增的 **統計圖表** 工作表中。

STEP**01** 在選取圖表的狀態下，於 **圖表設計** 索引標籤選按 **移動圖表**，於 **移動圖表** 對話方塊核選 **工作表中的物件**，並指定為 **統計圖表** 然後按 **確定** 鈕。

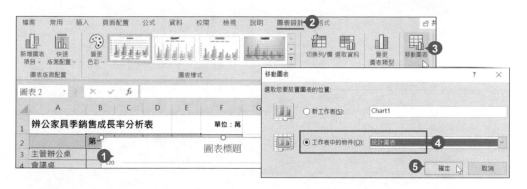

STEP**02** 可將圖表搬移到 **統計圖表** 工作表中。

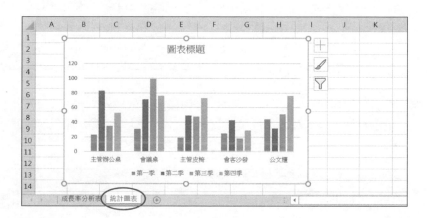

····· 小提示 ·····

移動圖表

如果活頁簿裡未建立新工作表時，可以核選 **新工作表** 項目，
Excel 會自動新增一工作表，將圖表移入並放大至整個工作表。但這樣的移動方式在完成搬移後，圖表將無法再移動位置或縮放大小。

調整圖表位置並設定圖表寬高

為了讓版面方便編輯及符合需求，可以適當調整圖表位置與大小。

STEP 01 將滑鼠指標移至圖表上 (空白處) 呈 狀時，按滑鼠左鍵不放拖曳圖表，可移至適當的位置擺放。

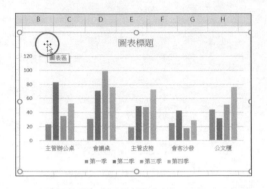

STEP 02 將滑鼠指標移至圖表四個角落控點上呈 狀時，按滑鼠左鍵不放拖曳調整圖表的大小。

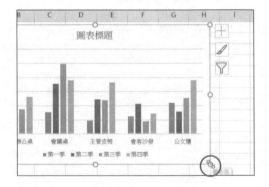

STEP 03 另外也可以選取圖表，於 **格式** 索引標籤中依照資料量多寡以及欲列印的紙張規格，設定圖表最佳瀏覽的長寬比例。以這個範例來說，設定 **圖片高度**：「12 公分」、**圖片寬度**：「18 公分」。

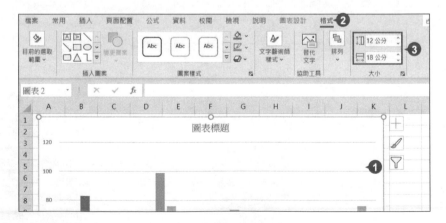

8.3 套用圖表樣式與色彩

建立圖表後,可套用 Excel 提供的各式圖表樣式,不需要複雜的設定即可快速變更圖表版面與外觀。

可以利用圖表右側 ⊞ **圖表項目**、✏ **圖表樣式** 和 ▽ **圖表篩選** 這三個鈕,快速格式化圖表。

STEP**01** 選取圖表後,選按 ✏ **圖表樣式** 鈕,於 **樣式** 標籤中將捲軸往下拖曳,選按 **樣式 11** 套用 (滑鼠指標移至樣式縮圖上即會出現樣式名稱)。

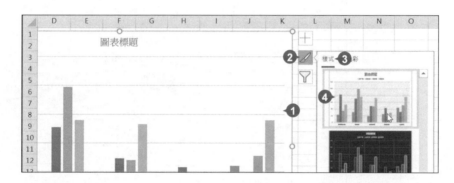

STEP**02** 除了預設的色彩外,也可以選擇 Excel 設計好的多組色彩直接套用。選按 ✏ **圖表樣式** 鈕 \ **色彩** 標籤,選按 **單色 \ 單色的調色盤 12** 套用。

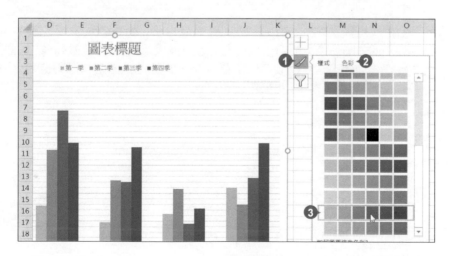

完成圖表樣式的設計後,只要再按一下 ✏ **圖表樣式** 鈕,即可隱藏設定清單。

8.4 編修與格式化圖表

插入工作表中的圖表仍可再依用途目的以及整體資料，變更既有的圖表元素，讓圖表更顯專業與美觀。

變更圖表資料來源

已建立的圖表中常常可能因不同的用途或目的，而需要新增或刪除圖表中原有的資料，接著就來看看如何讓圖表更符合需求。

STEP **01** 這個範例欲再新增一筆 "成長率(%)" 資料。選取圖表後，於 **圖表設計** 索引標籤選按 **選取資料**，於 **選取資料來源** 對話方塊按 **新增** 鈕。

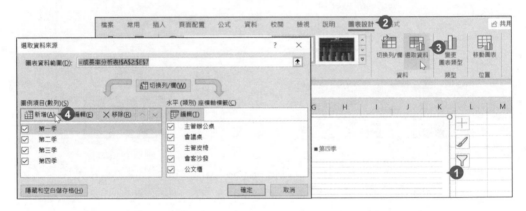

STEP **02** 選按 **成長率分析表** 工作表，選取 F2 儲存格，**編輯數列** 對話方塊中 **數列名稱** 即對應到選取的儲存格位置，接著將滑鼠指標移至 **數列值** 中並選取 "={1}"，回到工作表選取 F3:F7 儲存格，確認對話方塊中 **數列值** 已對應到選取的儲存格位置，按 **確定** 鈕。

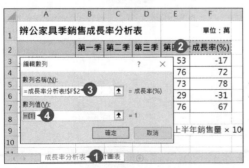

STEP**03** 於 **選取資料來源** 對話方塊按 **確定** 鈕回到工作表,於圖表上方 **圖例** 中即可發現新增一筆資料。

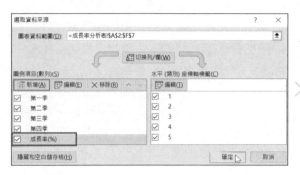

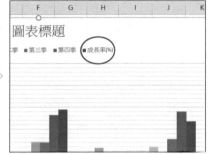

變更圖表類型與新增副座標軸

在此將為指定數列套用不同的圖表類型,因為 "成長率%" 數列與其他數列的屬性不同,所以用副座標軸方式 (圖表右側增加第二個數值 Y 軸) 顯示,以突顯數值。

STEP**01** 選取圖表後,於 **圖表設計** 索引標籤選按 **變更圖表類型**。

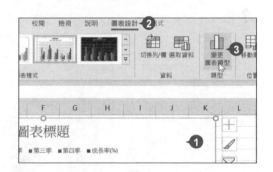

STEP**02** 於 **變更圖表類型** 對話方塊 **所有圖表** 標籤先選按 **組合圖**,接著選按 **第四季** 清單鈕 \ **群組直條圖** 類型;**成長率(%)** 清單鈕 \ **含有資料標記的折線圖** 類型,核選 **副座標軸** 再按 **確定** 鈕。

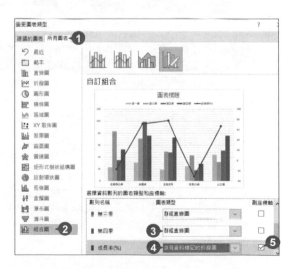

格式化資料數列

圖表中可上色的部分包括圖表區底色、繪圖區底色、文字、圖例區、數列...等，若是不清楚該如何配色，可參考以同色系的濃淡來設計，這是較安全的配色方式。接著要改變圖表中個別數列的樣式，讓數列呈現更突出，一開始先設計折線 "成長率%" 數列，接著再設計直條圖的數列。

STEP 01 於 **格式** 索引標籤選按 **圖表項目** 清單鈕 \ 數列 **"成長率 (%)"**，再選按 **格式化選取範圍** 開啟右側窗格。選按 **填滿與線條**，於 **線條 \ 線條** 項目中核選 **實心線條**，設定 **色彩：橙色、寬度：2.25 pt**。

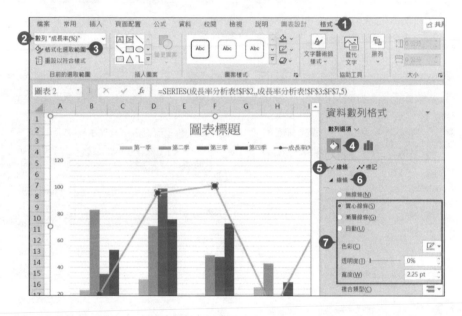

STEP 02 接著於 **標記 \ 標記選項** 項目中核選 **內建**，設定 **類型：菱型、大小：10**；於 **填滿** 項目中核選 **實心填滿**，設定 **色彩：橙色, 輔色 2**；於 **框線** 項目中設定 **實心線條**，設定 **色彩：藍灰色, 文字 2**。

標示數據資料的折線經由剛才的設定顯得清楚許多。

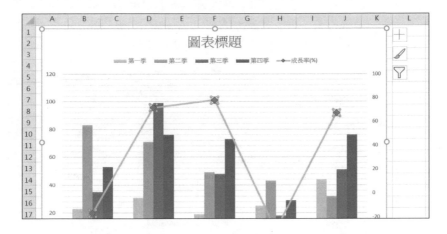

STEP **03** 除了在窗格中設定格式，當然也可以直接套用 Excel 設計好的圖案樣式，既快速又好看。

選取任一欲變更的數列，於 **格式** 索引標籤選按 **圖案樣式-其他** 清單鈕，選擇喜好樣式套用。

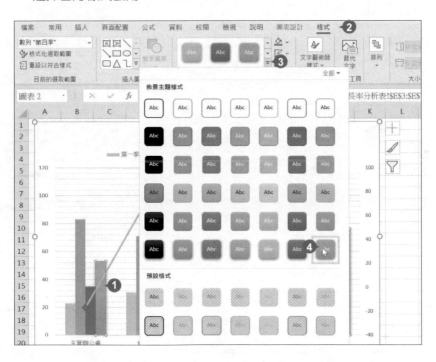

格式化圖例

接下來更改圖例的擺放位置。選取圖表，選按 ⊞ **圖表項目** 鈕 \ **圖例** 右側 ▶ 清單鈕 \ **右**，原本的圖例在上方，設定之後已移動到繪圖區的右側。

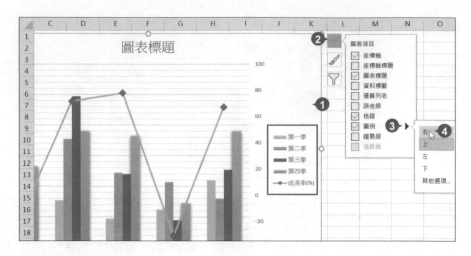

加上資料標籤

資料標籤 是標示於數列上的數值，讓圖表資料更容易理解。於 **格式** 索引標籤選按 **圖表項目** 清單鈕 \ **數列 "成長率 (%)"**，然後選按 ⊞ **圖表項目** 鈕 \ **資料標籤** 右側 ▶ 清單鈕 \ **上**。

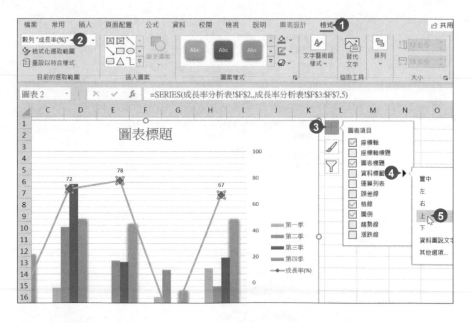

會發現其相關數值已經標記在折線圖的資料點上方。

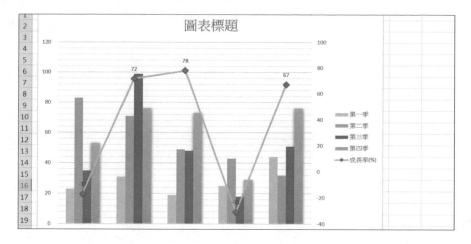

加上運算列表

在圖表下方加入原數據資料的表格，多重顯示方式讓瀏覽者更容易透析圖表傳達的資訊。選按 田 **圖表項目** 鈕 \ **運算列表** ▶ 清單鈕 \ **有圖例符號**，會發現於圖表下方已經新增運算列表。

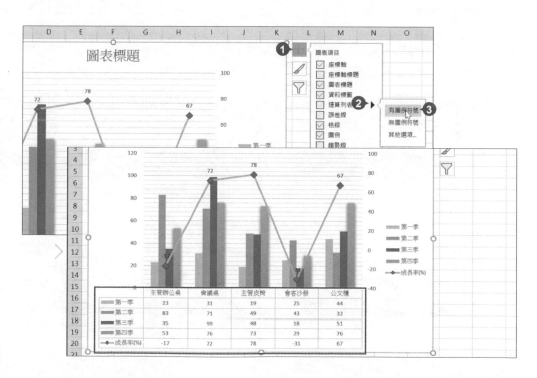

加上座標軸標題文字

適當的圖表標題能概括內容，協助瀏覽者了解圖表所要表達的意念，接著在圖表左側新增主垂直座標軸文字。

選取圖表後，選按 ⊞ **圖表項目** 鈕 \ **座標軸標題** 右側 ▷ 清單鈕 \ **主垂直**，即會出現垂直座標軸標題。

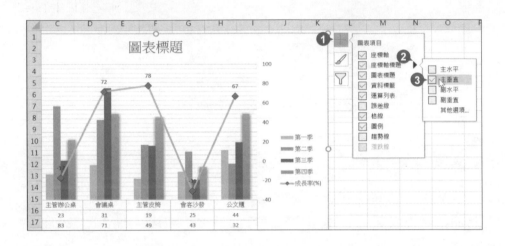

設計圖表文字

若欲調整圖表內特定的文字物件樣式，可於選取該文字物件後再設定，也可搭配 **常用** 索引標籤 \ **字型** 區中的格式設定功能，讓圖表文字更有特色。

STEP **01** 選取圖表標題，於 **資料編輯列** 輸入「辦公家具季銷售成長率分析表」，按 **Enter** 鍵完成輸入。

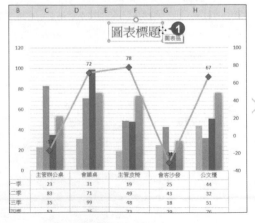

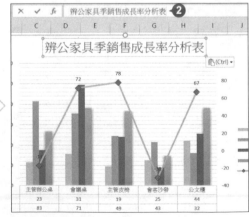

STEP **02** 選取垂直座標軸標題，於 **資料編輯列** 輸入「金額」，按 Enter 鍵完成輸入，接著於 **常用** 索引標籤選按 **方向 \ 垂直文字**。

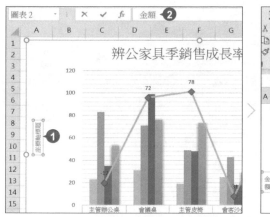 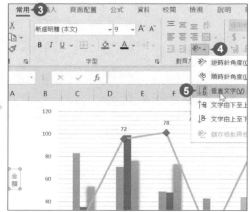

STEP **03** 針對圖表中的標題、主垂直座標軸標題、主垂直座標軸、副垂直座標軸、圖例、資料標籤與運算列表...等文字元素，設定適當的字型與字型大小。

選取座標軸標題、主副垂直座標軸、圖例文字後，設定合適 字型、字型大小：**9**。

選取資料標籤文字後，設定合適 字型、字型大小：**9**。

選取圖表標題後，設定合適 字型、字型大小：**14**。

辦公家具季銷售成長率分析表

	主管辦公桌	會議桌	主管皮椅	會客沙發	公文櫃
第一季	23	31	19	25	44
第二季	83	71	49	43	32
第三季	35	99	48	18	51
第四季	53	76	73	29	76
成長率(%)	-17	72	78	-31	67

選取運算列表後，設定合適 字型、字型大小：**9**。

選取圖表標題後，套用預設的快速樣式來改變標題文字外觀，使圖表標題更加出色：於 **格式** 索引標籤選按 **文字藝術師樣式-其他** 清單鈕，清單中選按 **填滿 - 藍色, 輔色 1, 陰影**。

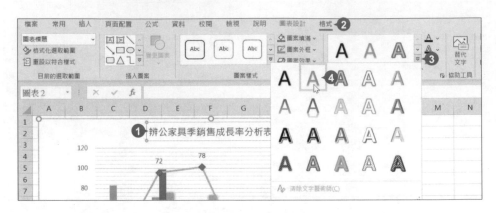

會發現標題文字已經依剛才指定的文字藝術師樣式快速套用，完成設計。

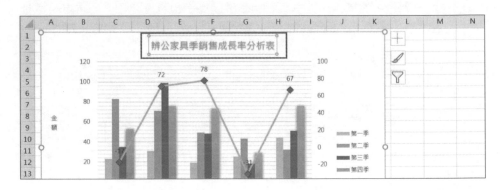

小 提 示

加上更多圖表項目

除了使用圖表右側的 ⊞ **圖表項目** 鈕新增更多圖表項目，也可以於 **圖表設計** 索引標籤選按 **新增圖表項目**，清單中選按欲增加的圖表項目。

請依如下提示完成 "市場定位分析表" 圖表作品。

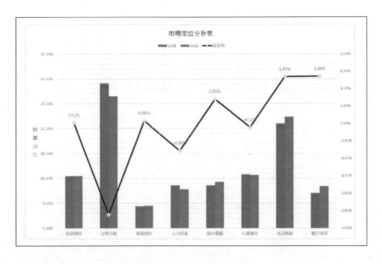

1. 開啟延伸練習原始檔 <市場定位分析表.xlsx>。

2. 建立與移動圖表：選取資料來源 A2:I4 儲存格，建立 **群組直條圖**，並移動圖表到 **新工作表：Chart1**。

3. 套用圖表樣式：選取圖表後，利用 📈 **圖表樣式** 鈕，套用 **樣式** 標籤 \ **樣式 11**。

4. 變更圖表資料來源：選取圖表，透過 **選取資料** 功能在 **市場定位分析表** 工作表新增 "成長率(%)" 資料。

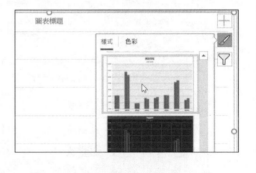

	A	B	C	D	E	F	G	H	I	J
1	市場定位分析表									
2		商業理財	文學小說	藝術設計	人文科普	語言電腦	心靈養生	生活風格	親子共享	
3	2021	10.47%	29.11%	4.43%	8.59%					
4	2022	10.49%	26.50%	4.51%	7.81%					
5	成長率	0.02%	-2.61%	0.08%	-0.78%					

編輯數列　　　　　　　　　　?　×

數列名稱(N)：
=市場定位分析表!$A$5　⬆ = 成長率

數列值(V)：
=市場定位分析表!$B$5:$I$5　⬆ = 0.02%, -2.61%,...

確定　　取消

5. 變更圖表類型與新增副座標軸：選
   取圖表，將 "成長率" 數列改為 **含
   有資料標記的折線圖** 圖表類型，
   並用 **副座標軸** 方式顯示。

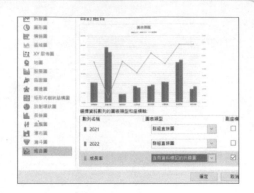

6. 格式化資料數列：於 **格式** 索引
   標籤選按 **圖表項目** 清單鈕 \ **數列
   "成長率"**，再選按 **格式化選取範
   圍** 開啟右側窗格，參考下圖設計
   折線 "成長率" 數列。

7. 加上資料標籤與座標軸標題文字：為 "成長率" (折線圖) 的資料點上方標記數
   值，另外新增主垂直座標軸標題。

8. 設計圖表文字：圖表標題文字
   調整為「市場定位分析表」、
   設定合適 **字型**、**字型大小**：
   14；垂直座標軸標題調整為
   「銷售占比」，設定 **垂直文字**
   方向、合適 **字型**、**字型大小**：
   12。另外參考右圖設定其他的
   字型與大小。

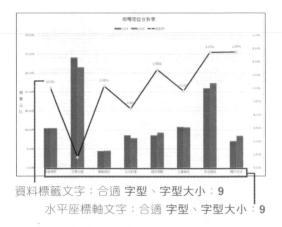

資料標籤文字：合適 字型、字型大小：**9**
水平座標軸文字：合適 字型、字型大小：**9**

9. 儲存：最後記得儲存檔案，完成此作品。

09

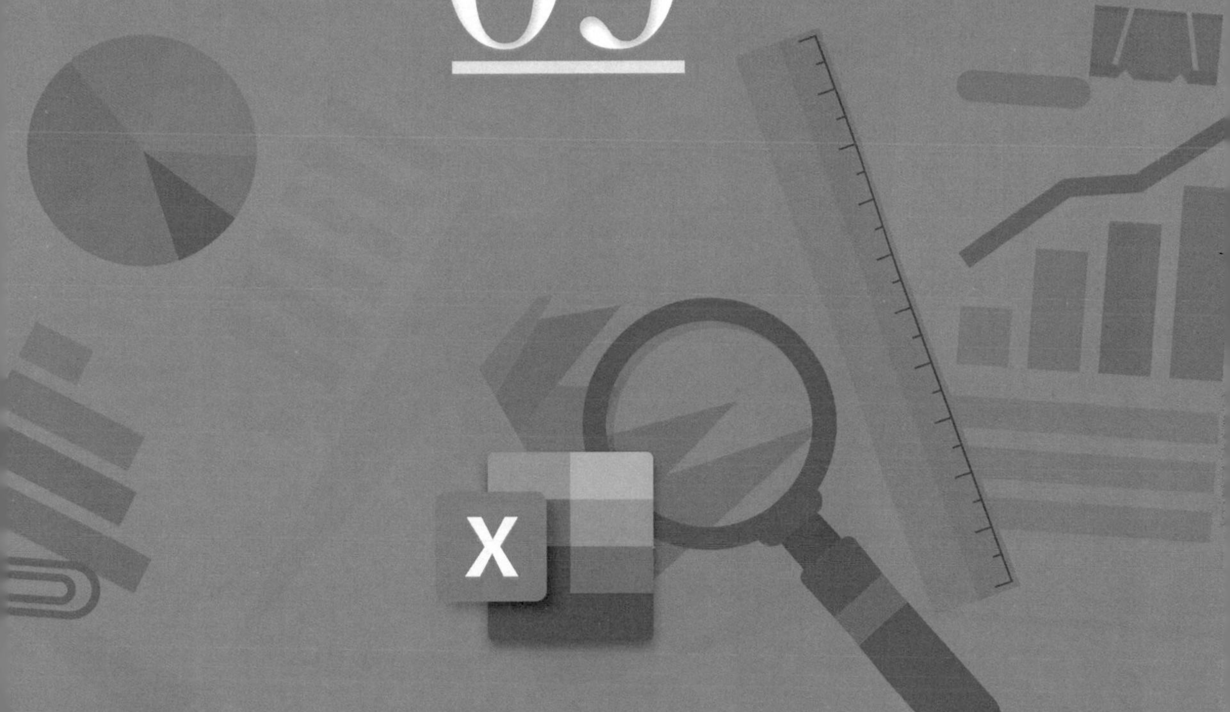

產品出貨年度報表
Excel 樞紐分析

認識樞紐分析表

製作與編修樞紐分析表

製作樞紐分析圖

大量數據的統計報表，總顯得較生硬讓人難以理解，將 "產品出貨年度報表" 以樞紐分析表、圖顯示，能快速整合資料、交叉運算，分析各項報表重點。

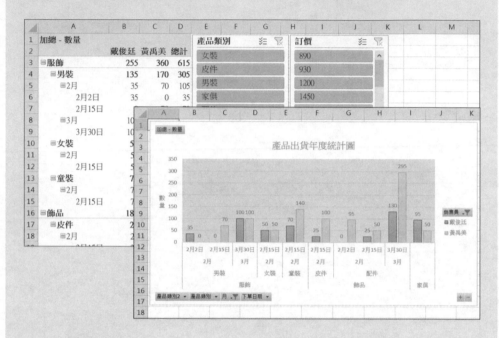

▶ 建立樞紐分析表	▶ 摺疊/展開資料欄位
▶ 設定樞紐分析表欄位	▶ 群組相關類別列資料
▶ 欄列標籤資料與排列	▶ 自動更新樞紐分析表
▶ 篩選欄列標籤的資料	▶ 建立樞紐分析圖
▶ 排序欄列標籤的資料	▶ 變更圖表版面配置
▶ 美化樞紐分析表	▶ 變更圖表樣式
▶ 空白欄顯示 "0"	▶ 樞紐分析圖動態分析
▶ 交叉分析資料	

原始檔：<本書範例 \ ch09 \ 原始檔 \ 產品出貨年度報表.xlsx>

完成檔：<本書範例 \ ch09 \ 完成檔 \ 產品出貨年度報表.xlsx>

9.1

認識樞紐分析表

樞紐分析表 會將收集來的資料妥善且有系統的整理，讓使用者可以快速分析與組織資料，更可運用篩選、排序分組取得符合要求與參考價值的資訊。

"產品出貨年度報表" 為報表中常見的格式之一，因為報表中的原始資料，大多只要按時間輸入正確數值即可完成，但面對大量資料想要快速且有系統的整理，運用樞紐分析表是最直接的方式，將各欄位內的資料、數值擺放到合適的位置進行綜合分析，即可快速產生比較資料，幫助決策者歸納出有參考價值的資訊。

	B	C	D	E	F	G	H	I
1	下單日期	銷售員	廠商編號	廠商名稱	產品編號	產品名稱	產品類別	數量
2	2022/1/2	賴冠廷	M-007	昌公事業	F024	運動潮流直筒棉褲-男童_灰	童裝	45
3	2022/1/2	黃禹美	M-009	通潤貿易	F012	托特包刺繡系列-白色	配件	25
4	2022/1/2	陳威任	M-010	仁華事業	F008	法蘭絨格紋襯衫-黑	女裝	25
5	2022/1/2	戴俊廷	M-008	吉本貿易	F033	高機能伸縮衣架	家俱	45
6	2022/1/2	黃禹美	M-011	優亨貿易	F001	運動潮流連帽外套-女裝	女裝	25
7	2022/1/2	曹麗雯	M-001	慶盛事業	F040	機能運動風褲-女童-粉紅	童裝	25
8	2022/1/2	黃禹美	M-009	通潤貿易	F009	大化妝包-深藍色	配件	45
9	2022/1/2	曹麗雯	M-002	興瑞貿易	F012	托特包刺繡系列-白色	配件	25
10	2022/1/2	洪秀芬	M-003	聖瑞事業	F008	法蘭絨格紋襯衫-黑	女裝	25
11	2022/1/2	陳威任	M-010	仁華事業	F033	高機能伸縮衣架	家俱	45
12	2022/1/2	曹麗雯	M-001	慶盛事業	F039	12格書櫃	家俱	25
13	2022/1/2	曹麗雯	M-002	興瑞貿易	F040	機能運動風褲-女童-粉紅	童裝	25
14	2022/1/2	黃禹美	M-011	優亨貿易	F008	法蘭絨格紋襯衫-黑	女裝	45
15	2022/1/2	洪秀芬	M-003	聖瑞事業	F012	托特包刺繡系列-白色	配件	25
16	2022/1/2	賴冠廷	M-007	昌公事業	F009	大化妝包-深藍色	配件	25
17	2022/1/2	曹麗雯	M-001	慶盛事業	F033	高機能伸縮衣架	家俱	45
18	2022/1/2	戴俊廷	M-008	吉本貿易	F039	12格書櫃	家俱	25
19	2022/1/2	曹麗雯	M-001	慶盛事業	F040	機能運動風褲-女童-粉紅	童裝	25
20	2022/1/4	黃禹美	M-009	通潤貿易	F012	托特包刺繡系列-白色	配件	25

	A	B	C	D	E	F	G	H	I	J	K	L	M
1	加總 - 數量	欄標籤							產品類別				
2	列標籤	戴俊廷	賴冠廷	黃禹美	陳威任	曹麗雯	洪秀芬	總計					
3	服飾	255	485	360	215	435	885	2635	配件				
4	男裝	135	400	170	120	280	455	1560	女裝				
5	2月	35	175	70	70	105	105	560	皮件				
6	3月	100	225	100	50	175	350	1000	男裝				
7	女裝	50	50	50	25	50	150	375	家俱				
8	2月	50	50	50	25	50	150	375	童裝				
9	童裝	70	35	140	70	105	280	700					
10	2月	70	35	140	70	105	280	700					
11	飾品	180	435	540	140	520	655	2470					
12	皮件	25	75	100	50	25	75	350					
13	2月	25	75	100	50	25	75	350					
14	配件	155	360	440	90	495	580	2120					
15	2月	25	100	145	25	160	190	645					
16	3月	130	260	295	65	335	390	1475					

▲ 樞紐分析表

9.2

製作樞紐分析表

利用報表中的數據資料,再透過樞紐分析功能產生出貨年度報表,進而分析銷售員所承接各產品類別的出貨數量。

以資料內容開始建立

開啟範例原始檔 <產品出貨年度報表.xlsx>,選按 **產品出貨年度報表** 工作表,依照如下步驟以工作表資料內容建立樞紐分析表。

STEP 01 選取製作樞紐分析表的資料來源範圍 A1:K1199 儲存格 (也可選按 A1 儲存格,再按 **Ctrl** + **A** 鍵,快速選取資料範圍),接著於 **插入** 索引標籤選按 **樞紐分析表**。

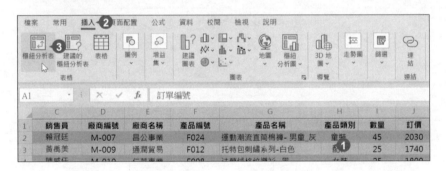

STEP 02 於 **建立樞紐分析表** 對話方塊指定放置樞紐分析表的工作表及儲存格位址:核選 **已經存在的工作表**,選按 **分析表** 工作表,接著選按 A1 儲存格,最後按 **確定** 鈕。

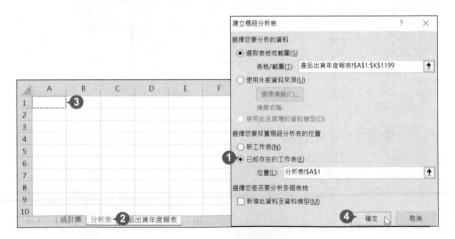

STEP **03** 剛建置好的樞紐分析表一開始是未指定欄列資料的狀態，右側會開啟 **樞紐分析表欄位** 窗格。

開啟\隱藏 **樞紐分析表欄位** 窗格　　工作清單的並排顯示方式

來源資料的欄位　　　　樞紐分析表的 **篩選、欄、列、值** 對應區域。

小提示

由 Excel 判斷合適的樞紐分析表自動製作完成

若不知道手邊的數據資料該如何製作成樞紐分析表，可於 **插入** 索引標籤選按 **建議的樞紐分析表**，Excel 會自動依選取範圍資料建議合適的樞紐分析表樣式，只要於建議清單中選擇想要的樣式，按 **確定** 鈕即可自動完成製作。

配置樞紐分析表欄位

此範例中以 "產品類別"、"銷售員"、"下單日期" 為主要交叉條件,再將 "數量" 值資料匯整於報表上,首先從 **樞紐分析表欄位** 窗格中拖曳欄位至相關對應區域。

STEP 01 將 **產品類別** 欄位拖曳至 **欄** 區域。

STEP 02 將 **銷售員** 欄位拖曳至 **列** 區域。

STEP 03 將 **數量** 欄位拖曳至 **值** 區域。

STEP 04 將 **下單日期** 欄位拖曳至 **列** 區域,擺放於 **銷售員** 欄位項目下方。(樞紐分析表會自動為日期資料產生 **月** 欄位,以月份歸納整理日期資料。)

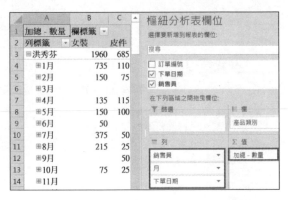

小提示

移除欄位

若想刪除已指定於樞紐分析表 **欄**、**列**、**篩選**、**值** 區域中的欄位,可在 **樞紐分析表欄位** 窗格中選按該欄位名右側 ▼ 清單鈕 \ **移除欄位**。

9.3 編修樞紐分析表

樞紐分析表 配置欄位資料後並不代表已製作完成，有效依需求進行資料數值的排列、篩選、摺疊/展開資料欄位、交叉分析、群組...等，才能幫助使用者分析、組織資料。

摺疊/展開資料欄位

摺疊列標籤的欄位，可暫時隱藏日期資料的顯示讓畫面更精簡。

STEP 01 選取 A3 儲存格，於 **樞紐分析表分析** 索引標籤選按 ⊟ **摺疊欄位**。

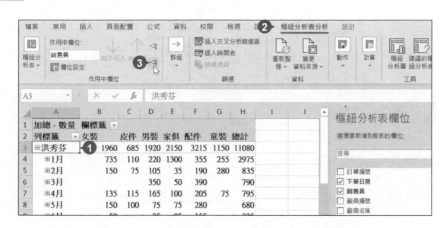

STEP 02 會發現日期資料已經被暫時隱藏 (若於 **樞紐分析表分析** 索引標籤選按 ⊞ **展開欄位** 可再次呈現日期資料)。

篩選欄列標籤的資料

樞紐分析表的欄位資料，可透過 **篩選** 功能指定欄位的隱藏與顯示。接著在 "產品類別" 資料中取消顯示 "皮件"、"家俱"、"配件" 的數據資料。

STEP 01 選按樞紐分析表 **欄標籤** 清單鈕，再取消核選不需要的項目，按 **確定** 鈕。

STEP 02 會看到取消核選的項目與資料已隱藏。(若再次核選該項目則會取消隱藏)

排序欄列標籤的資料

樞紐分析表內若有大量資料時，可依字母或文字筆劃排序，或依數值資料從最大值排到最小值，更輕鬆地找到所要分析的項目。

STEP 01 選按欲排序的 **欄標籤** 或 **列標籤** 清單鈕，於清單中先指定排序的欄位，再選按 **從 A 到 Z 排序** 或 **從 Z 到 A 排序**。

STEP 02 會看到資料依指定欄位與指定排序方式整理。

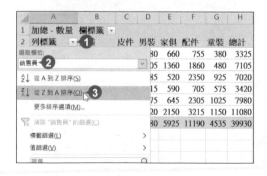

手動調整的資料順序

樞紐分析表中也可以直接以手動拖曳的方式變更資料順序。

STEP 01 選按想要移動位置的項目，將滑鼠指標移至其儲存格外框，呈 ✛ 狀。

	A	B	C	D	E	F	G	H	I
1	加總 - 數量	欄標籤 ▾							
2	列標籤 ↴	女裝		皮件	男裝	家俱	配件	童裝	總計
3	⊞戴俊廷	620	330	580	660	755	380	3325	
4	⊞賴冠廷	1305	495	1605	1360	1860	480	7105	
5	⊞黃禹美	1360	680	1185	520	2350	925	7020	

STEP 02 拖曳至想要擺放的位置，再放開滑鼠左鍵。

	A	B	C	D	E	F	G	H	I
1	加總 - 數量	欄標籤 ▾			D2:D9				
2	列標籤 ↴	女裝		皮件	男裝	家俱	配件	童裝	總計
3	⊞戴俊廷	620	330	580	660	755	380	3325	
4	⊞賴冠廷	1305	495	1605	1360	1860	480	7105	
5	⊞黃禹美	1360	680	1185	520	2350	925	7020	
6	⊞陳威任	490	245	815	590	705	575	3420	

STEP 03 依相同方式，將欄標籤以 **男裝**、**女裝**、**童裝**、**皮件**、**配件**、**家俱** 順序排列。

	A	B	C	D	E	F	G	H	I
1	加總 - 數量	欄標籤 ▾							
2	列標籤 ↴	男裝		女裝	童裝	皮件	配件	家俱	總計
3	⊞戴俊廷	580	620	380	330	755	660	3325	
4	⊞賴冠廷	1605	1305	480	495	1860	1360	7105	
5	⊞黃禹美	1185	1360	925	680	2350	520	7020	
6	⊞陳威任	815	490	575	245	705	590	3420	

變更欄列標籤的資料與排列

若是覺得目前指定於欄、列標籤的欄位項目需要變更，可以利用清單選項快速調整。將 "產品類別" 欄位從 **欄** 標籤移動到 **列** 標籤，並排列到 **列** 標籤的最上層。

STEP 01 在 **樞紐分析表欄位** 窗格中選按 **產品類別 \ 移到列標籤**，可將 "產品類別" 欄位從 **欄** 標籤搬移到 **列** 標籤。

▲ 選按 ⊞ 圖示可展開瀏覽內容項目

STEP 02 在 **樞紐分析表欄位** 窗格中選按 **銷售員 \ 移到欄標籤**，可將 "銷售員" 欄位從 **列** 標籤搬移到 **欄** 標籤。

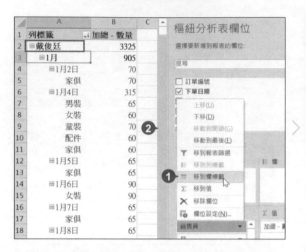
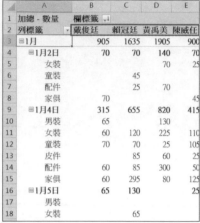

STEP 03 在 **樞紐分析表欄位** 窗格中選按 **產品類別 \ 移動到開頭**，即可將 "產品類別" 欄位層級排列移到 **列** 標籤最上層。

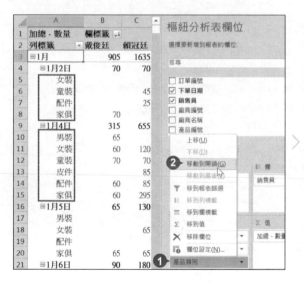
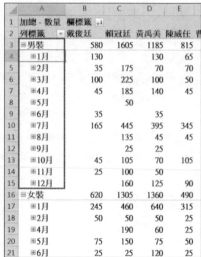

將樞紐分析表中的空白欄顯示 "0"

此範例中，樞紐分析表空白儲存格表示業務沒有出貨的產品，為了更清楚內容，可以用自動填入的方式顯示為 "0"。

STEP 01 於 **樞紐分析表分析** 索引標籤選按 **選項** 清單鈕 \ **選項**，接著於 **樞紐分析表選項** 對話方塊 **版面配置與格式** 標籤中 **若為空白儲存格，顯示** 輸入「0」後，再按 **確定** 鈕。

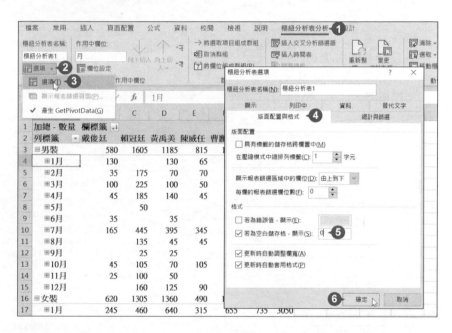

STEP 02 會發現空白儲存格已自動顯示為 "0"。

	A	B	C	D	E	F	G	H
1	加總 - 數量	欄標籤						
2	列標籤	戴俊廷	賴冠廷	黃禹美	陳威任	曹麗雯	洪秀芬	總計
3	男裝	580	1605	1185	815	1675	1920	7780
4	1月	130	0	130	65	350	220	895
5	2月	35	175	70	70	105	105	560
6	3月	100	225	100	50	175	350	1000
7	4月	45	185	140	45	95	165	675
8	5月	0	50	0	0	0	75	125
9	6月	35	0	35	0	70	35	175
10	7月	165	445	395	345	420	455	2225
11	8月	0	135	45	45	70	70	365
12	9月	0	25	25	0	0	50	100
13	10月	45	105	70	105	150	60	535
14	11月	25	100	50	0	125	200	500

樞紐分析表欄位

選擇要新增到報表的欄位：

搜尋

- ☐ 訂單編號
- ☑ 下單日期
- ☑ 銷售員
- ☐ 廠商編號
- ☐ 廠商名稱
- ☐ 產品編號
- ☐ 產品名稱
- ☑ 產品類別
- ☑ 數量
- ☐ 訂價

群組相關類別的列資料

按 Shift 或 Ctrl 鍵選取相鄰或不相鄰的列項目，設定成群組，可方便快速管理、檢視相關的資料。為方便選取資料，此範例中先選取 A3 儲存格，於 **樞紐分析表分析** 索引標籤選按 **摺疊欄位** 將資料摺疊。

STEP 01 選取 A3 儲存格，再按 Ctrl 鍵不放，一一選取 A4、A5 儲存格 (男裝、女裝、童裝)，於 **樞紐分析表分析** 索引標籤選按 **將選取項目組成群組**。

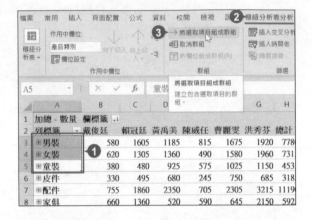

STEP 02 此時會自動出現 **資料組1** 群組項目。

STEP 03 選取 **資料組1** 儲存格，在 **資料編輯列** 中變更群組名稱，讓資料更清楚。(在此命名為「服飾」)

STEP 04 依相同方式，一一選取 A7、A8 儲存格 (皮件、配件)，設定為群組並命名為：「飾品」。

美化樞紐分析表

樞紐分析表中包含了許多資料，如果要從密密麻麻的資料堆中快速判別重點所在，套用內建的色塊區分是不錯的方法。

STEP **01** 選按樞紐分析表中任一儲存格，於 **設計** 索引標籤選按 **樞紐分析表樣式-其他**，於清單中選按 **淺藍, 樞紐分析表樣式淺色 20**。

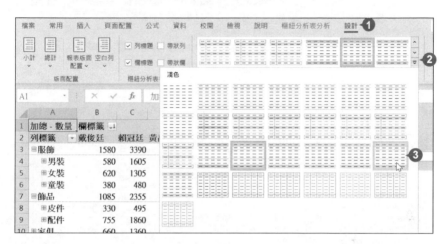

STEP **02** 於 **樞紐分析表分析** 索引標籤選按 **欄位標題**，可讓樞紐分析表隱藏 **欄標籤** 與 **列標籤**，精簡標題列的呈現。(若再選按 **欄位標題** 可取消隱藏)

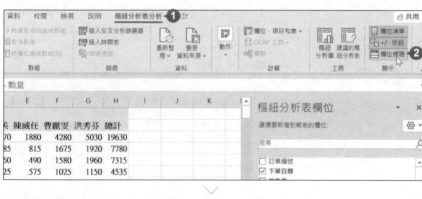

透過交叉分析篩選器分析資料

前面提到可以使用 **欄標籤** 或 **列標籤** 進行資料篩選，若想篩選的項目不在 **欄**、**列** 區域中就無法使用此方式。這時可以將想要篩選的項目設計成交叉分析篩選器，讓樞紐分析表依更多條件分析資料。此範例設定依 "產品類別" 與 "訂價" 篩選分析產品資料：

STEP 01 於 **樞紐分析表分析** 索引標籤選按 **插入交叉分析篩選器**，於 **插入交叉分析篩選器** 對話方塊核選 **產品類別** 與 **訂價** 後按 **確定** 鈕。

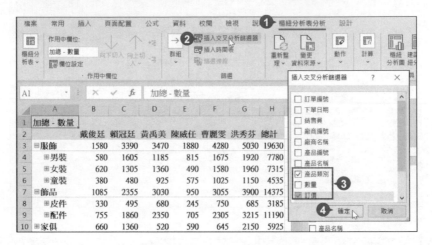

STEP 02 工作表即會產生 **產品類別** 與 **訂價** 的交叉分析篩選器，將滑鼠指標移至篩選器物件上，待呈 状時，按滑鼠左鍵不放拖曳可移動篩選器位置。

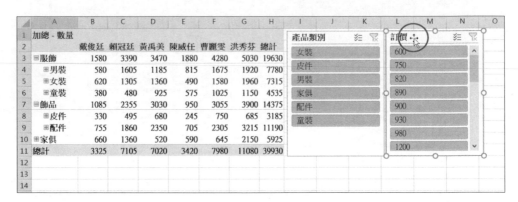

STEP**03** 選按交叉分析篩選器上的項目，預設以單選方式呈現，被選按的項目會於樞紐分析表上顯示相關資料。

STEP**04** 若按 ▽ 鈕可移除交叉分析篩選器的設定，回復原有資料。

STEP**05** 選按 ▤，可多選交叉分析篩選器上的項目，被選按的項目會被隱藏其相關資料，不會於樞紐分析表上顯示。(若按 ▽ 鈕可移除交叉分析篩選的設定，回復原有資料。)

自動更新樞紐分析表

預設狀態下，若是樞紐分析表的來源工作表內資料變動時，樞紐分析表並不會自動更新內容，必須於 **樞紐分析表分析** 索引標籤選按 **重新整理** 清單鈕 \ **重新整理**，才能達到資料同步的狀態！

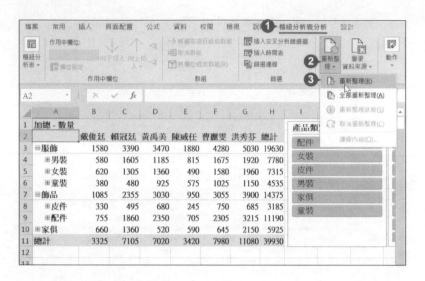

然而為了節省時間並加強工作效率，依照以下操作步驟設定，即可不用每次辛苦手動更新。於 **樞紐分析表分析** 索引標籤選按 **選項** 清單鈕 \ **選項**，於 **樞紐分析表選項** 對話方塊 **資料** 標籤中核選 **檔案開啟時自動更新** 後，按 **確定** 鈕。

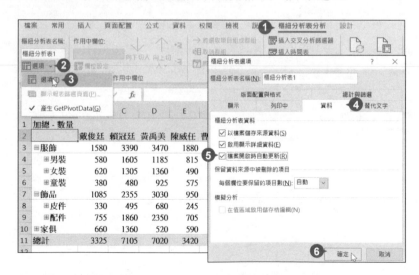

9.4 製作樞紐分析圖

面對大量的分析資料，透過樞紐分析圖的呈現，不但能讓人一目瞭然，還提供了互動式的篩選鈕將統計資料清楚表達。

用樞紐分析表建立樞紐分析圖

為維持數據圖表完整性，需先整理目前樞紐分析表的欄、列資料排序、交叉分析篩選與呈現內容，再著手將樞紐分析表中的資料轉化成樞紐分析圖。

STEP 01 於 **樞紐分析表分析** 索引標籤選按 ⊞ 展開欄位 或 ⊟ 摺疊欄位 可調整呈現的資料內容，於交叉分析篩選器上按 ▽ **清除篩選** 鈕可取消篩選。

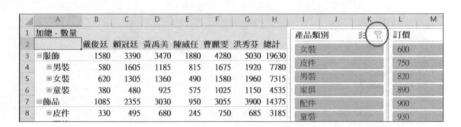

STEP 02 選取樞紐分析表中任一儲存格，於 **樞紐分析表分析** 索引標籤選按 **樞紐分析圖**，接著於 **插入圖表** 對話方塊選按 **直條圖 \ 群組直條圖**，按 **確定** 鈕即完成樞紐分析圖初步建立。

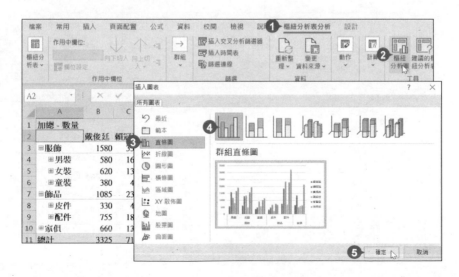

在選取圖表的狀態下，將樞紐分析圖移至 **統計圖** 工作表。

STEP **01** 於 **設計** 索引標籤選按 **移動圖表**，於 **移動圖表** 對話方塊核選 **工作表中的物件**，並設定為 **統計圖** 後，按 **確定** 鈕。

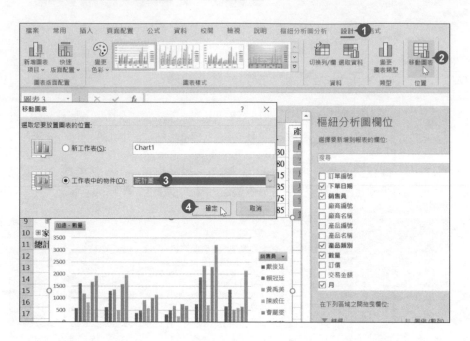

STEP **02** 於 **格式** 索引標籤中輸入 **圖案高度**：「10 公分」、**圖案寬度**：「18 公分」。將滑鼠指標移至圖表物件上，待呈現 ✛ 狀時，按滑鼠左鍵不放拖曳可移動圖表至合適的位置。

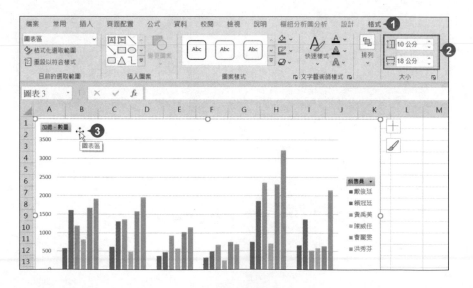

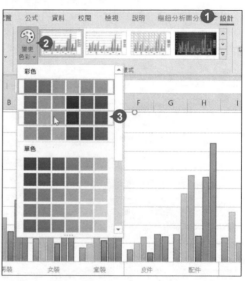

變更圖表的版面配置方式與樣式

經由不同欄位的排列與色彩顯示，會呈現更貼切需求的分析圖表。首先於選取圖表的狀況下，套用合適的圖表樣式並加上圖表區的底色，快速設計圖表整體視覺。

STEP 01 於 **設計** 索引標籤選按 **圖表樣式-其他**，清單中選擇合適的樣式套用。

STEP 02 於 **設計** 索引標籤選按 **變更色彩**，清單中選擇合適的色彩組合套用。

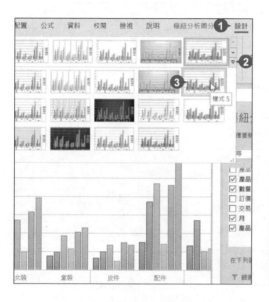

STEP 03 先選取繪圖區，再於 **格式** 索引標籤選按 **圖案填滿**，清單中選擇合適的色彩套用。

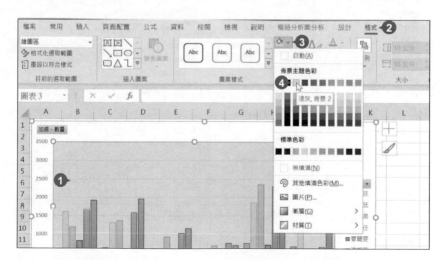

同樣於選取圖表的狀況下，為樞紐分析圖加上圖表標題文字、座標軸標題及數列資料標籤...等相關標註，讓圖表更容易了解。(若於前面套用 **圖表樣式** 後，圖表中已有相關項目可以不用再次加上。)

STEP 01 加入圖表標題文字：於 **設計** 索引標籤選按 **新增圖表項目 \ 圖表標題 \ 圖表上方**。

STEP 02 加入座標軸標題：於 **設計** 索引標籤選按 **新增圖表項目 \ 座標軸標題 \ 主垂直**。

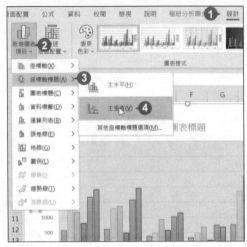

STEP 03 分別選取文字後，輸入合適的文字內容，再於 **常用** 索引標籤設定文字字型與格式。

STEP 04 加入資料標籤：於 **設計** 索引標籤選按 **新增圖表項目 \ 資料標籤 \ 終點外側**。

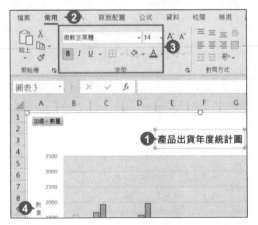

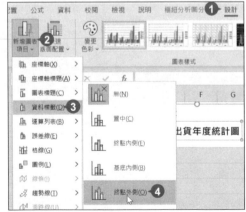

最後，同第 8 章 "Excel 圖表製作" 提到的圖表設計方式，可再為樞紐分析圖加上細部設計與調整，讓圖表更清楚呈現樞紐分析表中的資料數據。

樞紐分析圖動態分析資料

樞紐分析圖除了可以依據原始資料內容與相關的樞紐分析表而變動，樞紐分析圖本身也擁有一些簡單的動態分析功能，可以篩選出特定資料並同時調整圖表的呈現，這樣一來即可快速的顯示更多資訊。

此範例有六位銷售員，若想在圖表上僅瀏覽或比較特定銷售員的業績資訊，可透過 **銷售員** 篩選。

STEP**01** 樞紐分析圖上按 **銷售員** 鈕。

STEP**02** 於清單中核選想要瀏覽的項目或取消核選不要瀏覽的項目，按 **確定** 鈕即可於圖表上呈現特定銷售員的相關資訊。

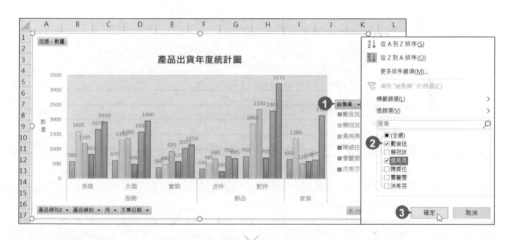

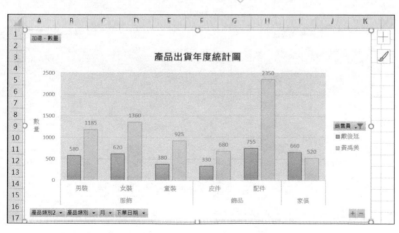

此範例是全年的出貨量明細，若想在圖表上僅瀏覽 2、3 月份的出貨量資訊，可透過 **月** 篩選。

STEP 01　樞紐分析圖上按 **月** 鈕。

STEP 02　於清單中選按 **全選**，將所有項目取消核選，接著核選 2、3 月項目，再按 **確定** 鈕。

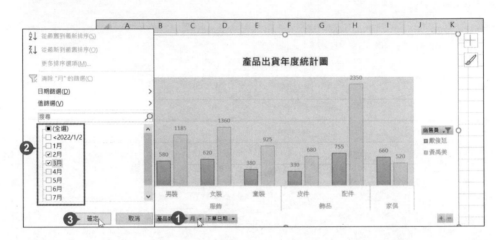

STEP 03　依日期篩選出特定的資料，但水平座標軸並沒有相關的標註，這樣的圖表略顯美中不足。只要於水平座標軸文字上連按二下滑鼠左鍵，以此範例來說即可以展開下一層月份明細，若再於水平座標軸文字上連二下滑鼠左鍵，可展開日期明細。

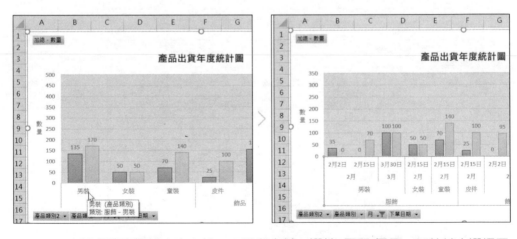

(於水平座標軸文字上按一下滑鼠右鍵，選按 **展開/摺疊**，可於其中選擇要展開或摺疊相關項目，這樣即可更有效呈現樞紐分析圖中的資料內容。)

請依如下提示完成 "進貨單" 試算作品。

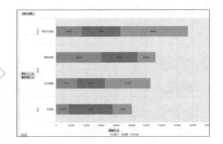

	3C用品館 第一季進貨單				
產品編號	產品名稱	屬性	進貨地	單價	數量
F343	電源供應器	零組件	加拿大	3,400	10
F343	電源供應器	零組件	新加坡	700	20
F343	電源供應器	零組件	美國	3,400	15
F343	電源供應器	零組件	新加坡	3,400	22
F342	炫光鍵盤	週邊	加拿大	1,849	15
F342	炫光鍵盤	週邊	美國	1,849	20
F342	炫光鍵盤	週邊	新加坡	1,849	33
F345	手機架	用品	美國	850	68
F345	手機架	用品	加拿大	850	20
F341	電競滑鼠	週邊	新加坡	1,200	20
F341	電競滑鼠	週邊	加拿大	1,200	50
F341	電競滑鼠	週邊	美國	1,200	40
F345	手機架	用品	新加坡	850	30

工作表1　進貨單

	A	B	C	D	E
	列標籤 ▼	加拿大	美國	新加坡	總計
⊟用品		17000	57800	25500	100300
	手機架	17000	57800	25500	100300
⊟週邊		87735	84980	85017	257732
	炫光鍵盤	27735	36980	61017	125732
	電競滑鼠	60000	48000	24000	132000
⊟零組件		34000	51000	88800	173800
	電源供應器	34000	51000	88800	173800
總計		138735	193780	199317	531832

1.　開啟延伸練習原始檔 <進貨單.xlsx>。

2.　建立樞紐分析表：選取 A2:H15 儲存格，於 **插入** 索引標籤選按 **樞紐分析表**，於 **建立樞紐分析表** 對話方塊核選 **新工作表** 後按 **確定** 鈕。

3.　指定樞紐分析表的欄、列、值：從 **樞紐分析表欄位** 窗格中分別將 "進貨地" 拖曳至 **欄** 區域、將 "屬性" 與 "產品名稱" 拖曳至 **列**、"金額" 拖曳至 **值**。

4. 套用現成樣式來美化樞紐分析表：選取樞紐分析表的任一儲存格後，於 **設計** 索引標籤選按 **樞紐分析表-其他 \ 淺藍, 樞紐分析表樣式淺色 20**。

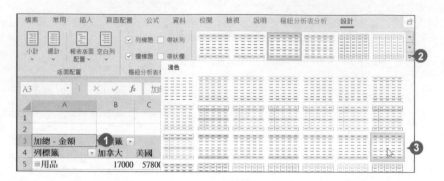

5. 暫時隱藏各地區的資料：選取 A5 儲存格，於 **樞紐分析表分析** 索引標籤選按 **摺疊欄位**。

6. 將樞紐分析表中的資料轉化成樞紐分析圖：先於 **樞紐分析表分析** 索引標籤選按 **樞紐分析圖**，於 **插入圖表** 對話方塊再選按 **橫條圖 \ 堆疊橫條圖** 後，按 **確定** 鈕。

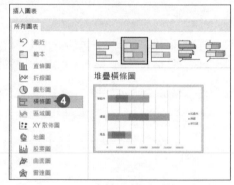

7. 將製作好的圖表移至新工作表：選取圖表，於 **設計** 索引標籤選按 **移動圖表** 開啟對話方塊，再核選 **新工作表**，按 **確定** 鈕。

8. 為圖表上所有的資料數列加註標示其相關數值：於 **設計** 索引標籤選按 **快速版面配置 \ 版面配置4**。

9. 為圖表套用合適的樣式：於 **設計** 索引標籤選按 **圖表樣式-其他**，清單中再選按 **樣式 7**。

10. 儲存：最後記得儲存檔案，完成此作品。

10

P

食品衛生宣傳簡報
PowerPoint 文字整合與視覺設計

佈景主題・新增投影片

佈景主題色彩・文字編修

移除背景・加強圖片的亮度

3D 模型・繪製圖案

學習重點

"食品衛生宣傳簡報" 運用佈景主題輕鬆設定整個文件的格式，藉由輸入文字、插入圖片與線上圖片、圖案設計…等功能，讓作品擁有專業的外觀。

▶ 建立第一份簡報　　　　　　　▶ 文字新增與編修

▶ 用佈景主題快速設計出簡報風格　▶ 圖片插入與編修

▶ 變更簡報中的投影片大小　　　　▶ 3D 模型插入與編修

▶ 套用佈景主題的組合色彩與字型　▶ 圖案格式的設定

原始檔：<本書範例 \ ch10 \ 原始檔 \ 食品衛生相關文字.txt>
完成檔：<本書範例 \ ch10 \ 完成檔 \ 食品衛生宣傳簡報.pptx>

10.1 建立第一份簡報

PowerPoint 可以於最短的時間內完成一份圖文並茂、生動活潑的簡報，讓您的專題報告不再是一成不變的文字內容。

開啟空白簡報

開啟 PowerPoint 程式後選按 **空白簡報**，即可產生一個空白簡報頁面開始編輯。

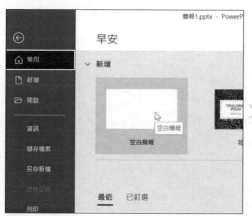

如果想要再另外建立一個新的檔案時，可以於 **檔案** 索引標籤選按 **新增**，然後選按 **空白簡報**。

認識 PowerPoint 操作界面

透過下圖標示，熟悉 PowerPoint 各項功能的所在位置，讓您在接下來的操作過程中，可以更加得心應手。

用 "佈景主題" 新增簡報

佈景主題已內建格式設定選項,包括主題色彩、字型,以及效果 (線條與填滿效果)...等。套用 **佈景主題** 可以輕鬆快速地設定整個簡報的格式,讓作品擁有專業及具設計感的外觀。

STEP 01 開啟 PowerPoint 程式後,可在 **新增** 畫面中選擇合適的主題範本。

STEP 02 在此佈景主題範本中選擇合適的樣式,按 **建立** 鈕。

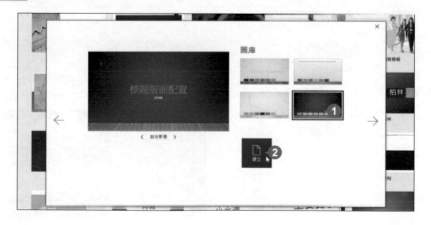

用 "類別" 新增簡報

另外，還可依照簡報 **類別** 挑選出最符合主題的範本套用。

STEP01 在 **建議的搜尋** 中選按合適的關鍵字。

STEP02 從搜尋結果中再選按最合適的範本。如果範本畫面出現 **下載大小：** 文字時，表示此範本需透過網路載回本機後才能使用，按 **建立** 鈕即開始下載並開啟。

用 "搜尋" 新增簡報

如果預設的關鍵字都沒有想要的內容時，可以於 **搜尋** 欄位中直接輸入合適的關鍵字，按 Enter 鍵即列出相關的範本。

10.2 用佈景主題快速設計出簡報風格

佈景主題功能可一次調整文件中的色彩、字型和效果配置，
快速建立風格一致、外觀專業的簡報。

套用內建的佈景主題

以前面開啟的空白簡報來著手設計，於 **設計** 索引標籤選按 **佈景主題-其他**，清單中
選按合適的佈景主題樣式，將此樣式套用至所有投影片。(此範例套用 **徽章** 樣式)

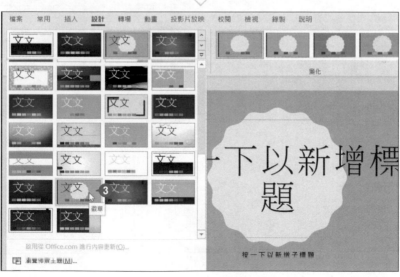

新增不同版面配置的投影片

新增投影片的同時請注意套用的版面配置樣式，合適的版面配置會讓簡報製作更加得心順手。所謂 **版面配置** 是定義新投影片上內容擺放的位置，版面配置含有版面配置區，這些配置區會依序保留文字、圖形、表格、圖表、圖片...等物件的位置；而不同範本中可套用的版面配置樣式也不盡相同。

STEP 01 於 **常用** 索引標籤選按 **新投影片** 清單鈕 \ **標題及內容**，會新增一張 **標題及內容** 版面配置樣式的投影片，依相同方式再新增一張。

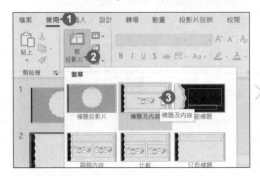 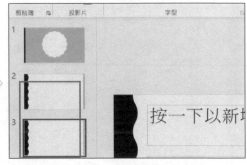

STEP 02 依相同方式，再新增一張 **含輔助字幕的內容** 版面配置樣式的投影片。

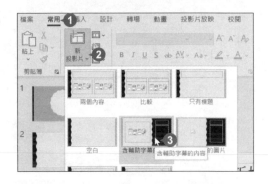

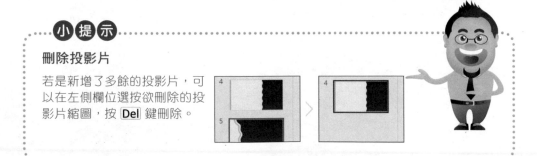

小提示

刪除投影片

若是新增了多餘的投影片，可以在左側欄位選按欲刪除的投影片縮圖，按 Del 鍵刪除。

10.3 變更簡報中的投影片大小

市面上常見的電腦螢幕大都為寬螢幕比例,所以 PowerPoint 也貼心提供了寬螢幕 (16:9) 及標準 (4:3) 二種簡報尺寸。

STEP **01** PowerPoint 的空白簡報預設為 16:9 比例,此範例要將簡報變更為 4:3 的標準比例,所以於 **設計** 索引標籤選按 **投影片大小 \ 標準 (4:3)**。

STEP **02** 於對話方塊中選擇調整的方式,因為目前簡報中還未加入內容,所以選任一個均可,在此按 **最大化** 鈕。

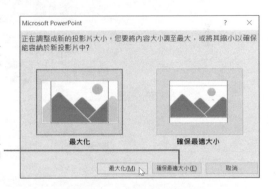

選按 **確保最適大小** 鈕,會縮小投影片內容,但能確保看到投影片上的所有內容。

STEP **03** 投影片會由原本的寬螢幕 16:9 比例,調整為 4:3 的比例,整個版面配置也會因為尺寸改變而有些微調整。

10.4 變更佈景主題的組合色彩與字型

每一份佈景主題都擁有一組特定色彩、文字及效果設定，若是佈景主題預設的配色不適合這份簡報主題時，就可直接套用其他搭配好的顏色組合，改變整個設計風格與外觀。

套用色彩組合

每一組色彩配置會以八個色槽組成，分別代表了一深一淺的背景色彩和六個佈景主題的強調色彩。

STEP 01 於 **設計** 索引標籤選按 **變化-其他 \ 色彩**，清單中選按合適的佈景主題色彩套用 (此範例套用 **藍綠色**)。

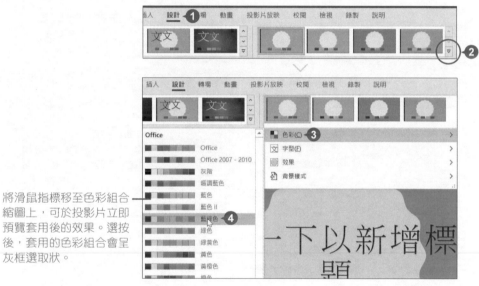

將滑鼠指標移至色彩組合縮圖上，可於投影片立即預覽套用後的效果。選按後，套用的色彩組合會呈灰框選取狀。

STEP 02 整份簡報即快速變更所設定的色彩樣式。

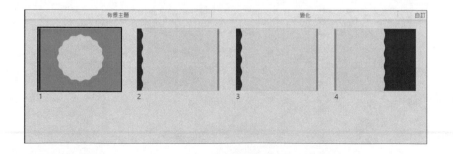

套用佈景主題字型

套用佈景主題中設計好的字型樣式，就可快速改變簡報的整體風格。

STEP 01 於 **設計** 索引標籤選按 **變化-其他 \ 字型**，清單中選按合適的字型樣式，若是清單中沒有找到合適的字型樣式可以選按 **自訂字型**。

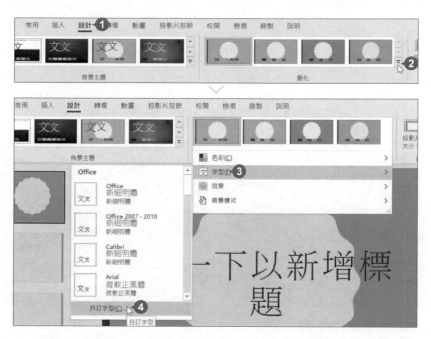

STEP 02 於 **建立新的佈景主題字型** 對話方塊自訂合適的英文與中文的 **標題字型** 與 **本文字型** 後，輸入 **名稱**：「食品衛生簡報字型集」，再按 **儲存** 鈕，所有投影片都會同時完成字型的變更。

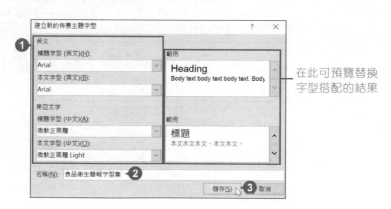

在此可預覽替換
字型搭配的結果

10.5 文字新增與編修

製作簡報作品時,除了可以輸入新增文字,也可直接貼上其他檔案中的文字,再加以適度編修美化簡報的呈現。

貼入純文字

STEP 01 於左側窗格選按第一張投影片縮圖,在標題文字配置區按一下滑鼠左鍵,於 **常用** 索引標籤設定 **粗體**,輸入標題文字:「食品衛生該注意什麼?」,再將輸入線移至 "生" 字右側,按 **Enter** 鍵換行。

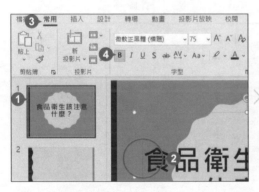

STEP 02 開啟範例原始檔 <食品衛生相關文字.txt>,選取要貼入的文字,按 **Ctrl** + **C** 鍵複製選取的文字,回到 PowerPoint 在第一張投影片的副標題文字配置區中按一下滑鼠左鍵,按 **Ctrl** + **V** 鍵將文字貼入該文字配置區內。

STEP 03 依相同方式，如下圖分別複製 <食品衛生相關文字.txt> 相關文字至第二張到第四張投影片的文字配置區中貼上。

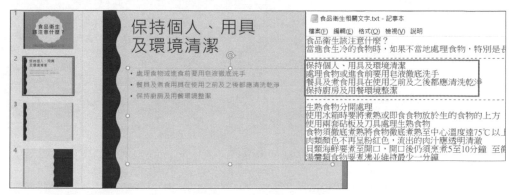

▲ 第二張投影片，於合適的位置幫標題文字換行。

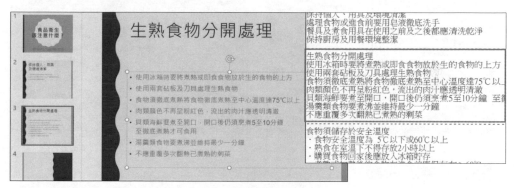

▲ 第三張投影片

▲ 第四張投影片：設定標題文字 **字型大小：24**，
副標題文字 **字型大小：18**。

調整文字配置區的大小

STEP 01 切換至第一張投影片，先將滑鼠指標移至副標文字上按一下滑鼠左鍵，會出現其文字配置區及八個控點。將滑鼠指標移至其右側控點上呈 ↔ 狀，按滑鼠左鍵不放往右拖曳。

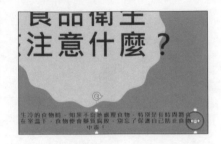

STEP 02 再依相同方式拖曳左側控點，讓文字可在二行內顯示，最後將滑鼠指標移至文字配置框上呈 ⊹ 狀，向左或向右拖曳直到出現中央對齊線，放開滑鼠左鍵即會對齊版面正中央。

設定文字對齊位置

有時套用內建範本與佈景主題，每個版面配置都不盡相同，當文字的對齊方式不符合自己簡報需求擺放時，可以利用 **對齊文字** 功能調整。

STEP 01 切換至第三張投影片，選取標題文字，於 **常用** 索引標籤選按 **對齊文字：下**。

STEP 02 切換至第四張投影片，選取標題文字，於 **常用** 索引標籤選按 **對齊文字：中**。

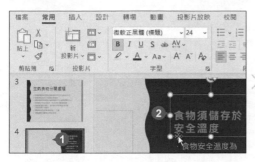 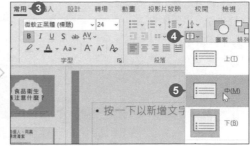

新增編號

透過自動編號，可以讓大量文字說明的內容看起來簡潔有力，常常運用在需要強調順序的簡報內容。

STEP 01 切換至第二張投影片，選取要加上編號的文字段落，於 **常用** 索引標籤選按 **編號** 清單鈕 \ **1.2.3.**。

STEP 02 切換至第三張投影片，依相同方式，先選取要加上編號的文字段落，於 **常用** 索引標籤選按 **編號** 清單鈕 \ **1.2.3.**。

 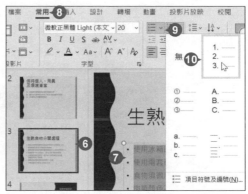

小 提 示

取消編號的設定

選取要取消編號的文字段落，於 **常用** 索引標籤選按 **編號**，即可取消設定。

10.6 圖片插入與編修

簡報中插入圖片能讓內容更有畫面,如果手邊沒有合適的圖片,那就先試試從 PowerPoint 支援的線上來源找尋合適圖片。

利用功能區插入線上圖片檔

STEP 01 切換至第二張投影片,於 **插入** 索引標籤選按 **圖片 \ 線上圖片**。

STEP 02 於 **線上圖片** 視窗欄位輸入「餐具」,按 **Enter** 鍵,會搜尋到 Creative Commons 所授權的圖片,選擇合適的圖片後,按 **插入** 鈕。

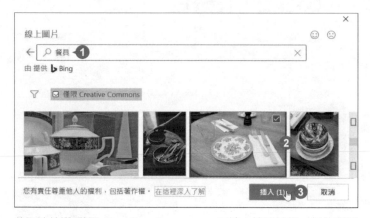

若取消核選 **僅限 Creative Commons** 可擴大搜尋結果,但使用圖片時請遵守智慧財產的規範,確保合法授權。

圖片版權 Creative Commons 聲明

Creative Commons 稱做 "創用 CC",其目的是使著作物能更廣為流通與改作,讓其他人可以拿來創作及使用,主要授權項目為:姓名標示 (BY)、非商業性 (NC)、禁止改作 (ND)、相同方式分享 (SA)。

STEP **03** 選取圖片，將滑鼠指標移至圖片角落的白色控點上，呈 ↖↘ 狀，按滑鼠左鍵不放，拖曳該控點正比例縮放圖片至如圖大小。接著將滑鼠指標移至圖片上方，呈 ✥ 狀，拖曳圖片至合適的位置。(部分圖片插入時下方會有版權宣告文字)

利用圖片配置區插入線上圖片檔

範本中部分版面配置已預先設計好圖片擺放的區域，讓加入圖片的動作更輕鬆。

STEP **01** 切換至第四張投影片，於版面配置區中選按 🖼 **影像庫**，上面一列會提供隨機的關鍵字分類供選按，在此於 **影像庫** 視窗搜尋欄位輸入「蔬菜」關鍵字，按 Enter 鍵，選擇合適的圖片後，按 **插入** 鈕。

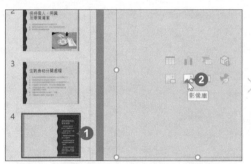

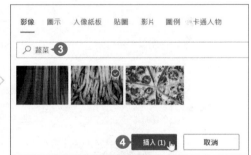

STEP **02** 依相同方式將圖片縮放並移至合適的位置。(縮放圖片時若版權宣告文字與圖片重疊，請視情況調整該文字物件的大小與位置。)

插入本機圖片檔

如果自己有拍攝或下載的圖片素材時，也可以運用插入本機圖片的方式，讓簡報有更豐富的呈現。

STEP **01** 切換至第三張投影片，於 **插入** 索引標籤選按 **圖片 \ 此裝置**。

STEP **02** 於 **插入圖片** 對話方塊選擇範例原始檔 <10-01.jpg>，按 **插入** 鈕，選取圖片後將滑鼠指標移至圖片角落的白色控點上呈 ↖ 狀，按滑鼠左鍵不放，拖曳該控點正比例縮放圖片至合適大小，接著拖曳圖片至投影片右下角如圖位置擺放。

STEP **03** 依相同方式，於同一張投影片中插入範例原始檔 <10-02.jpg>，縮放至合適大小並拖曳至右上角位置擺放。

裁剪圖片

建議可先選按狀態列右側 ⊞ **放大** 鈕，放大投影片的檢視比例至合適大小，讓畫面的工作區域變大以方便裁剪。

STEP 01 選取要裁剪的圖片，於 **圖片格式** 索引標籤選按 **裁剪** 清單鈕 \ **裁剪**。

STEP 02 圖片上出現 **裁剪控點** 後，就可依 **裁剪控點** 決定要裁剪的大小。將滑鼠指標移至左側中間的 **裁剪控點** 上，呈 ⊞ 狀，往右側拖曳剪裁一些，至圖片中餅乾左側邊緣後放開滑鼠左鍵。

STEP 03 接著將滑鼠指標移至右側中間的 **裁剪控點** 上，呈 ⊞ 狀，往左側拖曳剪裁一些，至圖片中餅乾右側邊緣後放開滑鼠左鍵。

STEP 04 依相同方式，完成上、下的裁剪範圍後，於 **圖片格式** 索引標籤選按 **裁剪** 完成裁剪。

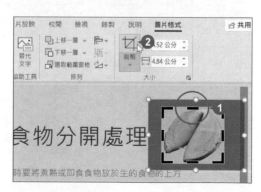

移除背景

STEP 01 同樣於第三張投影片，選取餅乾，於 **圖片格式** 索引標籤選按 **移除背景**。

STEP 02 雖然 **移除背景** 功能已自動偵測去除了大部分的背景，可是會發現有些小細節像是餅乾邊緣小地方沒有處理的很好，於 **背景移除** 索引標籤選按 **標示要保留的區域** 完成更細膩的背景移除。

▲ 紫色區域表示為不保留的區域

STEP 03 當滑鼠指標呈 ✎ 狀，在圖片想保留的區域按滑鼠左鍵不放拖曳，會出現綠色線條抹除紫色的區域。

STEP 04 如果在抹除的過程產生多餘的區域，於 **背景移除** 索引標籤選按 **標示要移除的區域**，在想移除不保留的區域上拖曳標示。

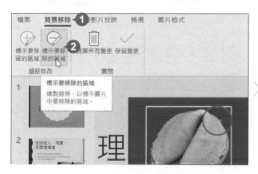

STEP 05 圖片保留與不要保留的範圍標示完成後，於 **背景移除** 索引標籤選按 **保留變更** 即完成背景移除的動作。

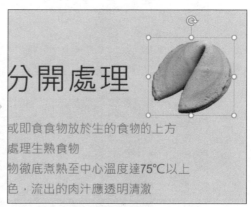

旋轉圖片角度

圖片的角度調整包括了：水平與垂直翻轉、向右與向左 90 度旋轉以及手動調整各式角度，讓圖片的呈現更多變化。

STEP 01 繼續在第三張投影片選取餅乾圖片，於 **圖片格式** 索引標籤選按 **旋轉 \ 水平翻轉**。

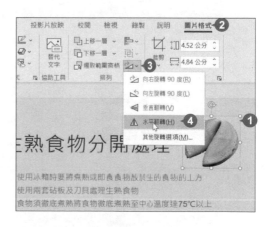

STEP 02 調整圖片至合適的大小，再將滑鼠指標移至上方 ⟳ 控點上，按住 ⟳ 控點往左、往右拖曳即可調整圖片角度。

加強圖片亮度

插入的圖片若覺得太暗，可以利用 **校正** 功能加強圖片的亮度。切換至第二張投影片，選取要調整的圖片，於 **圖片格式** 索引標籤選按 **校正**，清單中挑選合適的亮度對比套用。

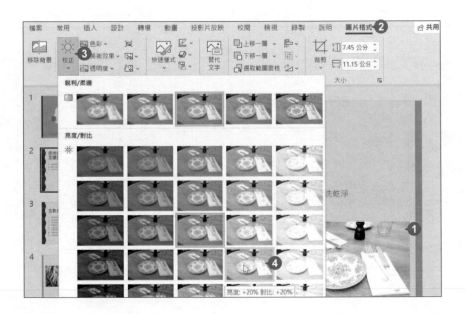

圖片外框樣式

除了為圖片去背、調整角度大小外，還可以設計圖片的外框樣式。

STEP 01 切換至第二張投影片選取圖片，於 **圖片格式** 索引標籤選按 **圖片樣式-其他**。

STEP02 清單中有多種圖片樣式可以選擇套用，讓圖片快速套用上邊框、陰影、光暈、角度...等設計。(此範例套用 **斜角霧面, 白色** 效果)

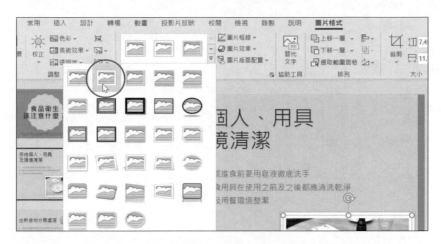

STEP03 切換至第四張投影片，依相同方式，選取圖片後，於 **圖片格式** 索引標籤選按 **圖片樣式-其他**，清單中選按合適的樣式套用。

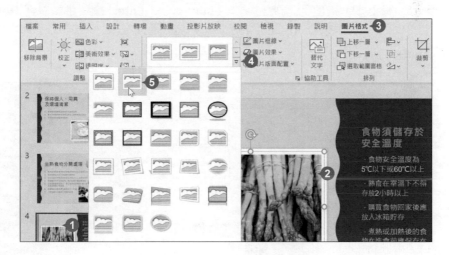

10.7 3D 模型插入與編修

PowerPoint 2019 之後的版本都支援 **3D 模型** 功能,可讓您輕鬆在簡報中插入 3D 物件,豐富展示效果。

插入線上 3D 模型庫

STEP 01 切換至第四張投影片,於 **插入** 索引標籤選按 **3D 模型** 清單鈕 \ **3D 模型**。

STEP 02 於 **線上 3D 模型** 視窗欄位輸入「sun」,按 **Enter** 鍵,會搜尋到 **Remix 3D** 所授權的圖片,選擇合適的圖片後,按 **插入** 鈕。

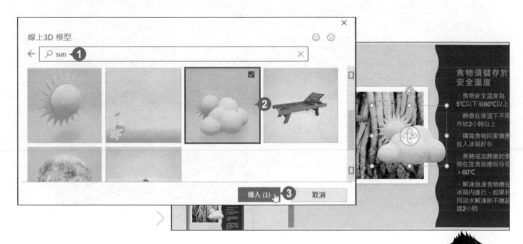

小提示

3D 模型支援的格式

除了使用 **線上 3D 模型** 外,也可以插入自己製作的 3D 模型物件,只要將製作好的檔案存成 .fbx、.obj、.3mf、.ply、.stl、.glb 格式,選按 **3D 模型** 清單鈕 \ **從檔案**,選取檔案後,選按 **插入** 鈕即可。

調整 3D 模型視角

STEP**01** 選取 3D 模型，將滑鼠指標移至角落的白色控點上，呈 ↖ 狀，按滑鼠左鍵不放，拖曳該控點正比例縮放至如圖大小。接著將滑鼠指標移至圖片上方，呈 ✥ 狀，拖曳 3D 模型至合適的位置。

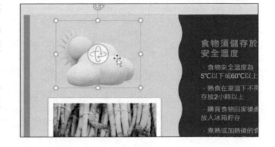

STEP**02** 繼續仕選取 3D 模型狀態下，將滑鼠指標移至 ⊕ 上，按滑鼠左鍵不放拖曳，即可改變 3D 模型的視角，至合適的角度後放開。

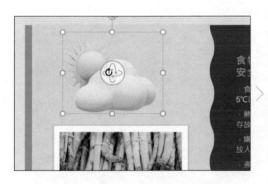 

STEP**03** 若覺得手動旋轉視角不好控制，也可以於 **3D 模型** 索引標籤選按 **3D 模型檢視-其他**，清單中選按合適的預設 3D 視角。

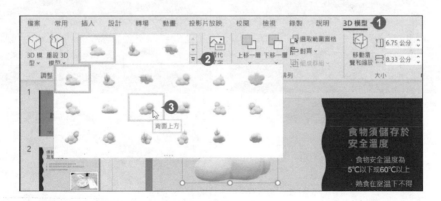

裁切 3D 模型

如果想裁切 3D 模型，可利用以下方式操作：

1. 先將滑鼠指標移至 3D 模型的左、右白色控點上呈 ↔ 狀，拖曳控點至如下圖合適的範圍，加大 3D 模型的物件框。

2. 在 3D 模型選取狀態下，於 **3D 模型** 索引標籤選按 **移動瀏覽和縮放**。

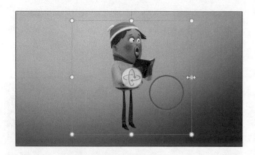

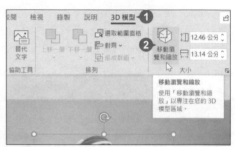

3. 接著將滑鼠指標移至 3D 模型右側的 🔍 呈 ↕ 狀，向上拖曳可放大 3D 模型；再將滑鼠指標移至 3D 模型上呈 ✥ 狀，拖曳即可移動 3D 模型。

4. 完成後即可看到超出物件框的部分是不顯示，最後於簡報空白處按一下滑鼠左鍵完成裁切。

   如果對 3D 模型的視角不太滿意，還可以利用拖曳 ⊕ 變更，以達到最合適的呈現方式。

10.8 圖案格式的設定

除了插入圖片，也可繪製各式圖案，利用一點點巧思，讓簡報擁有畫龍點睛的效果。

繪製圖案

切換至第四張投影片，於 **插入** 索引標籤選按 **圖案**，清單中有許多圖案可以選擇，在此選按 **箭號圖案＼箭號：向下**，將滑鼠指標移至投影片上呈 ＋ 狀，按 Shift 鍵不放，按滑鼠左鍵不放由 Ⓐ 處拖曳至 Ⓑ 處，繪製出一個箭號圖案。

 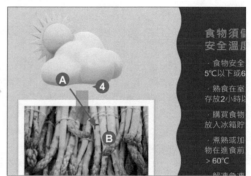

調整圖案色彩與外觀

STEP 01 選取圖案後，於 **圖形格式** 索引標籤選按 **圖案填滿＼其他填滿色彩** 開啟對話方塊，設定 **透明：50%**，按 **確定** 鈕，即可讓箭號圖案呈半透明狀。

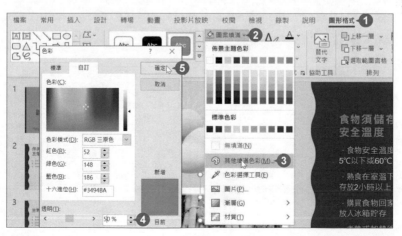

STEP 02 如圖，將滑鼠指標移至圖案物件的橘色圓形控點上，呈 ▷ 狀，按滑鼠左鍵不放往上或往下拖曳一些，然後放開滑鼠左鍵，可以改變箭號的寬扁。

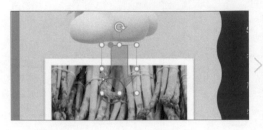

套用圖案樣式

STEP 01 於 **插入** 索引標籤選按 **圖案**，於清單中選按 **基本圖案 \ 禁止標誌**，將滑鼠指標移至投影片上呈 + 狀，按 Shift 鍵不放，按滑鼠左鍵不放由 Ⓐ 處拖曳至 Ⓑ 處，繪製出一個禁止標誌圖案。

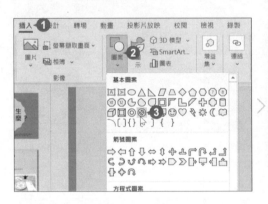

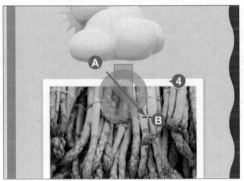

STEP 02 於 **圖形格式** 索引標籤選按 **圖案樣式-其他**，清單中有多種圖案樣式可以選擇套用 (此範例套用 **鮮明效果 - 藍綠色, 輔色4** 效果)，最後再選按 **圖案填滿** 清單鈕 \ **紅色** 變更圖案的色彩。

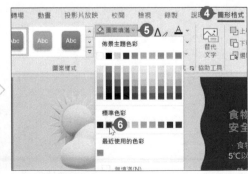

請依如下提示完成 "民俗節慶與活動" 簡報作品。

1. 套用佈景主題與變更色彩：開啟延伸練習原始檔 <民俗節慶與活動.pptx>，於 **設計** 索引標籤選按 **佈景主題-其他**，清單中選按 **離子**，再於 **變化** 清單中選按 **紅色** 佈景主題色彩。

2. 變更投影片大小：於 **設計** 索引標籤選按 **投影片大小 \ 標準 (4:3)**，將簡報變更為 4:3 的比例。

3. 定義佈景主題字型：於 **設計** 索引標籤選按 **變化-其他 \ 字型**，清單中選按 **Arial** 佈景主題字型。

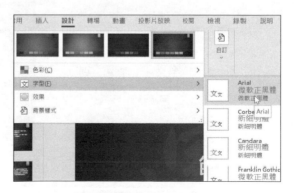

4. 插入圖片：切換至第一張投影片，搜尋「民俗」插入一張 **線上圖片**，再依相同方式分別搜尋「燈籠」、「龍舟」、「月餅」，在投影片中各插入一張圖片。

5. 圖片編修：分別切換第一張至第三張投影片，選取圖片後正比例縮放至合適大小，再將圖片裁切出想要顯示的範圍，最後套用 **圖片樣式 - 透視圖陰影, 白色** 效果，並參考下圖擺放。

6. 移除背景：切換至第四張投影片，選取圖片後正比例縮放至合適大小，利用 **移除背景** 將圖片去背，最後拖曳圖片至文字右側置擺放。

7. 插入 3D 模型：利用線上資源的 3D 模型，搜尋「heart」的 3D 模型並擺放至月餅圖片的上方。

8. 儲存：最後記得儲存檔案，完成此作品。

11

P

運動推廣簡報
PowerPoint 表格圖表設計

SmatArt 圖形設計・變更色彩

表格欄寬與列高・項目符號

統計圖表・圖表設計

"運動推廣簡報" 主要學習如何運用 SmartArt 圖形突顯簡報內容的重點，利用表格來整合資料，圖表的數據以圖像化顯示，為簡報增添多樣化的視覺效果。

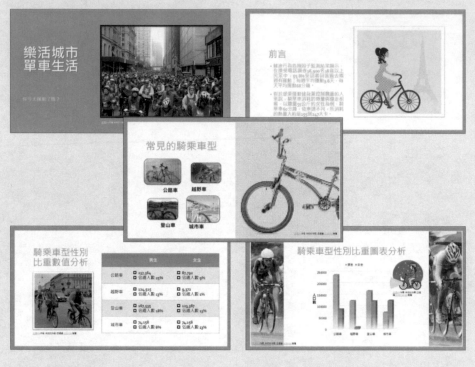

- ▶ 插入 SmartArt 圖形
- ▶ 輸入 SmartArt 圖形內容文字
- ▶ 美化圖形與調整文字
- ▶ 調整 SmartArt 圖形大小與位置
- ▶ 調整表格欄寬、列高與大小
- ▶ 美化表格外觀

- ▶ 加入項目符號
- ▶ 編修圖表資料
- ▶ 新增座標軸標題
- ▶ 美化圖表
- ▶ 格式化圖例
- ▶ 調整圖表文字格式

原始檔：<本書範例 \ ch11 \ 原始檔 \ 運動推廣簡報.pptx>

完成檔：<本書範例 \ ch11 \ 完成檔 \ 運動推廣簡報.pptx>

11.1

SmartArt 圖形的運用

SmartArt 這個工具可以將簡單的文字清單設計成圖案和彩色的圖形，不但能以圖像突顯流程、概念、階層和關聯，每個類型都包含數種不同版面配置，讓作品更添豐富性及專業度。

插入 SmartArt 圖形

開啟範例原始檔 <運動推廣簡報.pptx>，看看插入 SmartArt 圖形的方法：

STEP 01 切換至第三張投影片，選按投影片中間 **插入 SmartArt 圖形** 鈕。

STEP 02 於 **選擇 SmartArt 圖形** 對話方塊選按 **清單 \ 圖片標號清單**，按 **確定** 鈕。

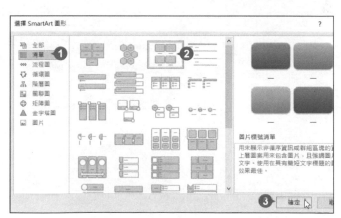

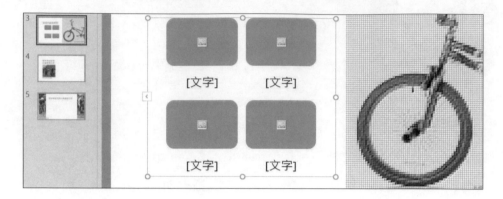

輸入 SmartArt 圖形內容文字

插入 SmartArt 圖形之後，接著要為 **圖片標號清單** 輸入相關的文字。

STEP **01** 在整個 SmartArt 圖形選取狀態下，於邊框左側按一下 ⊡ 鈕，開啟 SmartArt 圖形的文字窗格。

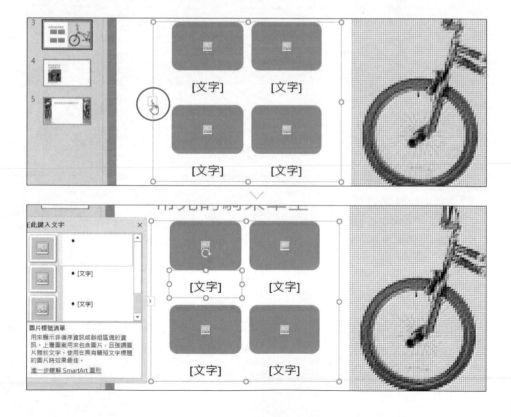

STEP **02** 開啟範例原始檔 <運動推廣簡
報相關文字.txt> 選取要複製
的 "公路車" 文字，按 Ctrl +
C 鍵。

STEP **03** 回到 PowerPoint 的第三張投影片，於文字窗格第一層按一下滑鼠左鍵，
按 Ctrl + V 鍵將剛才複製的文字貼上。

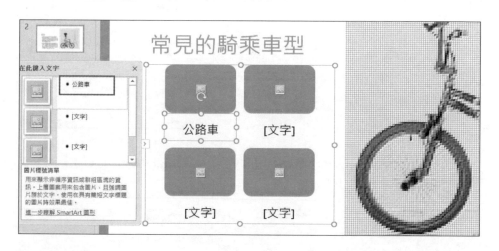

STEP **04** 依相同方式，將 <運動推廣簡報相關文字.txt> 所屬文字一一貼入文字窗格
(完成後在 SmartArt 圖形邊框左側按一下 ⬚ 鈕可收起文字窗格)。

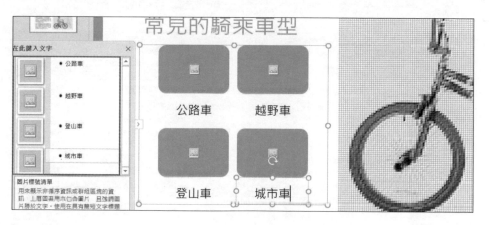

美化圖形與調整文字

經過色彩、樣式...等編修,讓 SmartArt 圖形更有設計感。

STEP 01 在整個 SmartArt 圖形選取狀態下,於 **SmartArt 設計** 索引標籤選按 **變更色彩**,清單中選按合適的色彩樣式套用 (此範例套用 **彩色 - 輔色**)。

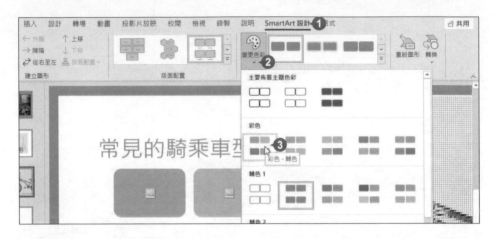

STEP 02 一樣在整個 SmartArt 圖形選取狀態下,於 **SmartArt 設計** 索引標籤選按 **SmartArt 樣式-其他**。

STEP 03 清單中選按合適的視覺樣式套用 (此範例套用 **立體 \ 卡通**)。

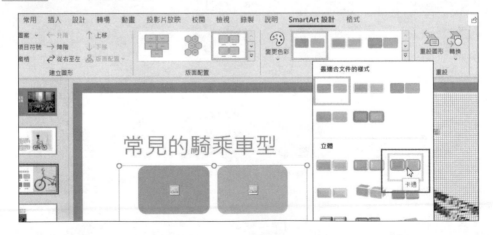

STEP **04** 再來設定文字樣式,按 **Shift** 鍵不放,選取四個文字配置區,於 **常用** 索
引標籤設定 **字體**、**字型大小:22**、**粗體**。

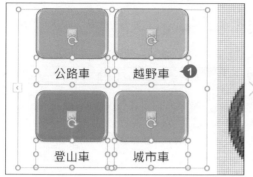

調整 SmartArt 圖形大小與位置

STEP **01** 在整個 SmartArt 圖形選取狀態下,於 **格式** 索引標籤設定 **圖案高度**:「11
公分」、**圖案寬度**:「13.5 公分」。

STEP **02** 將滑鼠指標移至其範圍框上,
呈 ⬚ 狀,按滑鼠左鍵不放拖曳
調整 SmartArt 圖形的位置。

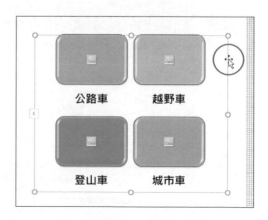

調整圖案大小與位置

調整 SmartArt 圖案不同大小，利用這樣的落差可以讓它看起來不會那麼單調。

STEP 01 首先選取左上角矩形圖案，於 **格式** 索引標籤連按二下 **放大**，加大圖案的尺寸。

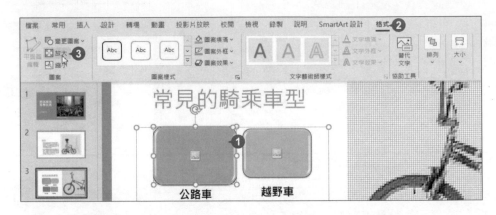

STEP 02 選取右下角矩形圖案，於 **格式** 索引標籤設定 **圖案高度**：「4 公分」、**圖案寬度**：「5 公分」。

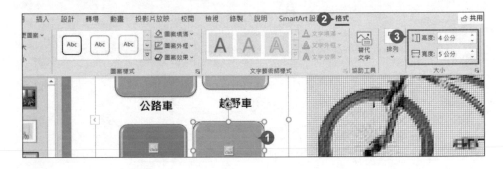

STEP 03 選取右上角矩形圖案，於 **格式** 索引標籤設定 **圖案高度**：「3 公分」、**圖案寬度**：「4.5 公分」。

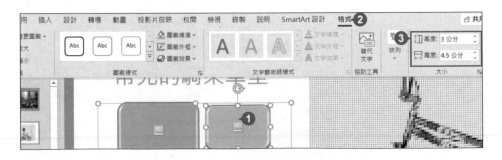

STEP**04** 將滑鼠指標移至任一個 SmartArt 圖案或文字配置區上呈 ⚐ 狀，按滑鼠左鍵不放拖曳可調整位置，依下圖所示，拖曳文字配置區至合適的位置擺放。

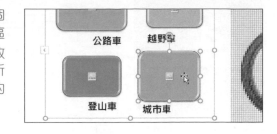

於圖案中插入圖片

SmartArt 圖案除了可以輸入一般文字外，部分圖案還可以插入圖片。

STEP**01** 選按圖案中央的 🖾 鈕開啟 **插入圖片** 對話方塊，選按 **線上圖片**。

STEP**02** 於欄位輸入「公路車」，按 Enter 鍵，會尋到 Creative Commons 所授權的圖片，選擇合適的圖片後，按 **插入** 鈕，再依相同方式完成「越野車」(或 "越野單車")、「登山車」、「城市車」的圖片搜尋與插入。

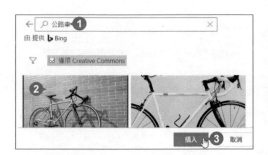

小提示

Office 影像庫

Office 2021 新增 **影像庫** 項目，內容包含數千種高品質的影像、圖示、貼圖、卡通人物...等內容，可搜尋並下載至文件檔、簡報或活頁簿內使用。(若要取得完整的影像庫內容則必需訂閱 Microsoft 365，否則部分的內容將被限制使用。)

11.2 表格製作與編修美化

PowerPoint 有多種加入表格的方法，除了可以 DIY 設計，還可以運用加入物件的方式完成一份擁有表格的簡報作品。

STEP 01 切換至第四張投影片，選按投影片中央的 **插入表格** 鈕，於 **插入表格** 對話方塊設定 **欄數**：「3」、**列數**：「5」，按 **確定** 鈕，完成插入表格。

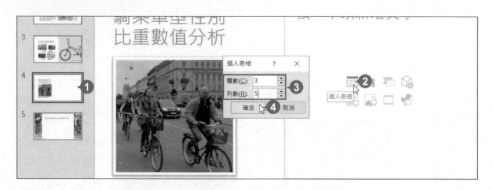

STEP 02 開啟範例原始檔 <運動推廣簡報相關文字.txt> 檔案，複製相關文字至表格中如圖的位置貼上，過程中可以利用 Enter 鍵分段。

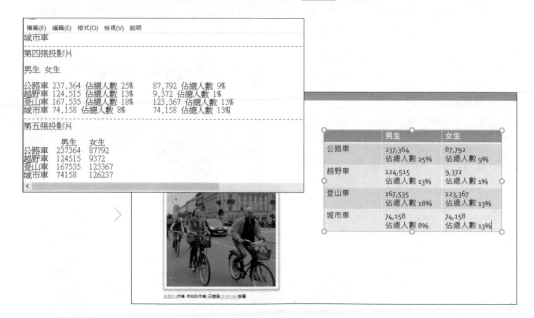

調整表格欄寬、列高與大小

STEP 01 將滑鼠指標移至表格第一列框線上，呈 ↕ 時，按滑鼠左鍵不放，往下拖曳調整第一列的列高。

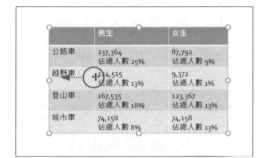

STEP 02 將滑鼠指標分別移至第一、二欄框線上，呈 ‖ 時，按滑鼠左鍵不放，往左拖曳調整第一、二欄的欄寬。

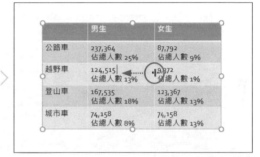

STEP 03 將滑鼠指標移至表格物件上呈 ✛ 時，按一下滑鼠左鍵選取整個表格，於**版面配置** 索引標籤設定 **高度**：「12.2 公分」、**寬度**：「18 公分」，調整表格的大小。

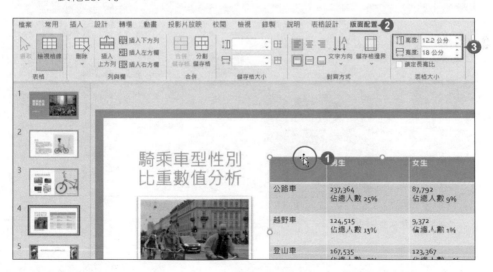

美化表格外觀

STEP **01** 　調整好表格欄寬與列高後，現在要為表格設計更出色的視覺效果。在表格選取狀態下，於 **表格設計** 索引標籤選按 **表格樣式-其他**。

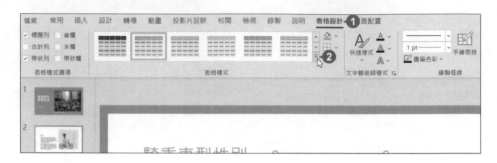

STEP **02** 　於清單中選按合適的表格樣式套用 (此範例套用 **中等深淺樣式 1 - 輔色 4**)。

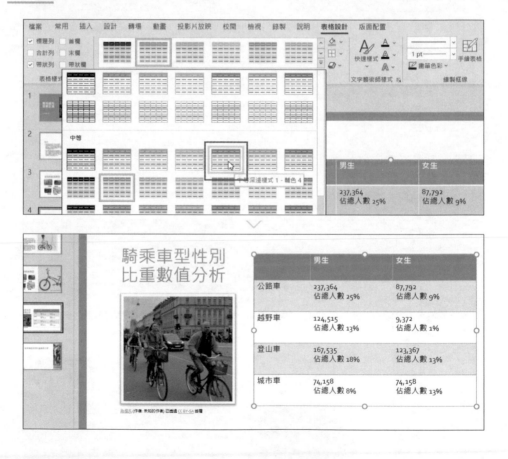

加入項目符號

STEP 01 選取表格「男生」、「女生」下方四種車型的文字內容。

STEP 02 於 **常用** 索引標籤選按 **項目符號** 清單鈕 \ **粗框空心方塊項目符號**。

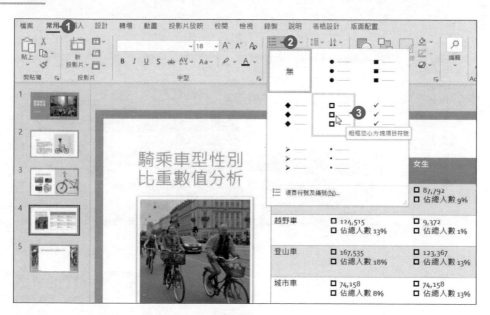

調整表格文字與位置

STEP 01 在表格選取狀態下,設定表格文字對齊方式,於 **版面配置** 索引標籤選按 **垂直置中**。

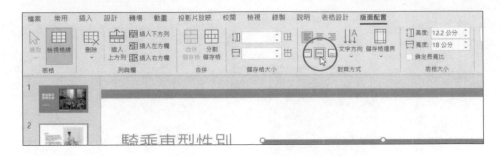

STEP 02 分別選取男生、女生及車種名稱,於 **版面配置** 索引標籤選按 **置中**。

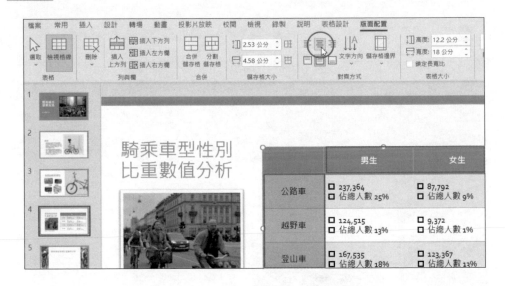

STEP 03 將滑鼠指標移至表格上,呈 ⌖ 時,按滑鼠左鍵不放拖曳,可調整表格至適當位置擺放。

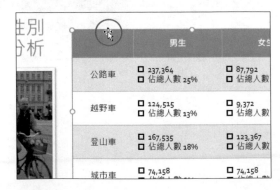

11.3 圖表製作與編修美化

PowerPoint 中可藉由 Excel 繪製統計圖表，一份好的統計圖表除了可展示收集的資料，更可讓數據得以圖像化。

插入圖表

STEP**01** 切換至第五張投影片，選按投影片中央的 **插入圖表** 鈕。

STEP**02** 於 **插入圖表** 對話方塊選按 **直條圖 \ 立體群組直條圖**，再按 **確定** 鈕。

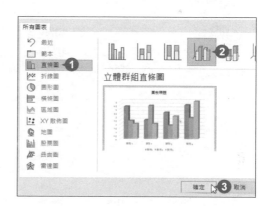

STEP**03** 此時 PowerPoint 會開啟 **Microsoft PowerPoint 的圖表** 視窗輔助圖表的製作，於資料工作表中會看到四筆預設的資料。

	A	B	C	D	E	F	G
1		數列 1	數列 2	數列 3			
2	類別 1	4.3	2.4	2			
3	類別 2	2.5	4.4	2			
4	類別 3	3.5	1.8	3			
5	類別 4	4.5	2.8	5			
6							
7							

如果您所輸入的圖表資料必須使用 Excel 編修，於圖表視窗工具列選按 **在 Microsoft Excel 中編輯資料** 鈕，即可開啟 Excel 軟體。

11-15

編修圖表資料

STEP **01** 於範例原始檔 <運動推廣簡報相關文字.txt> 檔案，複製相關文字至工作表中如圖的位置貼上，更改工作表中的資料。

拖曳右下角的 ■ 圖示，可調整圖表資料範圍大小。

STEP **02** 接著將滑鼠指標移至 D 欄位置呈 ↓ 時，按一下滑鼠左鍵選取整欄，再按一下滑鼠右鍵選按 **刪除**，刪除該筆欄位資料。

STEP **03** 按圖表視窗右上角 ✕ **關閉** 鈕回到投影片，在 PowerPoint 中產生如右圖的統計圖。

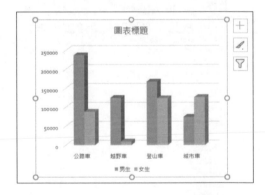

小提示

編修 Excel 圖表資料

當您關閉 Microsoft PowerPoint 輔助圖表後，要再次開啟時，可以選取圖表物件後，於 **圖表設計** 索引標籤選按 **編輯資料 \ 編輯資料**。

新增座標軸標題

座標軸的文字標示可讓圖表數據資料代表的內容一目瞭然。

STEP 01 在圖表選取狀態下，選按 **＋ 圖表項目** 鈕 \ **座標軸標題** 右側 ▶ 圖示，只核選 **主垂直**。

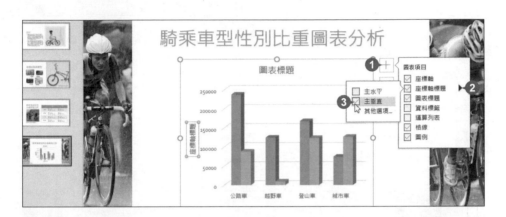

STEP 02 於垂直軸新增標題上方按一下滑鼠左鍵，刪除原本文字後，輸入「人口數」，再於 **常用** 索引標籤選按 **文字方向 \ 垂直**。

STEP 03 最後選按 ＋ **圖表項目** 鈕取消核選 **圖表標題**。

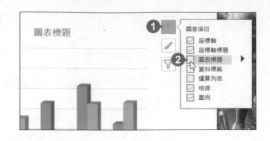

美化圖表

PowerPoint 為圖表內建了許多樣式 (可調整圖表的框線、背景、色彩...等)，快速改變圖表的整體外觀。

STEP 01 在圖表選取狀態下，選按 ✎ **圖表樣式** 鈕＼**樣式** 標籤，於清單中選擇合適的樣式套用 (此範例套用 **樣式 8**)。

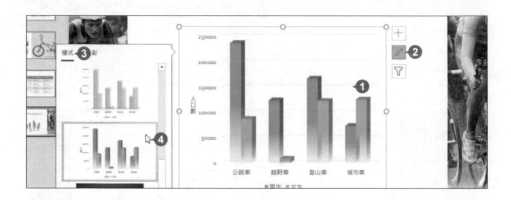

STEP 02 再選按 **色彩** 標籤，於清單中選擇合適的色彩套用 (此範例套用 **彩色＼色彩豐富的調色盤 3**)。

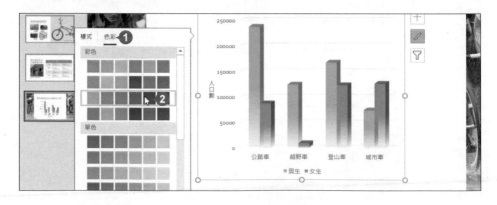

格式化圖例

預設的圖例擺放在圖表下方，現在要擺放至上方，讓圖表重心看起來比較平均。
在圖表選取狀態下，選按 **+ 圖表項目** 鈕 \ **圖例** 右側 ▶ 圖示 \ **上**。

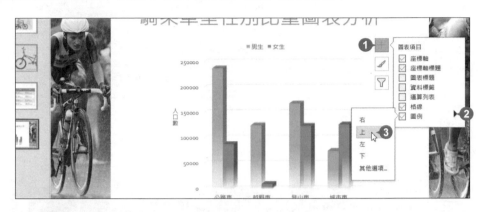

調整圖表文字格式

STEP **01** 　在圖表選取狀態下，於 **常用** 索引標籤設定合適的 **字型**、**字型色彩：黑
色**，調整圖表中的文字格式。

STEP **02** 　選取圖表中垂直軸文字方塊
後，於 **常用** 索引標籤設定合
適的 **字型**、**字型大小：16**、
粗體。

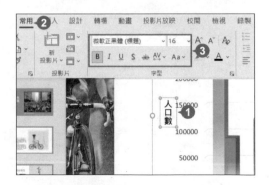

加入美工圖案

範例的最後，要為圖表加入美工圖案，讓此份簡報顯得更加完美！

STEP 01 繼續在第五張投影片中，於 **插入** 索引標籤選按 **圖片 \ 線上圖片** 開啟 **線上圖片** 視窗，於欄位輸入「單車」，按 **Enter** 鍵搜尋。

STEP 02 選按 🔽 \ **美工圖案**，搜尋出更精準的結果，選擇合適的美工圖案後，按 **插入** 鈕，最後將美工圖案縮放至合適大小並擺放至合適的位置。

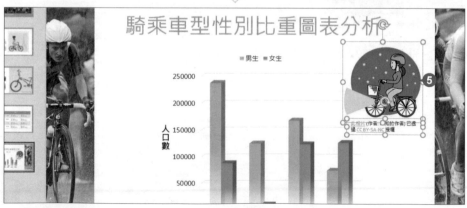

請依如下提示完成 "飲品介紹" 簡報作品。

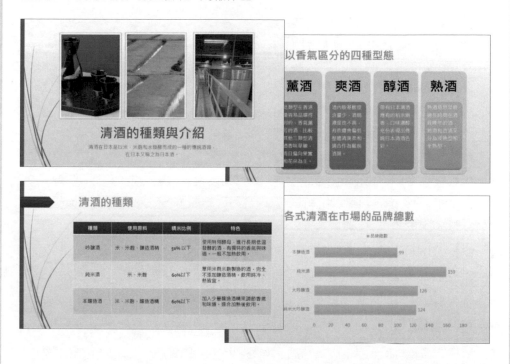

1. 插入 SmartArt 圖形：開啟延伸練習原始檔 <飲品介紹.pptx>，於第二張投影片，選按投影片中央 **插入 SmartArt 圖形** 鈕，插入 **清單 \ 群組清單**。

2. 輸入 SmartArt 圖形內容文字：開啟延伸練習原始檔 <飲品介紹相關文字.txt>，參考右圖複製並貼入相關文字，產生四組 SmartArt 群組清單，及刪除多餘的 SmartAart 圖案。

3. 調整 SmartArt 圖形的大小、文字與對齊方式：設定 SmartArt 圖形 **圖案高度：13.2 cm**、**圖案寬度：24.5 cm**，拖曳到合適位置。於 **常用** 索引標籤設定合適的 **字型、字型大小：18 pt**，再分別單獨選取標題文字設定 **字型大小：48 pt**、**粗體**。最後設定 "爽酒"、"醇酒"、"熟酒" 標題文字下方圖案 **靠左對齊**、**對齊文字：上**。

4. 美化 SmartArt 圖形：設定 **SmartArt 樣式**：鮮明效果、變更色彩：漸層範圍 - **輔色 3**。

5. 插入表格：於第三張投影片，選按投影片中央 **插入表格** 鈕，插入四欄四列表格，接著開啟延伸練習原始檔 <飲品介紹相關文字.txt>，參考右圖複製並貼入相關文字。

種類	使用原料	精米比例	特色
吟釀酒	米、米麴、釀造酒精	50%以下	使用特別酵母，進行長期低溫發酵的酒，有獨特的香氣與味道。一般不加熱飲用。
純米酒	米、米麴	60%以下	單用米與米麴製造的酒，完全不添加釀造酒精，飲用時冷、熱皆宜。
本釀造酒	米、米麴、釀造酒精	60%以下	加入少量釀造酒精來調節香氣和味道。適合加熱後飲用。

6. 編修表格文字：選取全部表格文字，於 **常用** 索引標籤設定合適的 **字型**、**字型大小**：**18 pt**，再選取所有標題文字設定 **粗體**，再分別選取表格標題文字與文字設定 **置中** 與 **對齊文字**：**中** 對齊方式。

7. 調整表格：利用滑鼠拖曳方式，調整表格欄寬，接著於 **版面配置** 索引標籤設定表格寬度與高度，再將整個表格拖曳至合適的位置擺放。

8. 插入圖表：於第四張投影片，選按投影片中央 **插入圖表** 鈕，插入一 **橫條圖 \ 群組橫條圖**。

9. 變更圖表資料：參考下圖為清酒品牌總數填入新的資料，完成如下橫條圖。

10. 編修圖表：選按 **圖表樣式** 鈕，套用 **樣式 5、色彩豐富的調色盤 3**。選按 **圖表項目** 鈕，於清單中取消核選 **圖表標題**，核選 **資料標籤** 及選按 **圖例** 右側圖示 \ 上，將圖例移至圖表上方。於 **常用** 索引標籤設定圖表文字格式 **字型大小**：**16 pt**，並擺放至合適的位置。

11. 儲存：最後記得儲存檔案，完成此作品。

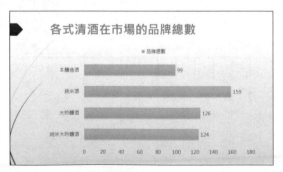

12

夏日祭典簡報
PowerPoint 多媒體動畫

設計原則・動畫效果

複製動畫・效果選項

動畫播放順序・移動路徑

加入轉場・音訊・視訊

靜態的簡報敘述，較為平淡且無法吸引人，這時如果善用 PowerPoint 的動畫特效，讓投影片上的文字、圖片和其他內容動起來，不但可以吸引眾人目光，還可強調投影片中的重點。

- ▶ 新增動畫效果
- ▶ 設定動畫播放方向、時機點
- ▶ "複製" 動畫效果讓其他物件快速套用
- ▶ 設計逐一播放條列式內文
- ▶ 同一物件套用多種動畫效果
- ▶ 變更已套用的動畫效果
- ▶ 刪除動畫效果
- ▶ 設定動畫播放速度與重複次數

- ▶ 為圖片套用動畫效果
- ▶ 調整動畫播放順序
- ▶ 新增移動路徑
- ▶ 轉化效果
- ▶ 插入外部音訊、視訊
- ▶ 設定視訊的起始畫面
- ▶ 為視訊套用邊框樣式

原始檔：<本書範例 \ ch12 \ 原始檔 \ 夏日祭典簡報.pptx>
完成檔：<本書範例 \ ch12 \ 完成檔 \ 夏日祭典簡報.pptx>

12.1 動態簡報的設計原則

簡報的動畫，避免使用太過花俏的效果，讓簡報呈現不致太過眼花撩亂。透過設計原則的說明，更了解如何製作一份動態簡報。

介紹類型的簡報，是最常見到的簡報主題，內容不但包含介紹文字，還可以搭配活動過程中拍攝的相片或影片，如果再以圖案點綴，整份簡報便具有一定的豐富度。然而再充實的簡報，如果單純以靜態方式呈現，或許對演講者及瀏覽者來說都稍嫌單調。

此章透過一份已建置完成的介紹類型靜態簡報，學習為投影片內容增添合適的動畫效果，以便賦予簡報生命力，以下提供三個學習重點：

◓ 針對文字、圖片及物件套用動畫效果：透過文字、圖片及物件的使用，學習新增動畫效果，並透過播放時機、時間、順序...等項目，讓動畫流暢呈現。

◓ 加上投影片的切換效果：利用動畫效果切換投影片可以吸引瀏覽者的目光，但應避免使用太過複雜的切換效果。動畫效果也不宜多，建議一份簡報套用一種動畫效果就好，才不致喧賓奪主地搶走簡報內容的風采。

◓ 在投影片當中插入如：音樂或影片...等多媒體項目，讓內容更豐富。

12.2 為投影片快速加上動畫效果

簡報內容，難道只能 "靜靜" 表現嗎？透過動畫的使用，讓文字或物件以豐富的視覺效果呈現，提昇簡報的生動與活潑度。

新增動畫效果

STEP 01 開啟範例原始檔 <夏日祭典簡報.pptx>，切換至第一張投影片，然後選取標題文字物件：

STEP 02 於 **動畫** 索引標籤選按 **新增動畫**，PowerPoint 提供四種類型的動畫效果：

- **進入**：物件進入投影片時播放的動畫效果。
- **強調**：用以強調投影片中特定物件時所套用的動畫效果。
- **離開**：物件結束消失時播放的動畫效果。
- **移動路徑**：指定物件在投影片中只能依特定路徑來移動的動畫效果。

此範例將新增一個 **進入** 動畫效果練習，於清單中選按 **其他進入效果**。

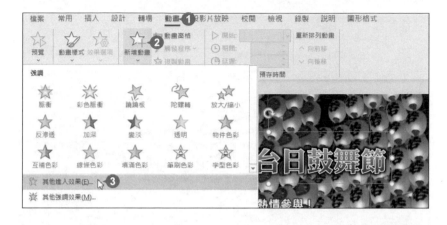

STEP 03 於 **新增進入效果** 對話方塊件，選按想要套用的進入動畫效果，再按 **確定** 鈕。(此範例套用 **基本** 項目 \ **隨機線條**)

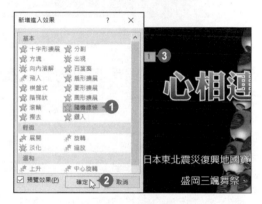

動畫播放方向、時機點

動畫效果套用後，每個動畫可依其特有屬性、播放色彩、形狀或方向...等設定，更可指定合適的時機點播放。

STEP 01 於 **動畫** 索引標籤選按 **效果選項**，清單中會依不同的動畫出現其專屬的效果選項，選擇合適的效果套用。(此範例套用 **垂直** 效果)

動畫特效的播放時機，分別為 **按一下時**、**隨著前動畫** 及 **接續前動畫** 三種方式。此例選取剛才的標題文字物件，於 **動畫** 索引標籤設定 **開始**：**接續前動畫**。

與清單中前一個動畫同時播放　按一下滑鼠左鍵開始動畫效果

清單中前一個物件的動畫效果播放完畢，會接著播放此動畫效果。

"複製" 動畫效果讓其他物件快速套用

文字格式可以複製，那設計好的動畫效果是不是也可以透過 "複製"，將合適動畫效果快速套用在其他物件上？

STEP **01**　切換至第二張投影片，選取標題文字物件後，套用 **漂浮進入** 的進入動畫 (除了如第一張投影片的動畫套用方式，也可如下圖直接於 **動畫** 區清單中挑選合適的效果套用)，並設定 **效果選項**：**向下浮動**、**開始**：**接續前動畫**。

STEP **02**　完成投影片文字的動畫設定後，再選取該文字物件，於 **動畫** 索引標籤選按 **複製動畫**。

STEP 03 待滑鼠指標出現油漆刷圖示，切換至第三張投影片，在標題文字上按一下滑鼠左鍵套用剛才複製的動畫效果，在動畫效果預覽結束後，第三張投影片標題文字一旁即會出現動畫編號。(因為播放方式為 **接續前動畫**，所以出現的動畫編號為 "0"。)

STEP 04 依照相同方式，將第三張投影片標題文字的動畫設定複製到第四張投影片的標題文字上。

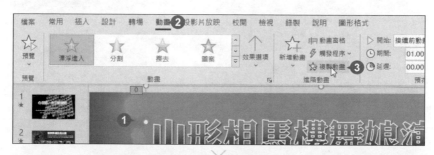

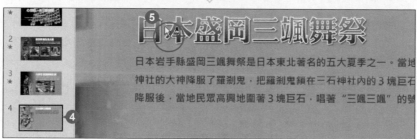

小提示

快速複製動畫至多個物件

除了上方複製動畫的方式外，如果想要快速將動畫效果複製給多個物件套用時，可連按二下 **複製動畫**，再於要套用該動畫效果的物件上一一選按，直到完成複製動作後再按 Esc 鍵。

逐一播放條列式內文

投影片內文中常有多段文字或條列式的說明項目，這時套用在文字上的動畫效果可設定為依 "段落" 逐一播放，讓內容文字的呈現更具變化。

STEP **01** 切換至第一張投影片，選取段落文字物件 "邀請您熱情參與！"，套用 **擦去** 的動畫效果，並設定 **效果選項**：**自上** 及 **依段落**，設定完成後，即可看到左側動畫數字變為 1、2、3。

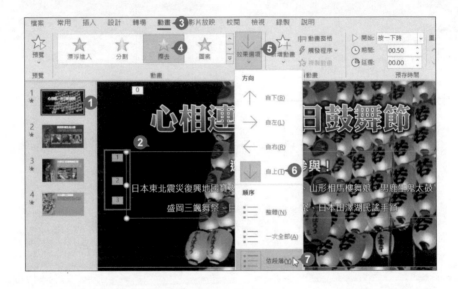

STEP **02** 選取第一張投影片剛剛套用動畫效果的段落文字，於 **動畫** 索引標籤連按二下 **複製動畫** (可讓多個物件套用)，待滑鼠指標出現油漆刷圖示，在第二張投影片的段落文字上按一下滑鼠左鍵套用該動畫效果。

STEP 03 再於第三、四張投影片段落文字上各按一下滑鼠左鍵,套用該動畫效果。

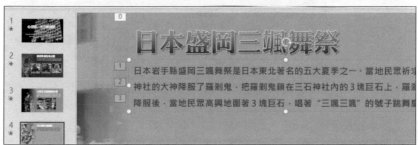

STEP 04 完成動畫效果複後按 Esc 鍵取消 **複製動畫** 功能,最後於 **動畫** 索引標籤設定每一張投影片段落文字 **開始:接續前動畫**。

小提示

無法 "依段落" 變化效果

若您在 **效果選項** 中選按 **依段落**,但文字仍是同時出現而非一行行出現時,表示此文字內容僅有一個段落,所以無法依段落表現,您必須透過 Enter 鍵完成分段後,才可以顯示此效果。

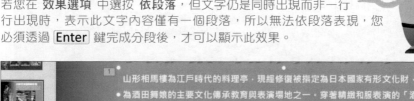

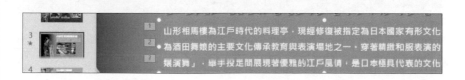

為圖片套用動畫效果

STEP 01 切換至第二張投影片，選取最左側的圖片後，於 **動畫** 索引標籤套用 **漂浮進入** 的進入動畫效果，然後設定 **效果選項：向下浮動**。

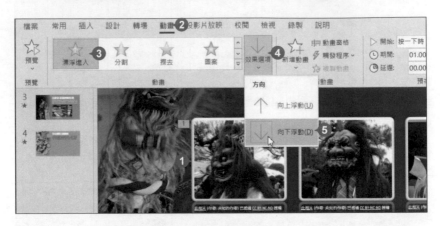

STEP 02 透過 **複製動畫** 功能，依序替中間與最右側的圖片一樣套用 **漂浮進入** 的進入動畫效果。

可以於 **動畫** 索引標籤選按 **預覽**，播放並觀看此張投影片剛才設計的動畫效果。

12.3 動畫效果進階設定

各式動畫效果的物件在預覽播放後，是否仍覺得有些美中不足？動畫效果太單調、還沒看清楚動畫效果就播完了、播放時沒有音效...等，這些將在接下來的練習中一一調整。

同一物件套用多種動畫效果

一個物件可以重疊的套用多個動畫效果，以範例中第一張投影片標題文字練習，在此要將其設計為三段式的動畫效果：

STEP **01** 切換至第一張投影片，先針對已套用動畫效果的標題文字再加上 **波浪** 的動畫效果。選取標題文字物件後，於 **動畫** 索引標籤選按 **新增動畫 \ 其他強調效果**。

於 **新增強調效果** 對話方塊，選按想套用的強調動畫效果 (此範例套用 **華麗項目 \ 波浪**)，按 **確定** 鈕，並於 **動畫** 索引標籤設定 **開始：接續前動畫**。

再為標題文字加上第三個動畫效果：於 **動畫** 索引標籤選按 **新增動畫 \ 其他離開效果**。

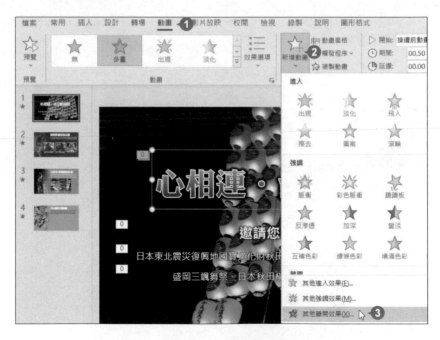

STEP **04** 於 **新增離開效果** 對話方塊選按欲套用的離開動畫效果 (此範例套用 **溫和** 項目 \ **下沉**)，再按 **確定** 鈕，並於 **動畫** 索引標籤設定 **開始：接續前動畫**。

此時於標題文字左側可看到重疊的編號 (可先在標題外面空白處，先按一下滑鼠左鍵取消選取狀態)，表示此物件目前套用多個動畫效果。完成多重動畫效果套用的設計後，於 **投影片放映** 索引標籤選按 **從首張投影片**，播放並觀賞到目前為止設計的簡報動畫效果。

變更已套用的動畫效果

已套用在物件上的動畫效果，經過播放預覽後，可能會發現該效果與其他元素搭配呈現時並不合適，這時可再進入 **動畫** 索引標籤調整。

STEP **01** 於物件左側要調整的動畫效果編號上按一下，可選取該動畫效果。若對投影片上該動畫效果所屬編號不清楚時，可於 **動畫** 索引標籤選按 **動畫窗格** 開啟右側窗格，此頁投影片所套用的動畫效果會依前後順序標示於窗格中，此例選按第一張投影片標題物件套用的離開動畫效果可進行變更：

STEP **02** 於 **動畫** 索引標籤選按 **動畫-其他**，清單中可再次挑選合適的動畫效果套用，取代原有的動畫效果。

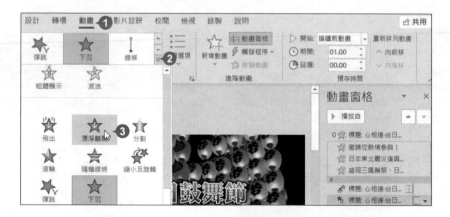

完成後於 **投影片放映** 索引標籤選按 **從首張投影片**，播放並觀賞到目前為止設計的簡報動畫效果。

刪除動畫效果

經過播放預覽後，覺得不適合的動畫效果可透過下面說明的方法快速刪除：

STEP 01 於 **動畫窗格** 選取要刪除的項目後，於 **動畫** 索引標籤選按 **動畫-其他**，清單中選按 **無** 動畫，就可以刪除此動畫效果。

或選取要進行刪除的項目後，再按 Del 鍵也可快速刪除該動畫特效。

STEP 02 於 **動畫窗格** 空白處按一下滑鼠左鍵，取消選取任一個效果項目，接著選按 **全部播放** 鈕，播放此頁的動畫效果，即可發現剛剛刪除的動畫效果已移除不再出現。

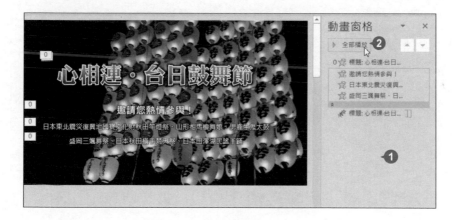

設定動畫播放速度與重複次數

當動畫播放的內容較多,但卻播放的太快時,整體呈現的效果反而比靜態內容更不理想,所以動畫播放的速度也是一項很重要的控制因素。

STEP 01 於 **動畫窗格** 要調整的項目上按一下滑鼠右鍵,選按 **時間**。

STEP 02 於 **波浪** 對話方塊 **預存時間** 標籤中,除了可以設定先前提到的投影片 **開始** 時機與動畫 **延遲** 時間,還可以設定動畫播放 **期間** 的速度及 **重複** 次數 (動畫播放期間愈長,動畫播放速度愈慢,此範例設定 **延遲:「0.5」秒、重複:直到下一次按滑鼠**)。完成設定後,按 **確定** 鈕。

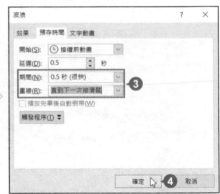

完成後於 **投影片放映** 索引標籤選按 **從首張投影片**,播放並觀賞到目前為止設計的簡報動畫效果。

12.4 調整動畫效果的前、後順序

簡報作品中的動畫效果預設會依設定時的先後順序播放，您可以適當調整其動畫播放順序，以達到最流暢的視覺呈現。

目前圖片動畫效果是 "由左至右" 漂浮進入，現在來看看如何調整這三個圖片物件的動畫播放順序：

STEP**01** 切換至第二張投影片，於 **動畫** 索引標籤選按 **動畫窗格** 開啟右側窗格。

STEP**02** 先選取投影片最右側的圖片(圖片 22)，目前的動畫編號為 "3"，於 **動畫窗格** 會看到已自動選取其動畫項目，接著按二下 △ 鈕將該項目的播放順序往上移二個順位。

STEP**03** 調整後可以看到最右側的圖片動畫編號已變更為 "1"。

STEP **04** 選取投影片中間的圖片，於 **動畫窗格** 會看到已自動選取其動畫項目，接著按一下 ⬆ 鈕將該項目的播放順序往上移一個順位。

STEP **05** 調整後可以看到中間的圖片動畫編號已變更為 "2"，而這三張圖片由右至左的動畫編號則已調整為 "1"、"2"、"3"。

完成調整後，可於 **投影片放映** 索引標籤選按 **從目前投影片**，播放並觀賞到目前為止設計的簡報動畫效果。

12.5 隨路徑移動的動畫效果

運用路徑動畫功能，讓物件可以依指定路徑產生上下、左右，或是以星形或循環模式移動...等效果呈現。

STEP 01 切換至第三張投影片，畫面最右側有一個事先佈置好的舞娘圖片。選取舞娘圖片後，於 **動畫** 索引標籤選按 **新增動畫 \ 其他移動路徑**，於 **新增移動路徑** 對話方塊 **線條及曲線** 項目選按 **向左彈跳**，按 **確定** 鈕。

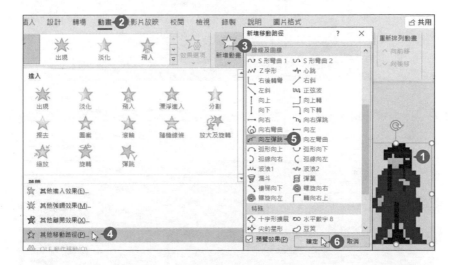

STEP 02 舞娘圖片上會出現一個向左彈跳的路徑。(建立移動路徑的動畫時，會在路徑開端出現綠色箭號，而路徑結尾則是出現紅色箭號。)

STEP**03** 為了讓舞娘圖片產生由右向左跳入的動畫效果，選取彈跳路徑時，會出現其透明圖片及變形控制點，而透明圖片的位置就是動畫最後出現的位置，將滑鼠指標移至左下角白色縮放控點上呈 ⌖。

STEP**04** 按滑鼠左鍵不放往上、往左拖曳至合適的位置，會發現這個透明舞娘圖片會沿著路徑移至如圖位置，接著放開滑鼠左鍵即完成設定。

STEP 05 最後於 **動畫** 索引標籤設定 **開始：接續前動畫**，完成移動路徑動畫設計後，可以選按 **預覽** 瀏覽動畫執行的效果，更精確地調整結束點位置與其他細部設定。

小提示

移動路徑的透明圖片

PowerPoint 2013 之後的版本，於拖曳路徑的終點位置時，會顯示一個透明圖片，可以確實掌握物件在套用相關路徑動畫後，經過拖曳所產生的正確位置，這是之前版本沒有的顯示效果。

12.6 投影片切換特效

除了針對投影片的文字、圖片...等套用動畫效果外,想不想在切換投影片時來點不一樣的變化與音效?現在就利用 **轉場** 索引標籤為此份簡報完成投影片切換特效!

換頁特效

STEP **01** 設定投影片換頁的動畫效果,在任一張投影片,於 **轉場** 索引標籤選按 **切換到此投影片-其他**。

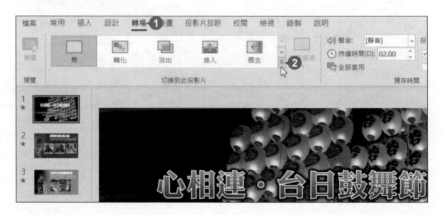

STEP **02** 於清單中選按合適轉場效果 (此範例套用 **輕微** 項目 \ 淡出)。

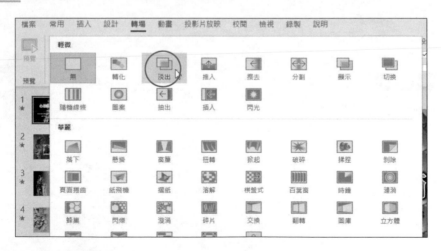

STEP **03** 於 **轉場** 索引標籤選按 **聲音** 清單鈕，於清單中選擇合適的播放聲音。(此範例套用 **鐘聲** 聲音)

STEP **04** 透過 **持續時間** 設定上一張投影片和目前投影片的切換速度，核選 **滑鼠按下時** (也可以於 **每隔** 手動輸入秒數，控制投影片換頁)，最後按 **全部套用** 鈕可將所有投影片套用上剛才設定的轉場效果。

轉化特效

轉化轉場是 PowerPoint 2019 中才有的效果，如果想讓投影片中的物件在轉場時，會由前一張投影片的位置移動到目前投影片的新位置，就可以套用轉化轉場效果。

轉化轉場效果基本的需求是 "二張投影片內的物件必須都是相同的"；如果放置的物件都是不相同的，那在套用轉化轉場後，只會看到物件淡出、淡入的效果而已。

STEP **01** 首先於左側窗格第二張投影片縮圖上按一下滑鼠右鍵選按 **複製投影片**，切換至新增的投影片，選取所有物件後，於 **動畫** 索引標籤選按 **無**，取消所有動畫效果。

刪除圖片底下的文字物件 (在此效果中不使用)，接著如下圖縮放圖片大小及調整角度。

於 **轉場** 索引標籤選按 **轉化**，接著即可預覽轉場效果。(於 **轉場** 索引標籤選按 **效果選項**，清單中可指定呈現效果。)

完成投影片的切換設定後，請於 **投影片放映** 索引標籤選按 **從首張投影片**，瀏覽整體簡報動態效果，感受生動有趣的呈現方式。

小 提 示

如何讓不同的物件也能使用轉化效果？

如果要讓二個不同的物件套用轉化效果，首先於 **常用** 索引標籤選按 **選取 \ 選取範圍窗格** 打開右側窗格，於欲轉化的物件上連按二下滑鼠左鍵，將物件重新命名為相同名稱，且名稱最前面需加上「!!」半形符號，這樣即可做到不同物件的轉化效果。

12.7 插入音訊

簡報製作中，動畫、音樂、影片...等特效是最能吸引瀏覽者的注意力，本節將學習如何插入外部音樂至投影片中，並設計音樂的播放效果。

相容的音訊檔案格式

PowerPoint 所支援的音訊檔案格式：一般常見的有 MIDI 檔 (.mid 或 .midi)、MP3 音訊檔 (.mp3)、MP4(.m4a)、Windows 音訊檔 (.wav)、Windows Media 音訊檔 (.wma)。另外還有 AIFF 音訊檔 (.aiff)、AU 音訊檔 (.au)，以及 AAC 檔案格式...等均支援。

插入外部音訊

STEP **01** 切換至第四張投影片，要在這張投影片內容加入一小段音效做為陪襯，於 **插入** 索引標籤選按 **音訊 \ 我個人電腦上的音訊**，於 **插入音訊** 對話方塊選取範例原始檔 <music.mp3>，按 **插入** 鈕。

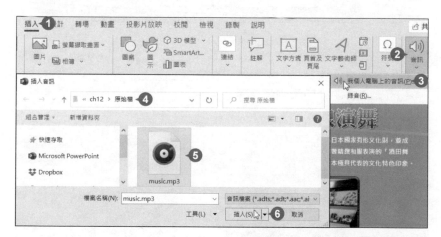

STEP **02** 回到投影片中，會出現一個音訊圖示，並在該音訊下方顯示播放控制列，可以進行播放、暫停、前後移動或靜音設定。

STEP03 選取投影片上的音訊圖示，於 **播放** 索引標籤選按 **修剪音訊** 準備剪輯音樂中需要的一小段來播放。

STEP04 於 **修剪音訊** 對話方塊中，綠色標記為音樂開始位置，紅色標記為音樂結束位置，可按下 ▶ 播放鈕聆聽此段音訊內容，播放時按下 ⏸ 暫停鈕可暫停播放，將滑鼠指標移至紅色、綠色標記滑桿上呈雙向箭頭符號時，可按滑鼠左鍵不放往左、往右拖曳標記至合適位置，完成剪輯後按 **確定** 鈕。

STEP05 於 **播放** 索引標籤設定 **淡入**：「00.50」、**淡出**：「00.50」、**音量：高**、**開始：自動**，讓音樂在投影片放映時自動播放。最後核選 **放映時隱藏**，即可在放映投影片時隱藏音訊圖示。

12.8 插入視訊

透過隨身的手機、相機...等 3C 產品，讓影片的取得愈來愈
方便。在製作簡報時，如果搭配上相關影片，簡報的呈現不
僅生動，也會更吸引瀏覽者的目光。

相容的視訊檔案格式

一般常用的視訊檔案為 Windows Media 檔案 (.asf)、Windows 視訊檔 (.avi 或 .wmv)、
MP4 視訊檔案 (.mp4、.m4v 或 .mov)、電影檔案 (.mpg 或 .mpeg)、Adobe Flash
Media (.swf)...等。

插入外部視訊

STEP **01** 切換至第五張投影片，於 **插入** 索引標籤選按 **視訊 \ 此裝置**，於 **插入視訊**
對話方塊選取範例原始檔 **<三颯舞.MP4>**，按 **插入** 鈕。

回到投影片中，利用縮放控點將視訊物件縮放至合適大小，並擺放至如圖位置，在該視訊縮圖下方有一個播放控制列，可以進行播放、暫停、前後移動或靜音設定。

於 **播放** 索引標籤設定 **開始：按一下時、音量＼高**，最後核選 **播放後自動倒帶**，讓視訊在播完後自動回到開始畫面。

設定視訊的起始畫面

一般來說，視訊都會以一開始的畫面為起始畫面，可是有時候該畫面不是整段視訊最具代表性的，利用 **海報畫面** 功能就可以設定想要的起始畫面。

STEP 01 選取視訊物件後，利用 **播放** 鈕或是拖曳 **時間軸** 播放至喜愛的畫面。

STEP 02 於 **視訊格式** 索引標籤選按 **海報畫面 \ 目前畫面**，完成後就可看到插入的視訊物件起始畫面已是剛剛選擇的畫面了。

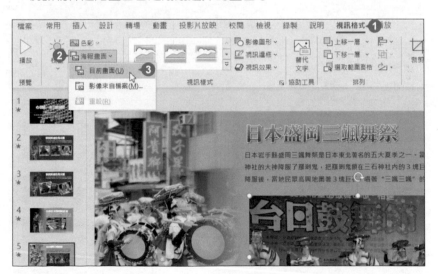

為視訊套用邊框樣式

在 **視訊樣式** 中除了內建的設計，還可以依喜愛的特效或形狀變化，做出擁有自己風格的外觀。

STEP01　選取視訊物件，於 **視訊格式** 索引標籤選按 **視訊樣式-其他**。

STEP02　清單中選按合適的視訊樣式 (此範例套用 **輕微：簡易框架, 白色**)，即可看到視訊的外觀套用指定邊框樣式。

請依如下提示完成 "佳節祝福" 簡報作品。

1. 開啟延伸練習原始檔 <佳節祝福.pptx>。

2. 為文字設定動畫：切換至第一張投影片，"歡樂聖誕節" 標題文字套用 **其他進入效果 \ 分割、效果選項：由中向左右、接續前動畫，期間：01.00**；利用 **複製動畫** 功能，將第三、四、五張投影片的標題文字套用相同的動畫效果。

   切換回第一張投影片，段落文字套用 **其他進入效果 \ 擦去、效果選項：自上、依段落、接續前動畫，期間：00.50**；利用 **複製動畫** 功能，將第三、四、五張投影的段落文字套用相同的動畫效果，另外再將第四張投影片的第二段落文字套用 **開始：接續前動畫**。

3. 為圖片設定動畫：切換至第三張投影片，為三張圖片：套用 **其他進入效果 \ 飛入，接續前動畫，期間：00.50**，再分別設定由左至右的圖片 **效果選項** 為 **自左、自下、自右**。

切換至第四張投影片，為上方的聖誕老公公圖片套用 **其他移動路徑 \ 向右彈跳**，接續前動畫，期間：**02.50**，並拖曳結束端點至投影片段落文字右側中間位置。

4. 設定整份簡報換頁的動畫效果：切換至第二張投影片，將放在投影片外的鈴噹圖片移動至投影片中擺放至合適的位置。

    於 **轉場** 索引標籤中套用 **轉化、效果選項：物件**。

5. 按住 Ctrl 鍵，在左側窗格選按第三、四、五張投影片選取，於 **轉場** 索引標籤中套用 **淡出、效果選項：平滑、持續期間：00.70**，核選 **滑鼠按下時**。

6. 插入音訊檔：切換至第一張投影片，於 **插入** 索引標籤選按 **音訊 \ 我個人電腦上的音訊**，選取延伸練習原始檔 **<song.wav>** 外部音樂，設定 **開始：自動、跨投影片撥放、循環播放，直到停止、放映時隱藏**。

7. 插入視訊檔：切換至第五張投影片，於 **插入** 索引標籤選按 **視訊 \ 我個人電腦上的視訊**，選取延伸練習原始檔 **<movie.mp4>**，擺放至合適位置，設定 **開始：從按滑鼠順序**，並在 **播放完後自動倒帶**。

    最後如右圖為插入的視訊設定起始畫面，並套用 **外陰影矩形** 的視訊樣式。

8. 儲存：最後記得儲存檔案，完成此作品。

13

好漾微旅行簡報
PowerPoint 放映技巧與列印

換頁・醒目提示

快速鍵・排練計時

自動播放

預覽・列印

簡報作品在經過版面、動畫...等效果的設計後,最重要的就是簡報的呈現。
"好漾微旅行簡報" 主要是學習播放時需要的各項技巧,例如:換頁方法、使用
畫筆、快速鍵、排練計時、列印...等,都會在此章中詳細說明。

- ▶ 表達方式
- ▶ 掌握觀眾需求
- ▶ 與觀眾的互動
- ▶ 開始與停止播放
- ▶ 跳頁功能
- ▶ 滑鼠狀態設定

- ▶ 畫面變黑、變白
- ▶ 切換至其他視窗
- ▶ 設計頁首與頁尾
- ▶ 調整頁首及頁尾的格式與位置
- ▶ 檢視彩色 / 黑白列印的效果

原始檔:<本書範例 \ ch13 \ 原始檔 \ 好漾微旅行簡報.pptx>
完成檔:<本書範例 \ ch13 \ 完成檔 \ 好漾微旅行簡報.pptx>

13.1 關於放映簡報的表達方式

一份成功的簡報會令人印象深刻，甚至讚嘆。上台簡報其實沒有那麼難，只要充滿自信地看著台下的觀眾，真切地表達想要傳遞的訊息，就已經成功一半了！

表達方式大致分為：形象、態度和聲音

西方學者雅伯特·馬伯藍比 (Albert Mebrabian) 教授研究出的 "7/38/55" 定律，說明旁人對我們的觀感：在整體表現上，只有 7% 取決於談話的內容；38% 在於談話內容的表達方式，也就是口氣、手勢...等；而有高達 55% 的比重決定於你的態度是否誠懇，語氣是否堅定且有說服力，簡單來說也就是 "外表"。可見在專業形象上，外表占了很重的份量，然而所謂的外表不單指帥哥或美女，當你站在群眾面前，雖已排練了千

次萬次，但只要一沒自信，心中有所恐懼時，坐在下面的人是可以感覺到的，如：吃螺絲、轉筆、咬嘴唇、摸頭髮...等肢體動作，都會令聽簡報的人對你失去信任感，也會表現出你不專業的一面。

掌握觀眾需求

配合觀眾的期望來準備簡報內容，是相當重要的前提！確定簡報主題後，如果能夠再知道觀眾的基本資訊，那麼在設計簡報內容與排練演說方式時，就可以將觀眾的特性一起融入。

與觀眾的互動

一般觀眾對會議的專注力只有開講後的十分鐘，之後就要由主講者展現個人魅力與觀眾互動或穿插能吸引人的事情，才能再度將觀眾拉回你的簡報中。在簡報過程中提出一些有獎徵答、腦筋急轉彎或用一些小教材做比喻與實驗，讓觀眾由被動的傾聽變成主動參與，不但可炒熱現場氣氛，也可以將觀眾的注意力拉回主講者身上。

現在就一起進入本章範例著手練習，透過此例了解簡報放映與列印的應用。

13.2 放映時換頁的方法

製作好簡報後最重要就是播放了,熟悉內容與多加練習口條皆是成功的不二法門,現在就來一起著手練習。

STEP 01 開啟範例原始檔 <好漾微旅行簡報.pptx>,並於 **投影片放映** 索引標籤選按 **從首張投影片** 或直接按 **F5** 鍵播放簡報作品。

STEP 02 如果要讓投影片按順序播放,當第一張投影片講解完畢後,按一下滑鼠左鍵,可跳至下一張投影片。或者按 **PageUp**、**PageDown** 鍵可往前翻頁與往後翻頁。

STEP 03 在播放的投影片上按一下滑鼠右鍵,由清單中也可以選擇播放前一張、下一張或者是指定的投影片。

移至 **下一張** 或者 **前一張** 投影片

在檢視所有投影片模式下,可以指定播放任何一張投影片。

將特定的區域放大顯示

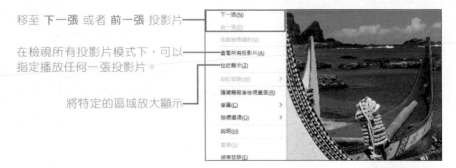

小 提 示

中途結束簡報播放

播放簡報途中想要結束時,可按 **Esc** 鍵,或在播放的投影片上按一下滑鼠右鍵,選按 **結束放映**,即可回到 PowerPoint 軟體。

13.3 放映時使用畫筆加入醒目提示

在播放簡報時，除了使用市售常見的紅光雷射筆外，也可利用 PowerPoint 本身所提供的畫筆功能直接在螢幕上畫出簡報重點或加上註解，讓觀眾更了解目前主講者的演講重點。

STEP 01 於 **投影片放映** 索引標籤選按 **從首張投影片** 或按 F5 鍵播放簡報作品。

STEP 02 簡報播放中，按 Ctrl + P 鍵，可以在播放的投影片上，按滑鼠左鍵不放，以拖曳方式圈選重點與加上註解。

▲ 播放簡報時，若按 Ctrl + A 鍵，可將畫筆樣式再次恢復為 ▷ 一般指標模式。

STEP 03 除了預設紅色畫筆樣式外，亦可選擇以不同的顏色與畫筆樣式標註。(建議排練時先設定顏色與畫筆樣式，讓簡報正式播放時更加順利。)

▲ 在播放的投影片上，於左下角選按 ✐ **指標選項**，再於清單中挑選合適顏色，就可依指定顏色圈選重點與加上註解。

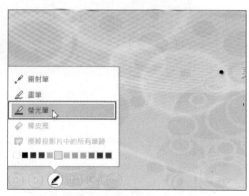

▲ 如果想要更換畫筆的樣式時，可以透過清單上方的三種畫筆進行挑選。

STEP**04** 播放簡報時，可以利用 **橡皮擦** 工具清除畫筆加入的醒目提示，在播放的投影片上，於左下角選按 ✏ **指標選項 \ 橡皮擦**。

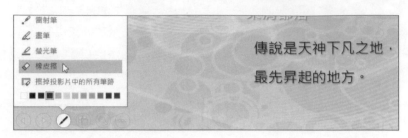

STEP**05** 待滑鼠指標呈 ✎ 狀，在想要清除的筆跡標註上按一下滑鼠左鍵。

播放簡報時，如果要一次清除所有筆跡標註可以按 **E** 鍵。

STEP**06** 結束播放簡報時，若沒有完全清除播放時新增的筆跡，會出現一個對話方塊，詢問是否要保留投影片中的筆跡標註。

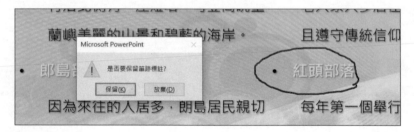

▲ 按 **保留** 鈕可將目前加入的所有筆跡標註都保留下來；按 **放棄** 鈕可去除投影片上目前所加入的筆跡標註。

小提示

關於筆跡標註

按 **保留** 鈕所保留下來的筆跡回到 **標準模式** 時會轉成圖案物件。若想要刪除時，必須在 **標準模式** 下選取該物件後按 **Del** 鍵。

13.4 放映時常用的快速鍵

播放簡報的同時，如果想執行回到上一頁、首頁、跳到指定頁數、開始與停止播放...等常用功能，這時如果知道幾個好用的快速鍵，會讓播放效果更加分。

此節提到的快速鍵功能，適用於 PowerPoint 播放簡報，如果用 PowerPoint Viewer 播放簡報時，會有部分快速鍵沒有反應。

開始與停止播放

功能	快速鍵
從首張投影片播放	F5 鍵
從目前投影片播放	Shift + F5 鍵
停止播放	Esc 鍵

跳頁功能

播放簡報的過程中，運用以下這些快速鍵可快速進入需要的頁面。

功能	快速鍵
跳至上一頁	PageUp 鍵、↑ 鍵、← 鍵、P 鍵、Backspace 鍵
跳至下一頁	PageDown 鍵、↓ 鍵、→ 鍵、N 鍵
跳至指定頁面	先按數字鍵輸入要顯示的頁數，再按 Enter 鍵。 如果忘了要顯示的投影片是第幾張時，可按 Ctrl + S 鍵，會顯示 **所有投影片** 對話方塊供選按。

滑鼠狀態設定

播放簡報的過程中，常會將滑鼠箭頭轉成畫筆或隱藏，運用以下這四個快速鍵可快速做切換。

功能	快速鍵
切換為畫筆	Ctrl + P 鍵
切換為箭頭	Ctrl + A 鍵
清除所有筆跡	E 鍵
隱藏箭頭	Ctrl + H 鍵

畫面變黑、變白

播放簡報的過程中，如果需要暫時休息一下，希望畫面暫停且呈現黑或白的螢幕待機效果時，可運用以下這二個快速鍵。(畫面呈現變黑或變白的情況下，再按一下鍵盤上任何一鍵即可回復原來畫面。)

功能	快速鍵
畫面變黑	B 鍵
畫面變白	W 鍵

切換至其他視窗

播放簡報的過程中，如果需要切換至其他視窗時，可運用以下這二個快速鍵而不需中斷播放流程。

功能	快速鍵
顯示清單	Alt + Tab 鍵
顯示工作列	Ctrl + T 鍵

13.5 排練與自訂放映設定

除了預設的簡報播放方式外，還可依照簡報內容設定與調整一些細節，讓整體效果更加完美。

STEP 01 於 **投影片放映** 索引標籤選按 **設定投影片放映**。

STEP 02 於 **設定放映方式** 對話方塊，可依需求設定 **放映類型、放映選項、放映投影片、投影片換頁、多重螢幕、畫筆顏色、投影片放映解析度**...等相關功能。(參考下頁的分析說明)

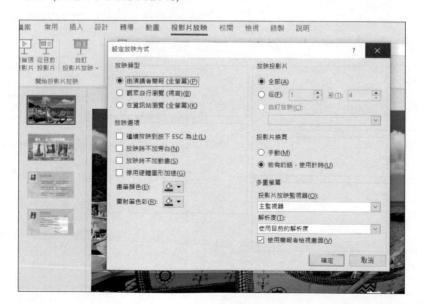

功能		說明
放映類型	由演講者簡報 (全螢幕)	無操作限制，可使用 PowerPoint 所有操作功能，讓演講者可隨時控制流程，為常見的簡報模式。
	觀眾自行瀏覽 (視窗)	無操作限制，以視窗模式展示，可使用其專屬快顯功能表，適用於企業內部網路個別瀏覽簡報。
	在資訊站瀏覽 (全螢幕)	將無法進行任何編輯動作及操作投影片換頁，且在放映簡報同時無法執行右鍵開啟快顯功能表，適用於展覽會場展示，或無法由專人控制的簡報播映。
放映選項	連續放映到按 Esc 鍵為止	連續放映聲音檔或動畫
	放映時不加旁白	放映簡報時，不放映內嵌旁白。
	放映時不加動畫	放映簡報時，不放映內嵌動畫。
	停用硬體圖形加速	預設 PowerPoint 會使用硬體圖形加速來使播放更加流暢，如果您的視訊卡無法支援圖形加速而產生錯誤時，建議核選此項目以取消此功能。
畫筆顏色		畫筆的預設色彩
雷射筆色彩		雷射筆的預設色彩
放映投影片	全部	放映所有投影片
	從：至：	放映指定區間範圍的投影片
	自訂放映	可自行指定出場放映的投影片及其順序 (請參考13.7 節的說明)
投影片換頁	手動	演講者在放映簡報期間自行掌控進度
	若有的話，使用計時	依照自行設定秒數做為自動放映時間
多重螢幕		電腦同時連接 2 台螢幕才能產生作用
使用簡報者檢視畫面		執行投影片放映時所需的一切項目全都包含在同一個視窗中

13.6 隱藏暫時不放映的投影片

利用隱藏投影片的功能，播放簡報時只顯示此次簡報需要的投影片，而將其他用不到的投影片隱藏起來，讓簡報抓住重點！

STEP **01** 於 **檢視** 索引標籤選按 **投影片瀏覽**，在檢視模式下選取要隱藏的投影片 (在此選取了投影片 2)。

STEP **02** 於投影片縮圖上按一下滑鼠右鍵，選按 **隱藏投影片**，這樣一來該投影片縮圖編號處會被標註上灰色的斜線，表示已成功隱藏起來。

 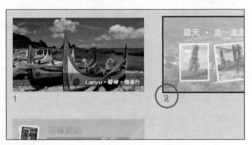

於 **投影片放映** 索引標籤選按 **從首張投影片** 或直接按 F5 鍵播放簡報作品，看看設定後的效果。為方便後續練習，請在投影片 2 縮圖上再按一下滑鼠右鍵，選按 **隱藏投影片**，即可顯示該投影片。

小提示

其他隱藏、顯示投影片的設定

1. 如果將第二張投影片設定為隱藏，而播放時由第二張投影片開始播放，那麼第二張投影片還是會被播放出來。

2. 如果播放簡報時，覺得下一張隱藏的投影片有顯示的必要，可按 H 鍵立即顯示隱藏的投影片，暫時取消此次播放的隱藏設定。

13.7 自訂投影片放映的前後順序

想讓簡報變得更靈活好控制嗎？**自訂放映** 功能會是最好的選擇。它不但可指定這次出場的投影片，更能輕鬆的排定出場順序，以及訂定多組播放設定。

STEP 01 於 **投影片放映** 索引標籤選按 **自訂投影片放映 \ 自訂放映**，於 **自訂放映** 對話方塊按 **新增** 鈕。

STEP 02 先設定 **投影片放映名稱**：「好漾微旅行」，再分別核選要加入的投影片後，按 **新增** 鈕將其加入右側播放清單中。

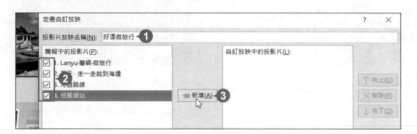

STEP 03 選按 ↑ 向上 或 ↓ 向下 鈕，可調整目前選定的投影片播放順序，最後按 **確定** 鈕完成自訂播放的內容。

STEP **04** 回到 **自訂放映** 對話方塊，只
要按 **放映** 鈕，就會立即依設
定的投影片與播放順序播放，
否則就按 **關閉** 鈕結束設定。

STEP **05** 於 **投影片放映** 索引標籤選按
自訂投影片放映，於清單中即
可選按自訂的項目播放。

小提示

編輯自訂放映

要增減或調整 **自訂放映** 的投影片時，於 **投影片放映** 索引標籤選
按 **自訂投影片放映 \ 自訂放映**，於 **自訂放映** 對話方塊選取欲修改的自
訂項目後按 **編輯** 鈕即可重新編輯。例如：要刪除某張投影片時，只要
選取該投影片按 **移除** 鈕。

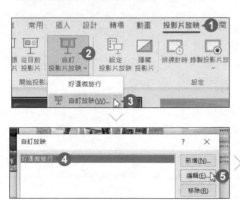

13.8 排練放映時間與自動放映

為了讓自己能熟悉播放簡報流程,排練時間功能就像是預先排演,可以先彩排簡報播放時需要的時間,即可更精確地掌握。

排練投影片的播放時間不光是按滑鼠左鍵進行下一步,而是應該包括解說投影片的內容,像在進行一場真正的簡報一樣,這樣預測的時間才會更準確。以下說明如何在排練過程中,確實掌控簡報播放的時間。

STEP 01 於 **投影片放映** 索引標籤選按 **排練計時**,開始播放排練,螢幕左上角會出現如下 **錄製** 工具列,且中間該張投影片播放時間已開始計時。

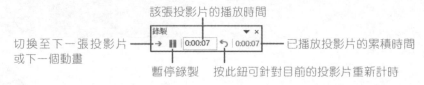

該張投影片的播放時間

切換至下一張投影片 —— 或下一個動畫

暫停錄製　　按此鈕可針對目前的投影片重新計時

已播放投影片的累積時間

STEP 02 播放排練過程如同模擬真實播放的情形,當簡報完全播放完畢後,會出現詢問是否確定此播放時間的對話方塊,若已經滿意這次的排練過程和時間,按 **是** 鈕;若不滿意,可按 **否** 鈕重新排練。

▲ 在播放過程中,於 **錄製** 工具列選按右上角的 **×** 鈕,也可開啟如上對話方塊。

STEP 03 完成排練設定後,於 **檢視** 索引標籤選按 **投影片瀏覽** 模式,可看到每張投影片的下方都會顯示出這次排練的時間。

所謂 "自動放映的簡報" 即是在沒有簡報者的情況下傳達資訊,例如:賣場攤位、會場導覽...等,便需要這種型態的簡報。自動播放的簡報其實就是事先設定好每張投影片的播放時間,再依該時間自動播放的一個動作,也可以運用上一節說明的 **排練計時** 功能設定,或依此節說明的方式更精確地掌握每張投影片的播放時間。

STEP **01** 設定投影片播放時的換頁時間,在 **投影片瀏覽** 模式下,選取欲設定的投影片後,於 **轉場** 索引標籤選按切換的效果,然後核選 **每隔**,並於欄位中設定需要的換頁時間。

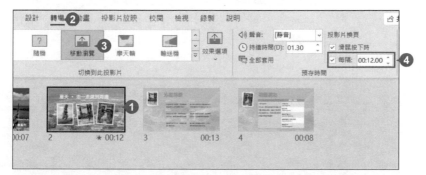

▲ 若想將所有簡報設定相同的換頁時間,可在輸入時間後,按 **全部套用**。

STEP **02** 檢查播放方式的設定,於 **投影片放映** 索引標籤選按 **設定投影片放映**,於 **設定放映方式** 對話方塊核選 **投影片換頁:若有的話,使用計時**,再按 **確定** 鈕。

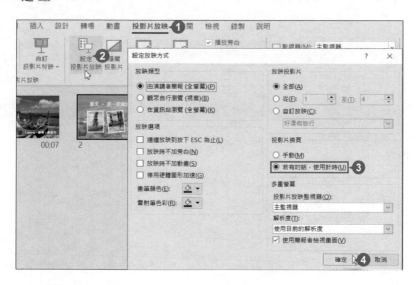

STEP **03** 於 **投影片放映** 索引標籤選按 **從首張投影片**,就可以看到設定後的效果。

13.9 列印前的相關設定

製作完成的簡報作品除了以播放的方式展現外，還可以用彩色、灰階或黑白單色列印，而在列印前的首要工作即是依內容設定合適的頁首、頁尾與版面...等相關列印項目。

設計頁首與頁尾

為了讓投影片列印出來好整理，可在單張或多張投影片上加上頁尾、日期及時間、投影片編號，增加投影片的專業性與一致性。

STEP 01 先任選一張投影片，於 **插入** 索引標籤選按 **頁首及頁尾**。

STEP 02 於 **頁首及頁尾** 對話方塊 **投影片** 標籤核選 **日期及時間** 與 **自動更新** 項目，如此一來投影片預設位置會出現今天的日期，且以西曆方式呈現。

STEP 03 核選 **投影片編號、頁尾、標題投影片中不顯示** 三項，並於 **頁尾** 輸入標示文字，最後按 **全部套用** 鈕。

STEP **04** 在 **投影片瀏覽** 模式中，除了第一張標題投影片之外，其他張投影片均已
加上編號、頁尾、日期及時間。

調整頁首及頁尾的格式與位置

日期時間與頁尾已設定好了，如果想要更換不同的顏色、字體、位置...時，就必須利
用 **母片** 功能設定。

STEP **01** 於 **檢視** 索引標籤選按 **投影片母片**，在投影片母片檢視模式下可以任意
調整 "頁尾" 與 "日期及時間"、"投影片編號" 的擺放位置與字型格式。

STEP **02** 選按左側縮圖中 **投影片母片：由投影片 1-4 所使用**。

STEP **03** 按 **Ctrl** 鍵不放選取投影片母片中欲修改預設格式的物件，在此選取右下角的 **日期** 與 **頁尾** 二個物件，再於 **常用** 索引標籤，設定喜好的文字樣式及色彩。

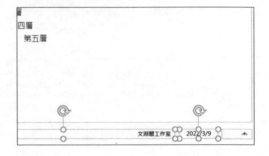

STEP **04** 將滑鼠指標移至選取的物件上，待滑鼠指標呈 時，可移動此物件至適當位置。

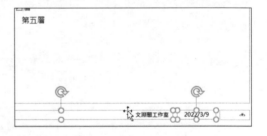

STEP **05** 最後於 **投影片母片** 索引標籤選按 **關閉母片檢視** 返回 **投影片瀏覽** 模式，會發現投影片頁尾已變更囉！

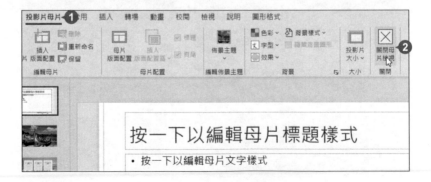

檢視彩色／黑白列印的效果

整份簡報可以透過 **彩色**、**灰階** 或 **純粹黑白** 三種屬性列印，不過為了確保作品呈現的效果，可以在列印前透過 **檢視** 索引標籤的 **色彩**、**灰階**、**黑白** 三種模式查看。

以下將說明三種檢視模式在套用時，簡報需要注意的地方，可以根據這些特性調整出最佳列印品質，才不會有文字看不清楚的情況發生。

- **色彩** 模式：製作投影片時使用較深的色彩，可加強在螢幕上播放的效果；若要將此簡報列印出來時，則可以選用較淡的色彩配置以節省墨水。

- **灰階** 模式：留意背景色與文字的對比效果，其中 **灰階** 是由白到黑逐漸加深的一系列的色彩組成，透過此模式可更細微設定灰階色彩的分佈狀況。

- **黑白** 模式：無灰階的效果出現，只有黑、白二色，僅列印外框線。

於 **檢視** 索引標籤選按 **灰階**，切換至 **灰階** 檢視模式後，可以透過功能區的各個項目細部瀏覽。

按此鈕可以返回 **色彩** 檢視模式

小提示

快速調整簡報整體色彩

透過 **色彩** 檢視模式查看後，覺得列印出來的效果可能不佳時，可以於 **設計** 索引標籤選按 **變化-其他 ﹨ 色彩**，藉由清單快速調整簡報整體色彩。

13.10 預覽配置與列印作品

除了播放投影片外，也可以將作品列印出來檢視，但列印前請先執行預覽動作，不但可檢查內容是否有誤，也可避免不必要的紙張浪費。

STEP 01 於 **檔案** 索引標籤選按 **列印**，在此請先設定列印份數，並選擇印表機型號，再設定列印範圍為全部或者指定投影片。

功能	說明
列印所有投影片	列印投影片中所有的資料內容
列印選取範圍	在投影片上選取想要列印的範圍，作為列印對象。
列印目前的投影片	列印目前右側所顯示的該頁投影片
自訂範圍	只列印指定的頁數，例如：輸入頁數，並以 "," 分隔。

STEP**02** 預設為 **全頁投影片** 版面配置，還可以依需求選擇 **講義**、**備忘稿** 和 **大綱** ...等合適的版面配置，再選擇彩色列印效果，即可於右側預覽作品列印的效果。

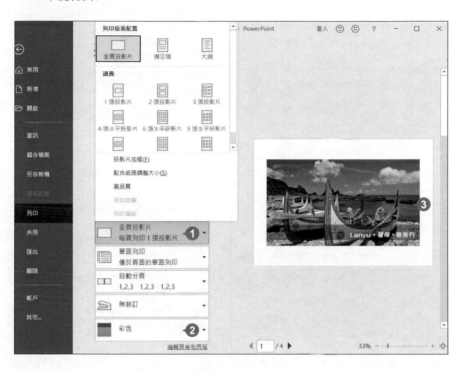

功能	說明
全頁投影片 模式： 在預覽列印時，如果使用的輸出設備是彩色印表機時，會出現彩色模式的預覽內容。若發現背景圖片均自動隱藏僅留文字與圖片，那是因為輸出設備是單色印表機所致，其列印的預設是以 **灰階** 模式來列印簡報。	

功能	說明
備忘稿 模式： 備忘稿是演講者加註每張投影片補充資料的最佳選擇，可於 **檢視** 索引標籤選按 **備忘稿**，這樣就可開始建立備忘資料。若簡報作品中有建立備忘稿時，當選按此版面配置模式時會出現縮圖與備忘稿文字，然而 **備忘稿** 模式列印出來是以一張投影片印一頁的方式呈現。	
大綱 模式： 此模式會出現簡報作品中的大綱資料，這個列印模式印出來的文字可供簡報作品架構的討論與調整時使用。此外大綱窗格中沒有出現的文字在這個列印模式下將無法印出。	
講義 模式： 此模式可選擇要將多少張投影片列印在一頁紙上，每頁列印的投影片張數愈多，投影片顯示的比例就會越小，另外如果選擇 **講義：3 張投影片** 的版面配置模式，會於縮圖右側列印出格線，方便做筆記。	

請依如下提示完成 "美食型錄" 簡報作品。

1. 開啟延伸練習原始檔 <美食型錄.pptx>。

2. 設定自動放映時間：於 **轉場** 索引標籤 **每隔**，設定第一張投影片的換頁時間為 5 秒，第二張至第四張投影片的換頁時間為 10 秒。

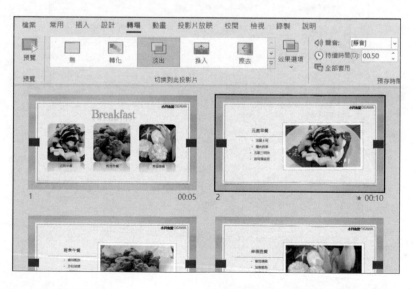

3. 設定播放方式：於 **投影片放映** 索引標籤選按 **設定投影片放映**，於 **設定放映 方式** 對話方塊核選 **投影片換頁：若有的話，使用計時**，再按 **確定** 鈕。

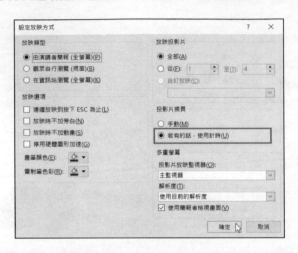

4. 設計頁首與頁尾：於 **插入** 索引標籤選按 **頁首及頁尾**，於 **頁首及頁尾** 對話方 塊 **投影片** 標籤核選 **日期及時間** 與 **自動更新** 項目，以西曆方式呈現。核選 **投影片編號、頁尾、標題投影片中不顯示** 三項，並於 **頁尾** 輸入標示文字， 最後按 **全部套用** 鈕。

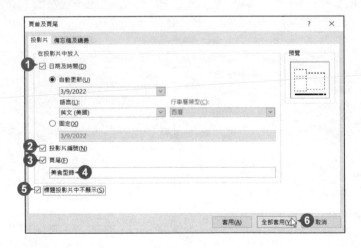

5. 儲存：最後記得儲存檔案，完成此作品。

14

A

會員管理資料庫
Access 資料庫的建置

資料庫・資料表與欄位

輸入遮罩・驗證規則

輸入資料表資料・匯入外部資料

儲存與關閉檔案

學習重點

對各行各業來說，人事管理是最基本卻也是最必要的工作。為了能妥善管理會員資料與行程，建立相關資料庫與資料表除了能單獨運用之外，還能交互查詢出許多不同資訊。

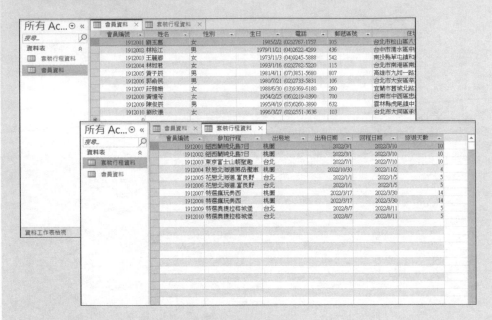

- ▶ 建立新的資料庫
- ▶ 建立新的資料表
- ▶ 資料欄位的驗證規則
- ▶ 認識 Access 操作界面
- ▶ 規劃資料表欄位
- ▶ 資料表資料的輸入
- ▶ 什麼是資料庫
- ▶ 認識資料類型
- ▶ 資料表儲存
- ▶ 資料庫的建立流程
- ▶ 建立資料表欄位
- ▶ 外部資料的匯入
- ▶ 資料庫屬性與層次
- ▶ 資料欄位的輸入遮罩
- ▶ 儲存與關閉 Access

原始檔：<本書範例 \ ch14 \ 原始檔 \ 套裝行程.xlsx>
完成檔：<本書範例 \ ch14 \ 完成檔 \ 會員管理.accdb>

14.1 建立第一份資料庫

Access 是 Office 家族裡面的資料庫軟體，現在越來越重視資料管理與整合，對許多人來說是很重要的工具程式。

建立新的資料庫

開啟 Access 程式後選按 **空白資料庫**，預設儲存位置是目前使用者的 <文件> 資料夾，當然也能修改。輸入檔案名稱後，按 **建立** 鈕。

完成新資料庫建立後，Access 會自動開啟資料庫，預設會產生一個資料表，在編輯區可以直接進行新增資料的動作。

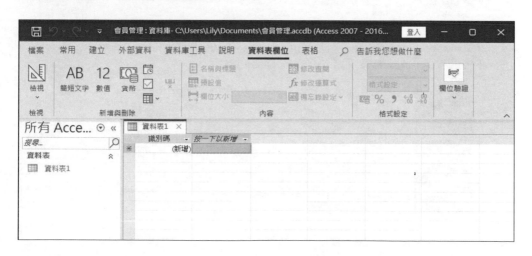

認識 Access 操作界面

透過下圖標示，熟悉 Access 各項功能的所在位置，讓您在接下來的操作過程中，可以更加得心應手。

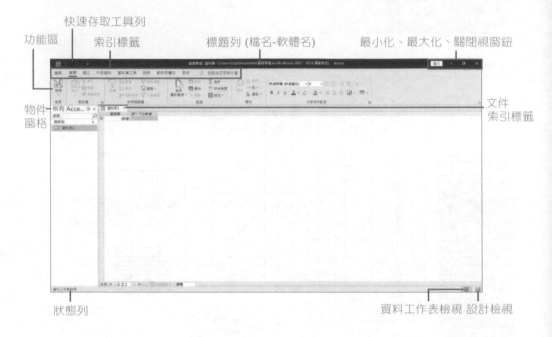

功能區　快速存取工具列　索引標籤　標題列 (檔名-軟體名)　最小化、最大化、關閉視窗鈕

物件
窗格

文件
索引標籤

狀態列　資料工作表檢視 設計檢視

小提示

關閉 Access

結束 Access 軟體操作時，可於視窗右上角的 ⊠ **關閉** 鈕上按一下滑鼠左鍵，或於 **檔案** 索引標籤選按 **關閉**。

什麼是資料庫？

資料庫 就像一個巨大的圖書館，裡面分門別類的存放著資料，可隨時新增或淘汰舊資料，讓使用者方便使用。日常生活中有許多事物，可以用資料庫管理。例如：個人通訊錄、公司會計帳及庫存、客戶資料或會員資料...等，都有固定的格式與特性，可藉由資料庫的查詢、表單、報表...等功能做各項管理。

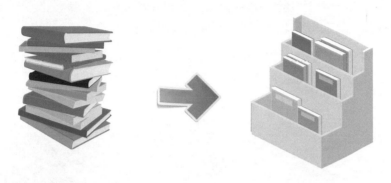

▲ 將雜亂無章的資料，經由分門別類的整理成為資料庫。

資料庫建構步驟中，最先規劃的是 **欄位**，使用者可依照欄位的規定填寫資料成為 **記錄**，接著再由一筆筆記錄匯集而成 **資料表**，而數個性質相同的資料表即可組成一個資料庫。例如 "會員管理資料庫" 資料庫可能包含 "會員資料"、"套裝行程"、"繳費明細"...等資料表。

多個欄位組成一筆記錄

資料庫

編號	姓名	性別	生日	電話	
001	黃雅琪	女	1985/2/2	(02)2767-1757	第一筆記錄
002	張智弘	男	1979/11/21	(04)2622-4299	第二筆記錄
003	李婷婷	女	1995/9/3	(02)2501-4616	第三筆記錄

多筆記錄組成資料表

資料庫的建立流程

建立一個新的資料庫,不是把手邊所有的資料輸入到電腦裡面去就好,如果真是這樣,結果可能只是輸入了一堆無關緊要、甚至是重複的資料。為了避免上述錯誤,應該先把資料分類,過濾內容,把相關的項目編列在一起,再輸入到資料庫裡面。

假設要製作一個會員管理資料庫,那麼應該先收集會員的基本資料;例如:會員編號、姓名、性別、生日、電話、郵遞區號、住址、電子郵件、備註...等;另外,可以收集相關資料,例如:參加行程、出發地、出發日期...等。

上述這些資料,光是收集就要花費不少時間;收集之後還要加以整理,否則後續隨便找一筆會員記錄,有如大海撈針。學會利用資料庫管理龐雜的資料,便可迅速處理及尋找所要的資料。

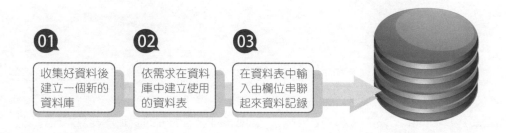

資料庫屬性與層次

1. 由資料的欄位屬性組成一筆 **記錄**;多筆的記錄組成一個 **資料表**;多個資料表組成一個 **資料庫**。

2. 結構層次:**資料記錄 < 資料表 < 資料庫**。

3. Access 中的操作動作是先建立資料庫,再建立資料表,再輸入資料記錄。

14.2 建立新的資料表與欄位

資料表 是特定主題的資料集合,可以精準的設定資料表欄位屬性,不但能減少資料輸入的錯誤,而且會使資料庫管理更有效率。

建立新的資料表

進入新的資料庫,預設會開啟一個空白資料表,面對一份新的資料表,建議先進入 **設計檢視** 模式進行資料表欄位的設定再輸入資料,請依下述步驟設定:

STEP 01 於 **常用** 索引標籤選按 **檢視 \ 設計檢視**,會要求先為這個空白資料表命名並儲存。於 **另存新檔** 對話方塊輸入此資料表的名稱:「會員資料」,再按 **確定** 鈕。

STEP 02 進入 **設計檢視** 模式後,左側窗格顯示了剛才命名的資料表,並展開在編輯區中,此時即可進行欄位的新增與屬性設定。

目前使用的資料表名稱 ──

可設定欄位名稱、資料類型及描述,
一列即代表一個欄位的設定。

選取欄位時會在此處顯示欄位相關設定項目,使用者可以進一步設定該欄位的屬性。

規劃資料表欄位

新增 "會員管理" 資料庫後，接著要建置 "會員資料" 資料表，其中使用到的資料表欄位及類型規劃如下：

欄位名稱	資料類型	資料類型說明
會員編號	數字	長整數，主索引。
姓名	簡短文字	欄位大小：10 字元
性別	簡短文字	欄位大小：2 字元，下拉式方塊
生日	日期 / 時間	簡短日期 (西元年 / 月 / 日)
電話	簡短文字	欄位大小：20 字元
郵遞區號	簡短文字	欄位大小：6 字元
住址	簡短文字	欄位大小：50 字元
電子郵件	超連結	E-mail：超連結
待辦護照	是 / 否	邏輯類型：Yes / NO
備註	長文字	備忘類型

資料表裡面的欄位，必須先設定好適當的資料類型，這樣才能依據類型輸入資料。例如會員的 "姓名" 欄位，其資料類型應該是簡短文字，因為姓名都是由文字組成，如果設定資料類型為數字，那就不太恰當了。

建議在新增任何資料表前都能整理一份欄位列表，除了構思各個欄位的名稱之外，也能對於各個資料表要使用的欄位進行規劃，接下來即可按照表列內容設定。

認識資料類型

要利用資料庫來儲存資料，必須先了解資料欄位本身有哪些類別，根據資料本身的特性，再選擇適當的資料類型存放，才能達到有效管理與方便存取的目標。下表是 Access 欄位可以使用的資料類型：

資料類型	資料類型說明
簡短文字	中英文或數字，最多可輸入 255 字元數 (Bytes)。
長文字	長文字資料，不限長度。
數字	儲存非金額的數值，例如：距離，資料類型範圍為 -2 ^31 到 2 ^31-1 (四個位元組)。
大型數字	儲存非金額的數值 (Access 2016 及以上版本支援)，資料類型範圍為 -2 ^63 到 2 ^63-1 (八個位元組)。
日期 / 時間	日期與時間資料
貨幣	貨幣金額數值資料
自動編號	自動產生唯一編號 (刪除的號碼將不再被使用)
是 / 否	記錄二種可能性的資料，例如：是否、真假、開關。
OLE 物件	連結與嵌入圖片、聲音、動畫。
超連結	可以連結網址、區域網路內的文件或檔案。
附件	可以附加檔案，沒有數量限制。
計算	可以計算各數字欄位內的數據資料
查閱精靈	一種工具，以精靈方式建立資料的下拉式清單。

新增欄位前要先構思該欄位要儲存的資料屬於何種類別，如此一來不僅可以控管資料內容，也影響到儲存與查詢的速度。

建立資料表欄位

以下就要依循前面的規劃表建立欄位，設定欄位名稱、資料類型與欄位內容。

STEP 01 首先設定 "會員編號" 欄位名稱與資料型態：這個欄位的值在整個資料表中是唯一不能重複的。因此看一下第一個欄位的資料，在其欄位名稱的左側有個鑰匙圖示，這代表該欄位已定義為 **主索引鍵** 欄位。

主索引鍵 欄位的特性是獨立、排他、唯一，Access 透過 **主索引鍵** 欄位快速地關聯多個資料表中的資料，並以有意義的方式將其合併。

STEP 02 將第一個 **欄位名稱** "識別碼" 改成 "會員編號"，**資料類型** 選按右側下拉式清單鈕 \ 數字，再於 **一般** 標籤 **欄位大小** 選按右側下拉式清單鈕 \ **長整數**。

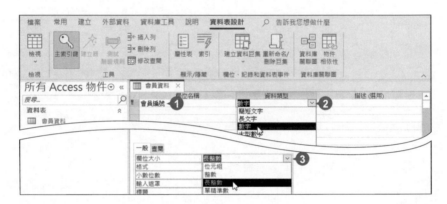

設定為主索引欄位

主索引鍵 欄位是在新增資料表時，建議一定要有的欄位。

空白資料表中 Access 預設以第一欄為 **主索引鍵**，如果要設定某個欄位為 **主索引鍵**，在選取該欄位後於 **設計** 索引標籤選按 **主索引鍵** (再選按一次則為取消)。要注意！一個資料表只能擁有一個 **主索引鍵** 欄位。

STEP 03 設定 "姓名" 的欄位名稱與資料類型：**欄位名稱** 輸入「姓名」，**資料類型** 選按右側下拉式清單鈕＼**簡短文字**，再於 **一般** 標籤 **欄位大小** 輸入「10」。(大多數人的中文姓名都是 2 到 3 個字，但近年來常見 5 到 7 個字的中文姓名，因此設定欄位大小為 10。)

小提示

中文字的欄位大小設定

一個中文字是由二個位元組所組成，那麼有中文內容的欄位大小需要再以預估中文字數乘以 2 嗎？其實不用，自從 Access 2000 以後，是用 Unicode 字元編碼代表文字、備忘欄位中的資料，所以不論輸入的是英文字、數字或是中文字，任何一個字都以一個字元計算。

"數字" 資料類型的欄位大小設定

資料表中 **數字** 資料類型，可以透過 **欄位大小** 屬性掌控記錄使用的空間量，可以選擇的屬性包含：

- **位元組**：用於範圍從 0 到 255 的整數，儲存需求是 1 位元組。
- **整數**：用於範圍從 -32,768 到 +32,767 的整數，儲存需求是 2 位元組。
- **長整數**：用於範圍從 -2,147,483,648 到 +2,147,483,647 的整數，儲存需求是 4 位元組。
- **單精準數**：用於範圍從 -3.4×1038 到 $+3.4 \times 1038$ 的浮點數值，最多 7 個有效數字，儲存需求是 4 位元組。
- **雙精準數**：用於範圍從 -1.797×10308 到 $+1.797 \times 10308$ 的浮點數值，最多 15 個有效數字，儲存需求是 8 位元組。
- **複製識別碼**：用於儲存複寫所需的 GUID，儲存需求是 16 位元組。
- **小數點**：用於範圍從 $-9.999... \times 1027$ 到 $+9.999... \times 1027$ 的數值，儲存需求是 12 位元組。

設定 "性別" 的欄位名稱與資料類型：**欄位名稱** 輸入「性別」，**資料類型** 選按右側下拉式清單鈕 \ **簡短文字**，再於 **一般** 標籤 **欄位大小** 輸入「2」。

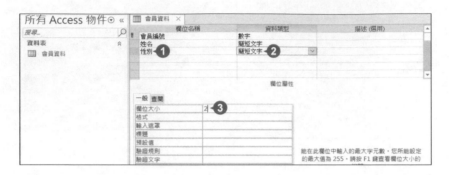

再於 **查閱** 標籤 **顯示控制項** 選按右側下拉式清單鈕 \ **下拉式方塊**，**資料列來源類型** 選按右側下拉式清單鈕 \ **值清單**，**資料列來源** 輸入 「"男";"女"」。

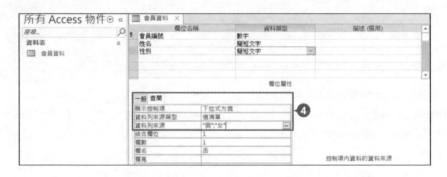

設定 "生日" 的欄位名稱與資料類型：**欄位名稱** 輸入「生日」，**資料類型** 選按右側下拉式清單鈕 \ **日期/時間**，再於 **一般** 標籤 **格式** 選按右側下拉式清單鈕 \ **簡短日期**。

STEP **06** 設定 "電話" 的欄位名稱與資料類型：**欄位名稱** 輸入「電話」，**資料類型** 選按右側下拉式清單鈕 \ **簡短文字**，再於 **一般** 標籤 欄位大小 輸入「20」。

STEP **07** 設定 "郵遞區號" 的欄位名稱與資料類型：**欄位名稱** 輸入「郵遞區號」，**資料類型** 選按右側下拉式清單鈕 \ **簡短文字**，再於 **一般** 標籤 欄位大小 輸入「6」。

STEP **08** 設定 "住址" 的欄位名稱與資料類型：**欄位名稱** 輸入「住址」，**資料類型** 選按右側下拉式清單鈕 \ **簡短文字**，再於 **一般** 標籤 欄位大小 輸入「50」。

小 提 示

"電話" 與 "郵遞區號" 為什麼要設定成 "簡短文字" 類型？

雖然 "電話" 和 "郵遞區號" 這二個欄位是由數字所組成的資料內容，不過 "電話" 和 "郵遞區號" 都無法進行數學運算，也就是電話號碼之間或郵遞區號之間並不能執行加減乘除，所以其本質並不是數字，因此要選用 **簡短文字** 資料類型。

STEP **09** 設定 "電子郵件" 的欄位名稱與資料類型：**欄位名稱** 輸入「電子郵件」，
資料類型 選按右側下拉式清單鈕 \ **超連結**。

STEP **10** 設定 "待辦護照" 的欄位名稱與資料類型：**欄位名稱** 輸入「待辦護照」，
資料類型 選按右側下拉式清單鈕 \ **是/否**，再於 **一般** 標籤 **格式** 選按右側
下拉式清單鈕 \ **Yes/NO**。

STEP **11** 設定 "備註" 的欄位名稱與資料類型：**欄位名稱** 輸入「備註」，**資料類型**
選按右側下拉式清單鈕 \ **長文字**。

小 提 示

關於 "描述" 欄的使用

描述 欄位的功能主要是記載該欄位的相關說明，雖然不是必填
的欄位，但對於移交其他人員建檔時，即可藉由描述對資料表欄位進
行了解。描述說明除了在設計檢視模式下的 **描述** 欄位可以看見，也會
同步顯示在資料表檢視模式下的狀態列。

設定資料欄位的輸入遮罩

有些欄位內的資料 (例如：生日、電話)，在輸入時如果有規定特定的格式，可以幫助使用者正確地將資料輸入到資料表。**輸入遮罩** 是一連串的字元，會指出有效輸入值的格式，包含：遮罩字元 (指定輸入資料的位置、容許的資料類型及字元數)，以及定位符號 (括弧、句點及連字號) 所組合成的格式。

STEP 01 希望輸入生日資料時出現「 _ _ _ _ ／ _ _ ／ _ _ 」遮罩。按一下 "生日" 欄位，然後於 **一般** 標籤 **輸入遮罩** 空白欄按一下，再按其右側 ⊡ **建立** 鈕，啟動 **輸入遮罩精靈**，按 **是** 鈕先儲存資料表。

STEP 02 選取需要的遮罩格式後按 **下一步** 鈕，在 **試試看吧** 欄按一下滑鼠左鍵測試遮罩格式，按 **下一步** 鈕再按 **完成** 鈕，完成 **輸入遮罩精靈** 設定。

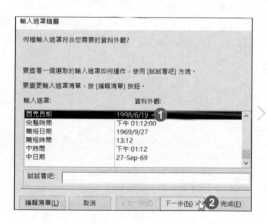
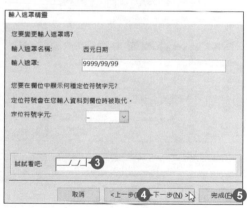

STEP 03 回到主畫面，在 **輸入遮罩** 中會產生遮罩設定結果。

STEP 04 希望輸入電話資料時出現「(__)___-____」遮罩。按一下 "電話" 欄位，然後於 **一般** 標籤 **輸入遮罩** 空白欄按一下，再按其右側 ⊡ **建立** 鈕，啟動 **輸入遮罩精靈**，按 **是** 鈕先儲存資料表。

STEP 05 選取需要的遮罩格式後按 **下一步** 鈕，在 **試試看吧** 欄位按一下滑鼠左鍵測試遮罩格式，按 **下一步** 鈕。

接著會詢問資料儲存時是否要包含遮罩符號，核選 **遮罩中含有符號，就像:**，按 **下一步** 鈕，再按 **完成** 鈕完成 **輸入遮罩精靈** 設定。回到主畫面，在 **輸入遮罩** 中會產生遮罩設定結果。

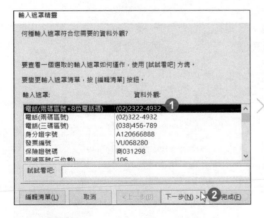

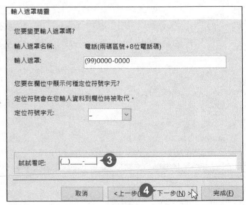

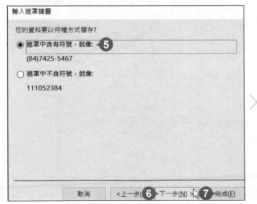

■ 14-16

設定資料欄位的驗證規則

驗證規則的設計是為了讓使用者在輸入資料時不容易出錯,也更能確保資料的正確率,例如要讓 "郵遞區號" 欄位內的數值必須為 3~6 位數,就可以在驗證規則設定資料輸入的數字區間大於等於 100,而小於 1000000。

STEP**01** 按一下 "郵遞區號" 欄位,再於
一般 標籤 **驗證規則** 欄位輸入
「 >= 100 And < 1000000 」。

STEP**02** 在 **驗證文字** 欄位輸入「郵遞
區號輸入錯誤,請重新輸入
3~6 位數郵遞區號。」,當輸
入的資料違反規則就會出現此
訊息。

資料表中欄位的設定到此已經完成,請於 **檔案** 索引標籤選按 **儲存檔案**,將資料表儲存起來。

小提示

違反驗證規則後的狀況

如果在輸入欄位值時違反設定的驗證規則,驗證文字會顯示在彈出式對話方塊中。

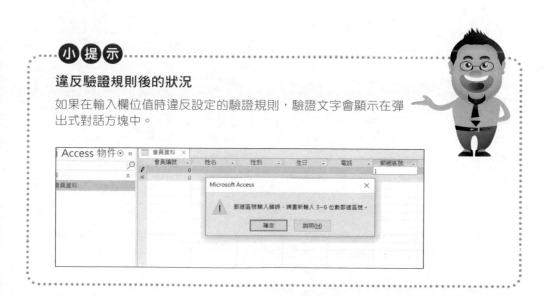

14.3 資料表資料的輸入與儲存

完成前面資料表欄位的相關設定，可以開始在資料表中輸入資料內容了。

STEP 01 確認開啟 "會員資料" 資料表後，進入這個資料表的 **資料工作表檢視** 模式下，準備輸入資料。於 **常用** 索引標籤選按 **檢視 \ 資料工作表檢視**，按 **是** 鈕儲存資料表後，可按收縮鈕將左側的 **物件窗格** 暫時隱藏，如此即可擁有較寬裕的輸入畫面。

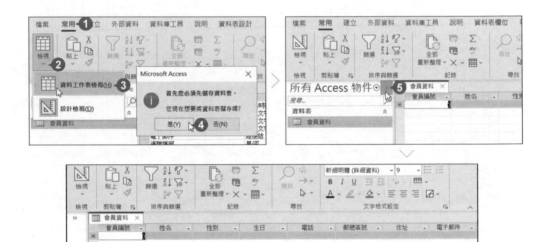

STEP 02 目前並沒有任何資料，依下列表格內容，將資料輸入到資料表中。

會員編號	姓名	性別	生日	電話	郵遞區號	住址	電子郵件	待辦護照	備註
1912001	劉玉惠	女	1985/2/2	(02)2767-1757	105	台北市松山區八德路4段692號 6樓	amber@gmail.com	yes	全素
1912002	林裕江	男	1979/11/21	(04)2622-4299	436	台中市清水區中山路196號	winston@yahoo.com		水果餐
1912003	王麗卿	女	1973/11/3	(04)9245-5888	542	南投縣草屯鎮和興街98號	yoyo@gmail.com		全素
1912004	林如君	女	1993/1/16	(02)2782-5220	115	台北市南港區南港路1段360號7樓	doris@gmail.com	yes	
1912005	黃子辰	男	1981/4/11	(07)3851-5680	807	高雄市九如一路502號	bear@gmail.com		全素
1912006	郭俞民	男	1980/7/21	(02)2733-5831	106	台北市大安區辛亥路3段15號	steven@gmail.com		全素
1912007	莊雅姍	女	1988/6/30	(03)9369-6180	260	宜蘭市舊城北路21號	lily@hotmail.com		
1912008	黃憶苓	女	1954/2/25	(06)2219-0390	700	台南市中西區忠義路二段47號35樓	cynthia@gmail.com	yes	
1912009	陳俊辰	男	1995/4/19	(05)6260-3890	632	雲林縣虎尾鎮中正路15號	ken@hotmail.com		蜜月旅行
1912010	劉欣儀	女	1996/3/27	(02)2551-3636	103	台北市大同區承德路一段17號	aileen@hotmail.com		蜜月旅行

STEP 03 資料輸入後，按 `Enter` 鍵或 `Tab` 鍵可移往下一個欄位。

STEP 04 "性別" 欄位可以透過下拉式清單選按 "男" 或 "女"。

STEP 05 "生日" 與 "電話" 欄位有設定遮罩，輸入時會顯示。

STEP 06 "住址" 欄位，若是欄位寬度不夠，可將滑鼠指標移至與下欄的邊界線上呈 ✛ 狀時，連按二下滑鼠左鍵自動調整欄寬，或直接拖曳手動調整欄寬。

STEP 07 "待辦護照" 欄位，若是需要辦理請核選核取方塊。(☑ 代表的值為 "Yes")

STEP 08 完成資料內容的輸入後，請於 **檔案** 索引標籤選按 **儲存檔案**，儲存輸入的資料內容。

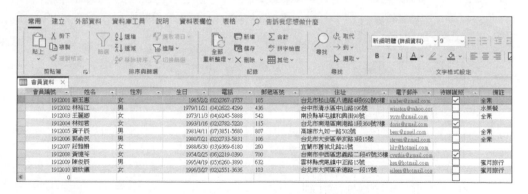

14.4 外部資料的匯入

透過 **匯入**，可將其他來源資料匯入成為資料表。可以匯入的資料檔案格式包含：Excel、Access 的檔案，也可以是文字檔、XML 檔，或是經由 ODBC 方式交換來的資料庫檔案。

範例 "會員管理" 資料庫中，每個會員的套裝行程資料已儲存在 Excel 檔案工作表，在此將匯入 Access 的資料庫統一管理。

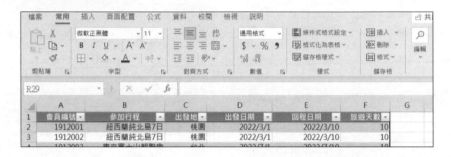

STEP 01 於 **外部資料** 索引標籤選按 **新增資料來源 \ 從檔案 \ Excel**。

STEP 02 於 **取得外部資料 - Excel 試算表** 對話方塊，按 **瀏覽** 鈕開啟範例原始檔資料夾的 **<套裝行程.xlsx>**，再確認核選 **匯入來源資料至目前資料庫的新資料表**，最後按 **確定** 鈕。

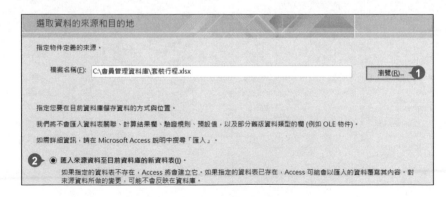

STEP 03 於 **匯入試算表精靈** 對話方塊，首先核選 **第一列是欄名**，按 **下一步** 鈕。選按 **會員編號** 欄名並在 **欄位選項** 中設定資料屬性，包含 **資料類型** 與 **索引** 後按 **下一步** 鈕。

STEP 04 核選 **自行選取主索引鍵** 後在清單中選取 **會員編號**，最後按 **下一步** 鈕。於 **匯入至資料表** 輸入「套裝行程資料」，再依序按 **完成** 鈕與 **關閉** 鈕完成取得外部資料的設定。(若有提示訊息請按 **確定** 鈕)

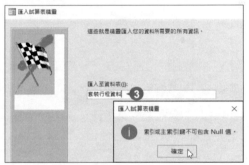

STEP 05 匯入 Excel 試算表之後，在 **物件窗格** 中會多一個 "套裝行程資料" 資料表，選按滑鼠左鍵二下展開後可以看到資料內容已經成功匯入。

14.5 儲存檔案與關閉 Access

儲存檔案的動作能在 Acccess 資料庫與資料表建置後，確保資料輸入的內容。

完成資料建置，記得先儲存該檔案再退出 Access：按視窗左上角的 **儲存檔案** 鈕即可存檔，接著按視窗右上角 ✕ **關閉** 鈕即可關閉 Access。

小提示

檔案關閉方式的差異

若在 **檔案** 索引標籤選按 **關閉** 時僅會關閉編輯中的資料庫，不會退出 Access，可以繼續新增或編輯其他資料庫檔案。

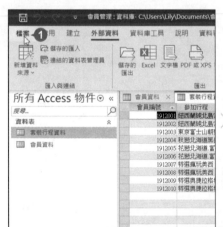 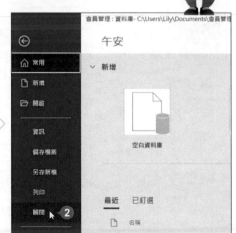

延伸練習

請依如下提示完成 "員工人事管理" 資料庫建立。

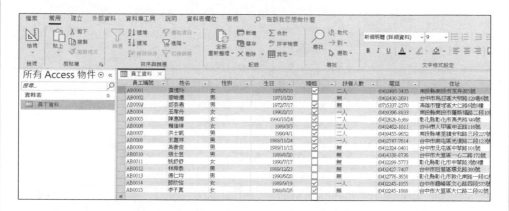

1. 新增 "員工人事管理" 的空白資料庫檔案。

2. 建立資料表與欄位：參考下表的欄位規劃新增 "員工資料" 資料表，並建立欄位名稱與資料類型：

欄位名稱	資料類型	資料類型說明
員工編號	簡短文字	欄位大小：10 字元
姓名	簡短文字	欄位大小：10 字元
性別	簡短文字	**查閱** 標籤中設定 **顯示控制項：下拉式方塊，資料來源類型：值清單，資料列來源："男";"女"。**
生日	日期/時間	簡短日期 (西元年 / 月 / 日) 套用輸入遮罩：**簡短日期**、**1969/9/27**

欄位名稱	資料類型	資料類型說明
婚姻	是/否	Yes/NO
扶養人數	簡短文字	欄位大小：2 字元
電話	簡短文字	欄位大小：20 字元 套用輸入遮罩：**電話(兩碼區號+8位電話碼)**
住址	簡短文字	欄位大小：50

設定完成後，欄位名稱與資料類型如下圖呈現。

3. 輸入資料表的資料：依下列表格內容，將資料輸入到資料表中。

員工編號	姓名	性別	生日	婚姻	扶養人數	電話	住址
AB0001	黃憶玲	女	1970/5/10	☑	二人	(04)2495-3435	南投縣南投市五井街5號
AB0002	廖竣儫	男	1971/1/20	☐	無	(04)2430-2691	台中市烏日區大明路129巷6號
AB0003	邱泰鼎	男	1972/7/17	☑	無	(07)5337-2570	高雄市鹽埕區大仁路6號6樓
AB0004	王拿伶	女	1990/2/19	☑	一人	(04)9396-8833	南投縣南投市福斯福路二段10號
AB0005	陳惠娜	女	1990/10/24	☑	二人	(04)2626-6369	彰化縣彰化市高美路349號
AB0006	賴佳琳	女	1989/3/3	☑	二人	(04)2462-1011	台中市大甲區中正路116號
AB0007	洪士凱	男	1990/4/1	☑	二人	(04)9455-9652	南投縣埔里鎮安和路三段227號
AB0008	王嘉祥	男	1988/11/24	☑	一人	(04)2747-7614	台中市南屯區光復路二段123號
AB0009	高豪俊	男	1989/11/15	☑	無	(04)2324-0401	台中市北屯區中華路101號
AB0010	張士昱	男	1989/8/20	☐	無	(04)4338-8736	台中市大里區一心二路172號
AB0011	姚舒舒	女	1990/7/17	☐	無	(04)2299-5773	彰化縣彰化市中華路3號6樓
AB0012	林舜泰	男	1989/12/23	☐	無	(04)2427-7407	台中市后里區環北路380號
AB0013	傅仁均	男	1990/6/20	☐	無	(04)2776-3658	彰化縣彰化市敦化南路一段82號
AB0014	鄧欣怡	女	1989/9/19	☑	一人	(04)2245-1055	台中市霧峰區文心路四段575號
AB0015	李子真	女	1988/8/26	☑	無	(04)2245-1888	台中市大里區大仁路二段92號

4. 儲存：最後記得儲存檔案，完成此作品。

15

A

零售管理資料庫
Access 資料排序、篩選與查詢

尋找・取代

排序・篩選・查詢物件

查詢準則・參數查詢

關聯資料庫

學習重點

面對龐大的零售產品訂單明細，如何快速找到所需要的記錄，查詢特定日期刊登的產品，查詢所有廠商的訂購記錄，或是顯示各產品銷售總數...等，這些都是資料庫最實務的應用。

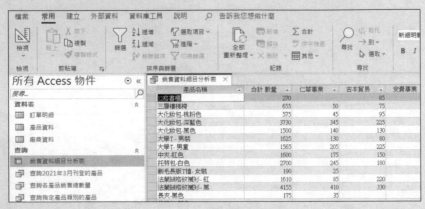

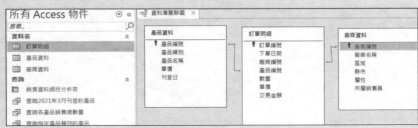

▶ 資料尋找與取代	▶ 依表單篩選	▶ 為查詢加上篩選準則
▶ 資料排序的準則	▶ 暫停或清除篩選條件	▶ 參數查詢的使用
▶ 單欄排序	▶ 查詢與資料表的關係	▶ 關聯式資料庫的使用
▶ 多重欄位排序	▶ 查詢物件的使用	▶ 合計查詢與交叉查詢
▶ 依選取範圍篩選	▶ 修改查詢物件	

原始檔：<本書範例 \ ch15 \ 原始檔 \ 零售管理.accdb>
完成檔：<本書範例 \ ch15 \ 完成檔 \ 零售管理.accdb>

15.1 資料尋找與取代

資料的尋找非常重要，當資料庫中的資料愈來愈多且記錄欄位愈來愈複雜時，在 Access 可以使用 **尋找** 功能快速並精準地執行搜尋的工作。

資料尋找

開啟範例原始檔 <零售管理.accdb> 資料庫後，於左側 **所有 Access 物件** 窗格 **資料表 \ 廠商資料** 連按二下滑鼠左鍵開啟 "廠商資料" 資料表，接著找出該資料表 "廠商名稱" 中第一個字為 "宏" 的廠商：

STEP 01 選按 "廠商名稱" 欄任一筆資料後於 **常用** 索引標籤選按 **尋找**，於 **尋找及取代** 對話方塊 **尋找** 標籤設定 **符合：欄位的開頭**，**尋找目標** 輸入關鍵字後按 **尋找下一筆** 鈕。

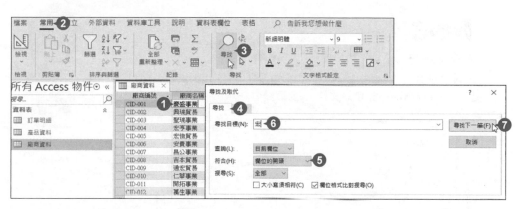

STEP 02 Access 會開始在指定的欄位中查詢符合條件的資料，記錄指標會移動到該筆符合的資料位置。

小提示

尋找功能中 "符合" 的選項

尋找及取代 對話方塊 **尋找** 標籤的 **符合** 選項有三個選項：

1. **欄位的任何部分**：關鍵字只要出現在尋找欄位中就符合條件。
2. **整個欄位**：關鍵字必須與尋找欄位中的資料完全符合。
3. **欄位的開頭**：關鍵字必須與尋找欄位中的資料開頭相符。

STEP 03 逐步按 **尋找下一筆** 鈕，可依序找到符合條件的資料記錄，直到出現提示訊息："... 已完成搜尋記錄..."，代表整份資料表已經完全搜尋完畢，按 **確定** 鈕，再於 **尋找及取代** 對話方塊按右上角 **關閉** 鈕，結束尋找工作。

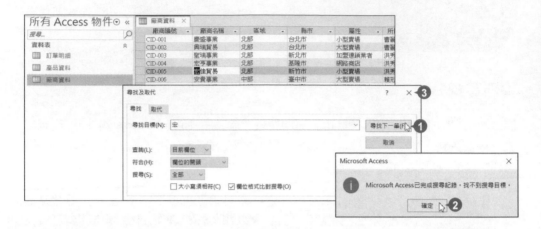

小提示

尋找功能中 "查詢" 與 "搜尋" 的選項

尋找及取代 對話方塊 **尋找** 標籤的 **查詢** 代表尋找的範圍，可以設定為 **目前欄位** 或 **目前文件** 中全部欄位。

搜尋 代表尋找的方向，可以設定 **向上**、**向下** 或 **全部** 搜尋。

資料取代

取代 是尋找到符合條件的資料後可以執行的動作,以下在 "廠商資料" 資料表中,將某個 "廠商名稱" 中的 "宏" 改成 "鴻":

STEP 01 選按 "廠商名稱" 欄任一筆資料,於 **常用** 索引標籤選按 **取代**,於 **尋找及取代** 對話方塊 **取代** 標籤設定 **符合:欄位的任何部分**,輸入 **尋找目標:**「宏」與 **取代為:**「鴻」。

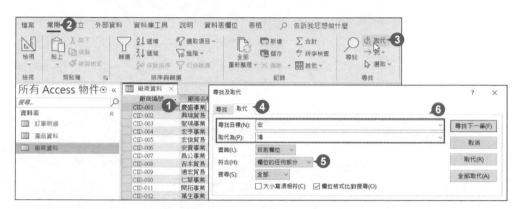

STEP 02 按 **尋找下一筆** 鈕找到第一筆符合條件的資料,若確定為要取代的資料按 **取代** 鈕將 "宏" 改成 "鴻",並自動再找到第二筆有 "宏" 的廠商名稱,若需要取代可再按 **取代** 鈕,若不需取代可按 **尋找下一筆** 鈕找到下一筆符合條件的資料。

STEP 03 若顯示對話方塊告知已無符合條件資料,按 **確定** 鈕。完成後於 **尋找及取代** 對話方塊按右上角 **關閉** 鈕結束取代工作。

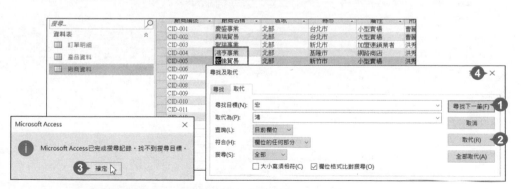

(若於 **尋找及取代** 對話方塊按 **全部取代** 鈕,不會逐筆確認,而會一次將欄位中所有符合的資料全部取代。)

15.2 資料的排序

將資料依所需要的方式排列順序，是資料庫中十分重要的動作，資料藉由排序可以讓使用者得到不一樣的資訊與內容。

排序準則

Access 中的資料排序方式其實十分易懂：數字的排序以數字大小為基準；中文字的排序以筆劃多寡為依據；英文字母以字母順序排列，下表依各資料類型整理了遞增排序的準則：

資料類型	遞增排序的準則
文字型態	依照：空白字串、數字（0 - 9）、英文字母（A - Z 目前 Access 排序不考慮大小寫)、中文 (筆劃比較少的排前面)。 中文排序時，當第一個字相同，會以第二個字比較 (例如遞增排序："孫小燕" 會排在 "孫曜君" 之前)。
日期、時間型態	依據序列值的大小判斷，遞增排序時，序列值小的排列在前，序列值大的排列在後。 日期序列值的定義：以 1900 年 1 月 1 日為 1，往後每增加 1 天，日期序列值就增加 1。 時間序列值的定義：以一整天 (24小時) 為 1。例如：早上 6 點，時間序列值就是 0.25；中午 12 點，時間序列值就是 0.5。
數字型態	數字愈小，排在愈前面。
邏輯型態	Yes (☑ 打勾記錄) 代表值是 -1，因此排在前面。 No (☐ 沒打勾記錄) 代表值是 0，因此排在後面。

單欄排序

資料表常依單一欄位進行排序，以下依 "產品資料" 資料表中 "刊登日" 欄位為排序依據，將最近期的排列在最上方。

STEP 01 開啟 "產品資料" 資料表，選取 "刊登日" 欄位第一個儲存格，於 **常用** 索引標籤選按 **遞減**。

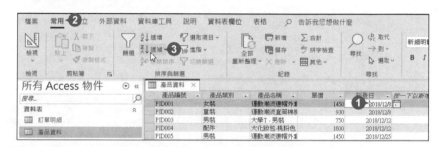

STEP 02 整個資料表內容會依 "刊登日" 欄位的資料遞減排序，如此一來最近期的資料記錄會排列在第一筆 (日期排列的準則可參考上頁說明)，"刊登日" 欄位旁也會出現一個向下箭頭圖示。

STEP 03 若要移除排序的設定，於 **常用** 索引標籤選按 **移除排序** 恢復資料表原來的排序方式。

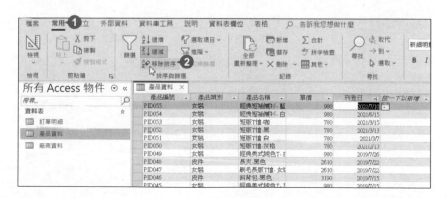

多重欄位排序

多重欄位的排序需要設定二種以上的條件，以下希望第一個條件依 "產品類別" 排序，第二個條件依 "產品編號" 排序。

STEP **01** 在 "產品資料" 資料表中若有套用排序，先移除排序動作，接著於 **常用** 索引標籤選按 **進階 \ 進階篩選/排序**。

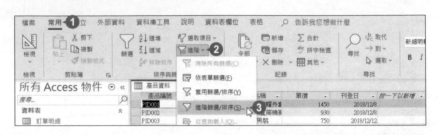

STEP **02** 於 "產品類別" 連按二下滑鼠左鍵，會產生第一個條件為 **欄位：產品類別**，設定 **排序：遞增**。於 "產品編號" 連按二下滑鼠左鍵，會產生第二個條件為 **欄位：產品編號**，設定 **排序：遞增**。

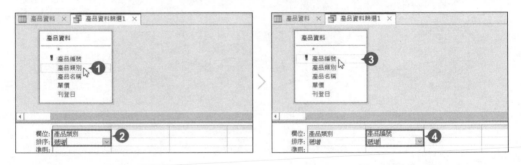

STEP **03** 設定完進階篩選排序的選項後，於 **常用** 索引標籤選按 **切換篩選**，即可看到排序後的結果。

STEP 04 若要移除這個篩選排序的設定，於 **常用** 索引標籤選按 **移除排序** 恢復資料表原來的排序方式。

小提示

更簡單的多重欄位排序方法

另一種簡單的多重欄位排序，那就是單欄排序的動作連續執行。

以下雖然跟上頁一樣是於 "產品資料" 資料表中依第一個條件 "產品類別" 遞增排序、依第二個條件 "產品編號" 遞增排序，執行的順序卻不同。單欄排序動作連續執行的結果會以最後指定的排序條件為主，而 **進階篩選/排序** 功能執行的結果則是以第一個排序條件為主。

先選取次要排序的欄 "產品編號"，於 **常用** 索引標籤選按 **遞增**；再選取主要排序的欄 "產品類別"，於 **常用** 索引標籤選按 **遞增**，完成與上頁相同結果的排序動作。

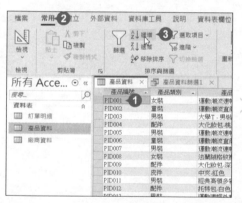 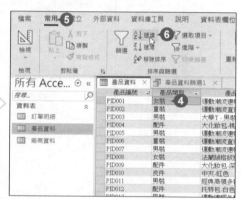

15.3 資料的篩選

篩選 功能能找出符合準則的資料，如果設定的準則越多，找到的記錄就越準確。

依選取範圍篩選

STEP 01 開啟剛才使用的 "產品資料" 資料表，首先要找出 "產品類別" 為 "男裝" 的產品：在 "產品類別" 欄位選取任何一筆記錄 "男裝" 的資料，於 **常用** 索引標籤選按 **選取項目 \ 等於 "男裝"**。

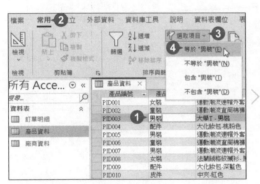 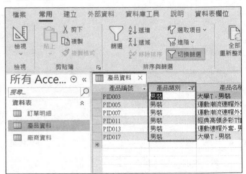

STEP 02 第二個篩選條件，依原來篩選後的資料再篩選出產品名稱有 "運動" 二字的產品：在 "產品名稱" 欄位選取任何一筆記錄中的 "運動" 二字，於 **常用** 索引標籤選按 **選取項目 \ 包含 "運動"**，此時會顯示符合篩選值的資料，"產品名稱" 欄位旁會顯示篩選的圖示 🔽。

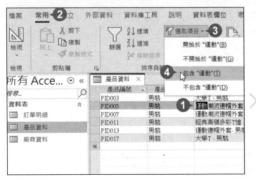 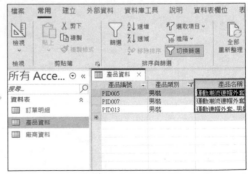

STEP 03 若要移除這個篩選的結果，可於 **常用** 索引標籤選按 **進階 \ 清除所有篩選** 將資料表恢復原狀。

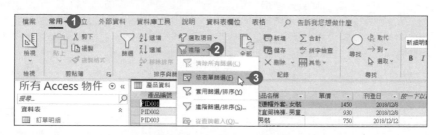

依表單篩選

篩選出資料工作表中包含特定值的記錄，可以使用 **依表單篩選**，以下希望可以篩選出產品類別為：" 女裝 "、" 男裝 " 與 " 童裝 " 的資料。

STEP**01** 繼續使用 " 產品資料 " 資料表，先移除之前的篩選設定，再於 **常用** 索引標籤選按 **進階 \ 依表單篩選**。

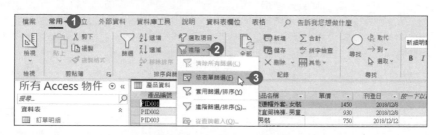

STEP**02** 於 **產品資料：依表單篩選** 標籤設定篩選條件：在 " 產品類別 " 欄中選擇 " 女裝 "，按 **或** 頁籤增加另一個篩選條件，在 " 產品類別 " 欄中選擇 " 男裝 "，按 **或** 頁籤增加另一個篩選條件，在 " 產品類別 " 欄中選擇 " 童裝 "。

STEP**03** 於 **常用** 索引標籤選按 **切換篩選**，將表單設定的條件套用到資料表之中，篩選出 " 女裝 "、" 男裝 " 與 " 童裝 " 類別的產品資料。

暫停篩選或清除篩選條件

已經執行 **篩選** 動作的資料表，可以暫停篩選設定顯示原來的資料，但其篩選條件仍然存在。唯有清除篩選條件後，資料表的內容才會真正恢復原狀。

STEP 01 經過篩選設定後，此時於 **常用** 索引標籤的 **切換篩選** 功能是按下狀態，只要再按一次該鈕，可以暫停篩選設定，恢復原來的資料內容；若要再次套用，只要再按一次 **切換篩選** 即可套用篩選。

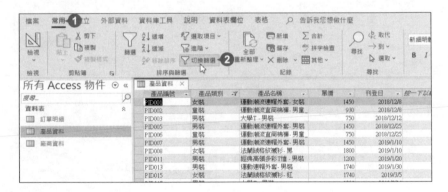

STEP 02 若要真正清除篩選條件，可以於 **常用** 索引標籤選按 **進階 \ 清除所有篩選** 將資料表恢復原狀。

15.4 查詢物件的使用

藉由 **查詢設計** 可以將尋找、排序、篩選出來的資料記錄儲存成一般物件，並可顯示來自一或多個資料表、其他查詢、或同時來自這兩者的資料。

什麼是查詢？

面對無法儲存尋找、排序與篩選結果的問題，就可以藉由查詢物件。查詢可以依條件的設定，從一個或多個資料表中尋找符合條件的記錄，也可建立動態式的查詢結果，讓不同的查詢參數找到不同記錄；更重要的是查詢出來的結果可以單獨地儲存成一般物件，當依據的資料表內容有所更動時，查詢的結果會自動隨著調整。

查詢的資料來源可以是資料表或之前建立的查詢物件，所以查詢的結果可說是由資料表擷取而來。查詢中如果要擷取多個資料表資料時，資料表與資料表之間必須要有特定的關聯存在。當資料表之間已設定關聯時會於加入查詢後自動顯示其關聯性，若資料表本身並未建立關聯時，Access 會尋找資料表之間是否有相同的欄位名稱，自動以該欄位建立關聯。

資料來源區：顯示可以取用的資料表或查詢資料與關聯狀況。

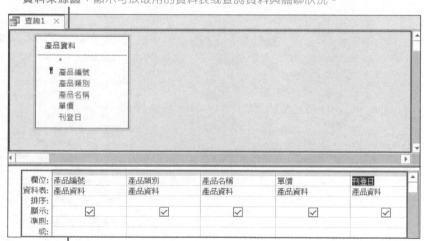

條件設定區：設定查詢條件的地方。

建立查詢物件

建立查詢的方法很多，大致可以分成精靈引導模式或直接在設計檢視中輸入準則條件並執行。除此之外，查詢還可從一個或多個的資料表中擷取資料，並且對記錄進行分組、總計、計數、平均值以及其他類型的加總計算功能。

繼續使用前面的範例 <零售管理.accdb>，現在要介紹如何新增一個查詢物件，並將 "產品資料" 資料表中的內容依 "刊登日" 遞減排序：

STEP**01** 於 **建立** 索引標籤選按 **查詢設計** 開啟右側 **新增表格** 窗格，於 **資料表** 標籤選按 "產品資料"，按 **新增選取的資料表** 鈕。

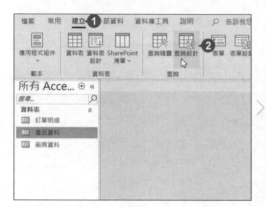

STEP**02** 將滑鼠指標移至上方資料來源區裡的 **產品資料** 標題列，連按二下滑鼠左鍵選取全部欄位。將滑鼠指標移至已選取的欄位項目上，拖曳到下方的條件設定區再放開滑鼠左鍵。

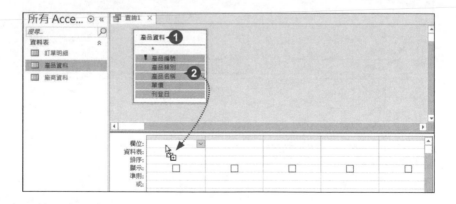

STEP **03** 放開滑鼠左鍵後，"產品資料" 資料表的所有欄位將自動置入下方的條件設定區中。

STEP **04** 設定查詢條件，依產品資料的 "刊登日" 時間遞減排序：將 "刊登日" 欄位中的 **排序** 方式，設定為 **遞減**，於 **查詢設計** 索引標籤選按 **執行**。

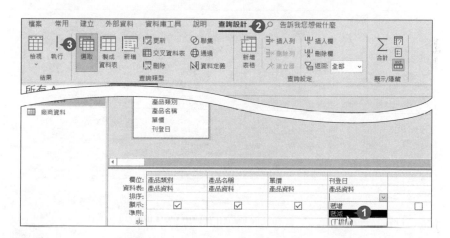

STEP **05** 產品資料會依照 "刊登日" 欄位遞減排序 (最新的一筆資料會在第一列)。

產品編號	產品類別	產品名稱	單價	刊登日
PID055	女裝	經典短袖襯衫-藍	980	2021/7/10
PID054	女裝	經典短袖襯衫-白	980	2021/6/15
PID053	女裝	短版T恤-咖	780	2021/3/15
PID052	女裝	短版T恤-黑	780	2021/3/13
PID051	女裝	短版T恤-白	780	2021/3/7
PID050	女裝	短版T恤-灰格	780	2021/2/15
PID049	女裝	經典美式純色T-白	980	2019/7/26
PID048	皮件	長夾-黑色	2610	2019/7/22
PID047	女裝	刷毛長版T恤-女裝	2610	2019/7/22
PID046	皮件	斜背包-黑色	3190	2019/7/15
PID045	女裝	經典美式純色T-灰	980	2019/7/15
PID043	女裝	超輕可臨外套-女裝	3900	2019/7/9
PID044	皮件	零錢包-黑色	2900	2019/7/9
PID042	童裝	圓領暖溫衣-男童	1200	2019/7/7
PID041	家俱	三層樓梯椅	820	2019/7/7
PID040	童裝	機能運動風褲-女童-粉紅	900	2019/7/2
PID039	家俱	12格書櫃	2500	2019/7/2

儲存查詢結果，按視窗左上角的 **儲存檔案** 鈕，於 **另存新檔** 對話方塊輸入
查詢名稱：「產品資料_依刊登日遞減排序」，按 **確定** 鈕完成儲存動作。

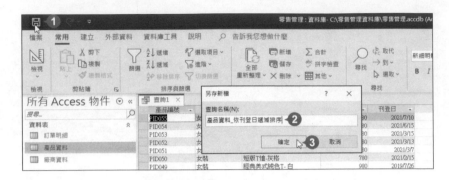

存檔後可以於左側 **物件窗格** 的 **查詢** 物件類別中，看見剛剛建立好的 "產
品資料_依刊登日遞減排序" 查詢。

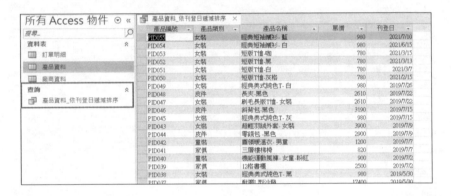

小 提 示

物件窗格沒有顯示 "查詢" 物件？

如果左側 **物件窗格** 中沒有 **查詢** 物
件，請確認是否已經於 ⊙ \ **瀏覽至類
別** 選項裡面核選 **物件類型**，或者於 **依
群組篩選** 選項裡面核選 **所有 Access
物件**。

修改查詢條件

如果需要修改已經製作完成的查詢結果，或想依循既有的查詢物件設計新的查詢物件，可依照下述方式進入查詢設計檢視視窗修正。

STEP **01**　先確認選取並開啟欲修改的查詢物件，接著於 **常用** 索引標籤選按 **檢視 \ 設計檢視** 就可以進入查詢的設計檢視視窗。

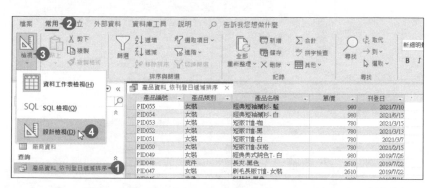

STEP **02**　**顯示** 列中取消核選 "產品編號"，只顯示其他四個欄位，再指定以 "產品類別" 欄位 **遞增** 排序。

小提示

隱藏 \ 刪除不需要的欄位

已加入條件設定區中的欄位，除了可於 **顯示** 列以核選、不核選決定該欄位資料是否顯示。若確定不需要該欄位項目，也可將滑鼠指標移至該欄位名稱上，呈 ↓ 時，按一下滑鼠左鍵選取該欄，再按 Del 鍵刪除。

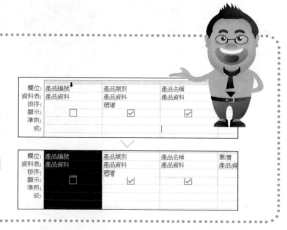

稍加變更查詢欄位與條件後，馬上執行看看調整後的結果：於 **查詢設計** 索引標籤選按 **執行**，出現新的查詢結果。

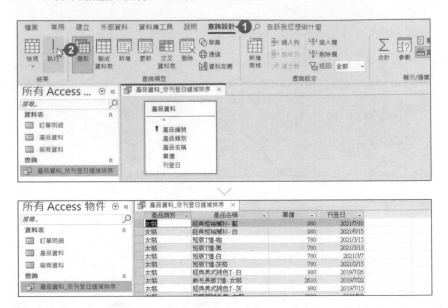

確認執行結果後，若想將調整過的查詢結果另存為新的查詢物件，可選按 **檔案** 索引標籤，選按 **另存新檔 \ 另存物件為 \ 另存新檔** 鈕，於 **另存新檔** 對話方塊輸入新的物件名稱：「產品資料_依類別+刊登日排序」，再按 **確 定** 鈕。

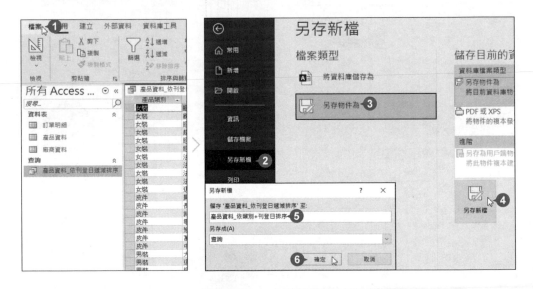

另存後可於左側 **物件窗格** 的 **查詢** 物件類別中，看見剛剛另存的查詢物件。

15.5

查詢準則的設定

查詢後的資料也可以再篩選！查詢準則與公式相似，可以包含欄位參照、運算子及常數字串，當資料庫中的資料符合指定的準則時，才會顯示於查詢結果中。

為查詢加上篩選準則

STEP **01** 使用 "產品資料" 資料表查詢 "產品類別" 名稱為 "配件" 的資料：首先於 **建立** 索引標籤選按 **查詢設計** 開啟右側 **新增表格** 窗格，於 **資料表** 標籤選按 "產品資料"，按 **新增選取的資料表** 鈕。

STEP **02** 條件設定區只加入如下圖四個欄位，在 "產品類別" 的 **準則** 列中輸入：「配件」，按 **Enter** 鍵完成輸入。

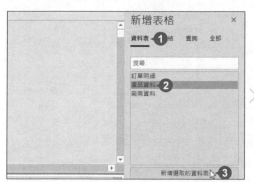
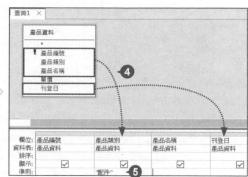

STEP **03** 於 **查詢設計** 索引標籤選按 **執行**，會依查詢準則顯示結果。按視窗左上角的 **儲存檔案** 鈕，於 **另存新檔** 對話方塊輸入查詢名稱：「查詢產品類別為 "配件" 的產品」，最後按 **確定** 鈕完成儲存。

利用萬用字元設定準則

使用 "產品資料" 資料表，希望以 "刊登日" 欄位內的資料找出特定日期刊登的產品：

STEP 01 查詢產品刊登日期為 2021 年 3 月份的資料，並以遞減排序呈現。首先於
建立 索引標籤選按 **查詢設計** 開啟右側 **新增表格** 窗格，於 **資料表** 標籤選
按 "產品資料"，按 **新增選取的資料表** 鈕。

STEP 02 條件設定區只加入如下圖四個欄位，在 "刊登日" 的 **準則** 列中輸入：
「2021 / 3 / *」(按 **Enter** 鍵後會自動轉換為：Like "2021/3/*")，接著設定
排序 欄為 **遞減**。

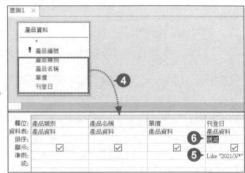

STEP 03 於 **查詢設計** 索引標籤選按 **執行**，會依準則查詢顯示結果。按視窗左上角
的 **儲存檔案** 鈕，於 **另存新檔** 對話方塊輸入查詢名稱：「查詢 2021 年 3
月份刊登的產品」，最後按 **確定** 完成儲存。

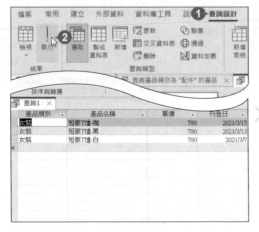
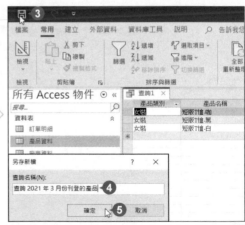

資 訊 補 給 站

"準則" 的應用

尋找資料必須在 **尋找目標** 欄位或 **準則** 列中輸入要尋找的目標條件或關鍵字，例如尋找 "林小明"，可以在 **尋找目標** 的欄位中輸入：「小」，如果怕自己記錯名字，可以只用 "林"、"小" 或 "明" 這樣單獨的關鍵字尋找。

一、關於萬用字元、字串及數字

如果再搭配上萬用字元 **?**、萬用字串 *****、萬用數字 **#**，可以讓尋找準則更加靈活，充滿彈性：

1. 萬用字元 **?** 代表任何一個字元或空格。

2. 萬用字串 ***** 代表任何一個、一個以上、或 0 個字元或空格。

3. 萬用數字 **#** 代表任何一個數字。

二、萬用字元、字串及數字使用範例

輸入尋找準則	搜尋結果
姓名準則："林*"	找出所有姓 "林" 的人
姓名準則："林*明"	找出 "林小明"、"林明明"、"林明"
姓名準則："*小*"	找出姓名中有 "小" 字的人
姓名準則："*明"	找出姓名結尾是 "明" 字的人
生日準則："200?"	找出在 "2000～2009" 出生的人
生日準則："200#"	找出在 "2000～2009" 出生的人
生日準則： Between #1980/1/1# And #1990/12/31#	找出 1980-1990 年出生的人
生日準則："*/9/*"	找出 9 月出生的同學
電話準則："02-*"	找出電話是 "02-" 開頭的號碼
住址準則："台中市*"	找出住在 "台中市" 的人

15.6 參數查詢的使用

參數查詢可以說是查詢的進階使用，執行時會顯示對話方塊，要求輸入要查詢的參數，接著就可以顯示查詢的結果。

認識參數查詢

如果要查詢 "零售管理" 資料庫中特定類別的產品，原來的設定方式是在查詢設計時將該產品類別名稱設為準則。然而這樣的方式只能查詢目前指定類別的產品，若要查詢另一個類別時，就必須再另外新增一個查詢。

如果改用 **參數** 方式，每次查詢者只要輸入欲查詢的產品類別，執行後得到最新結果，存檔後也只佔用一個查詢物件，這種以關鍵字為準則的查詢方式，比較實用且具彈性。

設定參數查詢

STEP **01** 於 **建立** 索引標籤選按 **查詢設計**，新增 "產品資料" 資料表，接著將資料來源區 "產品資料" 資料表中的所有欄位拖曳到下方條件設定區顯示。

STEP **02** 在 "產品類別" **準則** 列設定準則：輸入要顯示於參數對話方塊上的文字並以括號括住：「[請輸入欲查詢的類別名稱：女裝、男裝、童裝、配件、皮件、家俱]」。(輸入後選取此段文字，按 Ctrl + C 鍵複製此段文字，準備到下個步驟使用)

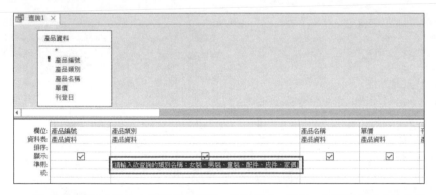

▲ 用 **參數查詢** 查詢特定類別的產品時，需要輸入 "正確" 的類別名稱才能找到正確記錄。因此於 **準則** 列輸入參數資料時可以將類別名稱一一列入，提示使用者要輸入哪些文字。

STEP 03 於 **查詢設計** 索引標籤選按 **參數**，於 **查詢參數** 對話方塊設定查詢參數的資料類型：**參數** 欄位下方第一列輸入或按 Ctrl + V 鍵貼上：「[請輸入欲查詢類別名稱：女裝、男裝、童裝、配件、皮件、家俱]」(有無前後的 "["、"]" 括號均可，但文字內容需與 **準則** 列中輸入的相同)，**資料類型** 欄位選擇 **簡短文字**，按 **確定** 鈕。

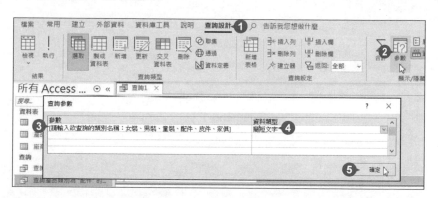

STEP 04 按視窗左上角的 **儲存檔案** 鈕，於 **另存新檔** 對話方塊輸入查詢名稱：「查詢指定產品類別的產品」，最後按 **確定** 鈕完成儲存動作。

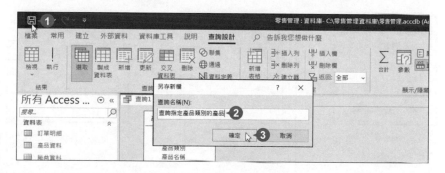

STEP 05 存檔後關閉查詢物件，於左側 **物件窗格** 的 **查詢** 物件類別中連按二下執行 "查詢指定產品類別的產品" 查詢物件。只要輸入查詢的類別名稱，即會顯示該類別的產品資料。

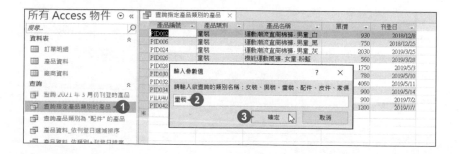

15.7 關聯式資料庫的使用

關聯式資料庫 簡單來說就是當資料庫中資料表之間擁有某個相同欄位時,建立資料表與資料表之間的關聯性。不但會加快資料處理的速度,又可發揮協同作業的效果。

關聯式資料庫運作

在同一個資料庫中,每個資料表都可能儲存不同主題的內容。若想要整合各個資料表,並且重新組合出有效的資訊,最常用的方法就是在各個資料表之中放置相關的共同欄位,並且定義資料表之間的關聯就可以達成這個目的。

例如,一份資料庫中建置了 "廠商資料"、"產品資料" 及 "訂單明細" 資料表,"訂單明細" 資料表可以利用 "廠商編號" 欄位與 "廠商資料" 資料表進行關聯,再利用 "產品編號" 欄位與 "產品資料" 資料表進行關聯。彼此關聯的這三份資料表可以設計出銷售資料表,查詢到每一筆訂單的訂單編號、訂購廠商名稱、區域、購買的產品及數量。

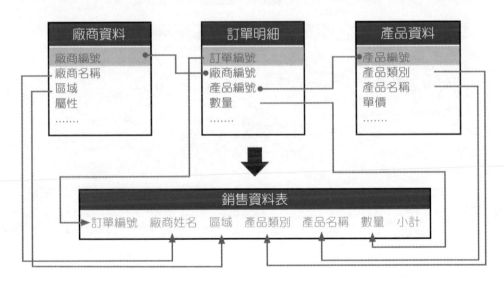

關聯式資料庫會比單一平面式的資料庫提供了更有效率的查詢,也可避免資料的重複問題,讓資料庫更容易管理,另外還可以建立子資料表 ... 等應用!

關聯建立

繼續使用前面的範例 <零售管理.accdb>，如上頁所述，建立 "廠商資料"、"產品資料" 及 "訂單明細" 三份資料表的關聯性，再整合各自的資料內容顯示在新的資料表中。

STEP 01 首先進入 **資料庫關聯圖** 頁面編輯：於 **資料庫工具** 索引標籤選按 **資料庫關聯圖** 開啟右側 **新增表格** 窗格。(若沒有出現 **新增表格** 窗格，可於 **關係設計** 索引標籤選按 **新增表格**)

STEP 02 於 **資料表** 標籤按 Ctrl 鍵不放一一選按所有資料表，按 **新增選取的資料表** 鈕。

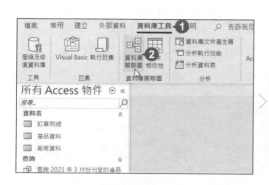
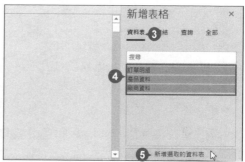

STEP 03 在 **資料庫關聯圖** 頁面中會顯示剛剛指定的資料表。如下圖先拖曳排列三個資料表，再拖曳 **產品資料 \ 產品編號** 欄位到 **訂單明細 \ 產品編號** 欄位上放開，於 **編輯關聯** 對話方塊會顯示目前關聯的欄位與方式，按 **建立** 鈕。

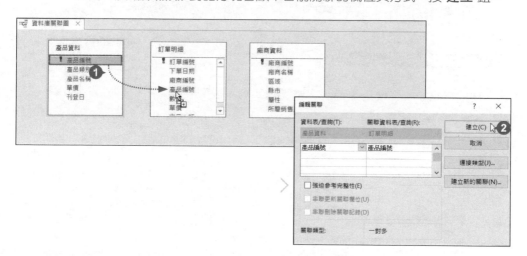

STEP **04** 回到 **資料庫關聯圖** 頁面會發現 **產品資料 \ 產品編號** 欄位到 **訂單明細 \ 產品編號** 欄位加入關聯線，利用相同方式建立 **廠商資料 \ 廠商編號** 欄位與 **訂單明細 \ 廠商編號** 欄位之間的關聯線。

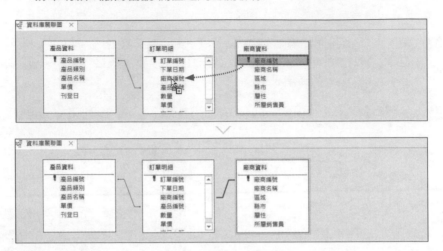

STEP **05** 於 **關係設計** 索引標籤選按 **關閉**，於對話方塊按 **是** 鈕儲存設定的資料庫關聯圖配置。

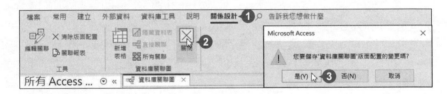

關聯建立後的資料表變化

完成關聯建立後，資料表會產生一些變化，可以分析出更多不一樣的資料內容。

STEP **01** 開啟 "產品資料" 資料表，在每筆產品資料前會顯示一個 "+" 號，按下後會展開顯示該產品編號有哪幾筆訂單、由哪些廠商訂購...等資料。

所有 Access 物件 ⊙ «	產品資料 ×					
搜尋...	產品編號	產品類別	產品名稱	單價	刊登日	廠
資料表	⊞ BID001	女裝	運動潮流連帽外套-女裝_白	1450	2018/12/8	
▦ 訂單明細	⊟ BID002	童裝	運動潮流直筒棉褲-男童_白	930	2018/12/8	
▦ 產品資料	訂單編號	下單日期	廠商編號	數量	單價	交易金額
	AB18-00196	2020/7/15	CID-009	45	930	$
▦ 廠商資料	AB18-00215	2020/7/15	CID-002	45	930	$
查詢	AB18-00242	2020/8/5	CID-011	25	930	$
▦ 查詢 2021 年 3 月份刊登的產品	AB18-00626	2021/2/15	CID-002	35	930	$
▦ 查詢指定產品類別的產品	AB18-00627	2021/2/15	CID-003	35	930	$
	AB18-00640	2021/2/15	CID-008	35	930	$
▦ 查詢產品類別為 "配件" 的產品	AB18-00641	2021/2/15	CID-009	35	930	$
▦ 產品資料_依刊登日遞減排序	AB18-00654	2021/2/15	CID-003	35	930	$
	AB18-00655	2021/2/15	CID-004	35	930	$
▦ 產品資料_依類別+刊登日排序	AB18-00668	2021/2/15	CID-009	35	930	$
	AB18-00669	2021/2/15	CID-010	35	930	$
	AB18-00682	2021/2/15	CID-004	35	930	$

STEP 02 開啟 "廠商資料" 資料表，在每筆廠商資料前會顯示一個 "+" 號，按下後會展開顯示該廠商訂購過哪些產品。

新增關聯查詢

完成資料庫關聯圖的設定後，接著要建立一個整合各個資料表中不同欄位的查詢：

STEP 01 於 **建立** 索引標籤選按 **查詢設計** 開啟右側 **新增表格** 窗格，於 **資料表** 標籤按 **Ctrl** 鍵不放選按所有資料表，按 **新增選取的資料表** 鈕。

STEP 02 資料表關係圖中已經呈現了關聯線，先參考下圖擺放資料表的位置。

STEP 03 於資料表欄位名稱上連按二下滑鼠左鍵可將該欄加入下方條件設定區顯示，分別加入 **訂單明細 \ 下單日期、數量，廠商資料 \ 廠商名稱，產品資料 \ 產品類別、產品名稱**，並如下圖擺放欄位前後位置。

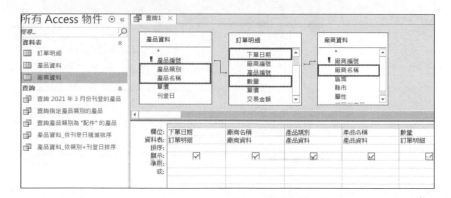

STEP 04 於 **查詢設計** 索引標籤選按 **執行**，查看建立好的關聯查詢結果。原來 "訂單明細" 資料表僅能顯示訂購的產品編號與廠商編號及數量，關聯後在查詢中顯示對應的產品及廠商名稱。

STEP 05 完成關聯查詢的製作後，儲存查詢結果。按視窗左上角的 **儲存檔案** 鈕，於 **另存新檔** 對話方塊輸入查詢名稱：「銷售資料細目記錄表」，最後按 **確定** 鈕完成儲存。

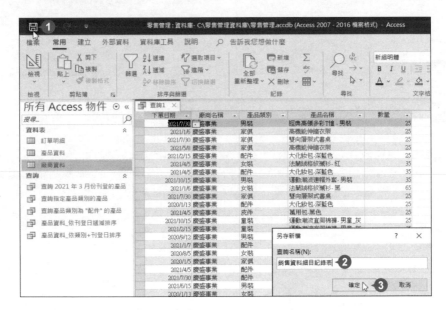

新增合計查詢

合計查詢 可用查詢所得資料進行總計、平均、筆數、最大或最小值及各式運算。例如這裡想要新增一個顯示產品訂購排行榜的查詢，其設定方式如下：

STEP 01 於 **建立** 索引標籤選按 **查詢設計** 開啟右側 **新增表格** 窗格，於 **資料表** 標籤按 **Ctrl** 鍵不放選按 "產品資料"、"訂單明細" 資料表，按 **新增選取的資料表** 鈕。

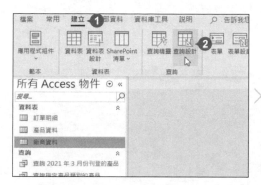 

STEP 02 資料表關係圖中已經呈現了關聯線，先加入 **產品資料 \ 產品類別** 與 **產品名稱**，再加入 **訂單明細 \ 數量**，共加入三欄資料到查詢中顯示。

STEP 03 於 **查詢設計** 索引標籤選按 **合計**，此時下方會顯示 **合計** 列。

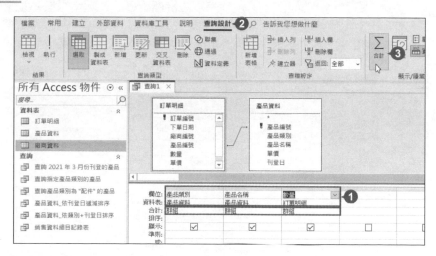

將 "數量" 的 **合計** 欄設定為 **總計**，統計每一個產品的訂購總數。接著設定 **排序** 欄為 **遞減**，將訂購數量由大排到小，形成訂單合計排行榜。

欄位:	產品類別	產品名稱	數量				
資料表:	產品資料	產品資料	訂單明細				
合計:	群組	群組	總計				
排序:			遞減				
顯示:	☑	☑	☑	☐	☐	☐	☐
準則:							
或:							

於 **查詢設計** 索引標籤選按 **執行** 顯示合計查詢的結果。此時除了顯示每個 產品指定的資料外，最後一欄會顯示每個產品被訂購的數量，並依該欄的 數值遞減排序。

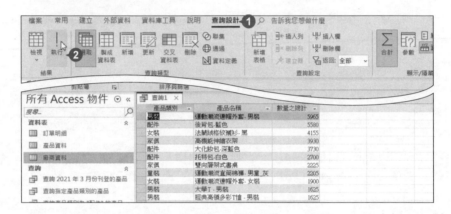

查詢中使用合計功能時，若沒有特別設計欄位名，會顯示原欄名加上合計 的名稱，如剛才建立的顯示為: "數量之總計"。若要修改為合適的欄名， 先於 **常用** 索引標籤選按 **檢視** 清單鈕 \ **設計檢視** 回到設定畫面:

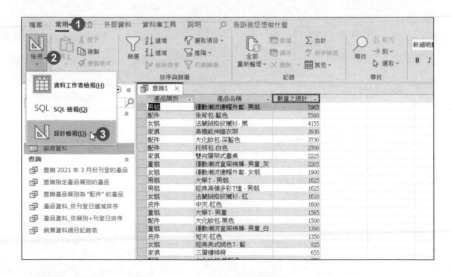

STEP 07 目前套用 **合計** 的為 "數量" 欄，將欄名輸入為：「各產品銷售總數量:數量」(冒號需為半形)，執行時欄名即會顯示為 "各產品銷售總數量"，讓瀏覽者更清楚了解該欄資料內容。

STEP 08 於 **查詢設計** 索引標籤選按 **執行** 顯示結果，可以看到原來的欄位名稱已經被更改為自訂名稱了。

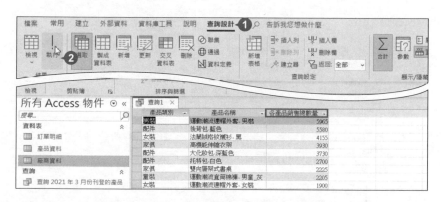

STEP 09 完成合計查詢的製作後，儲存查詢結果。按視窗左上角的 **儲存檔案** 鈕，於 **另存新檔** 對話方塊輸入查詢名稱：「查詢各產品銷售總數量」，最後按 **確定** 鈕完成儲存。

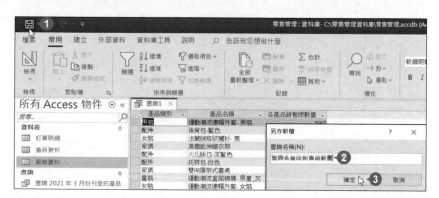

新增交叉查詢

交叉查詢可以對原來的資料表、查詢進行交叉分析,得到更多不同的結果。例如想要分析:廠商都訂購了哪些產品?最受歡迎的是哪一項產品?就可以利用以下的方式新增交叉查詢:

STEP**01** 於 **建立** 索引標籤選按 **查詢精靈**,於 **新增查詢** 對話方塊選按 **交叉資料表查詢精靈** 後按 **確定** 鈕。

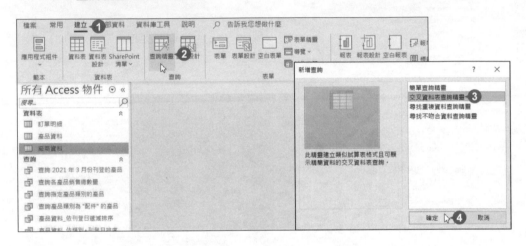

STEP**02** 進入精靈後首先設定產生資料的來源。在 **檢視** 中核選 **查詢** 後,再選按清單中的 **查詢: 銷售資料細目記錄表**,按 **下一步** 鈕。

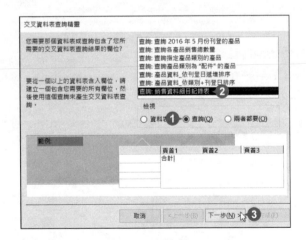

STEP **03** 設定 **產品名稱** 為列標題：在 **可用的欄位** 中選按 **產品名稱** 欄名後按 >
鈕將其設定到 **已選取的欄位** 中，再按 **下一步** 鈕。

 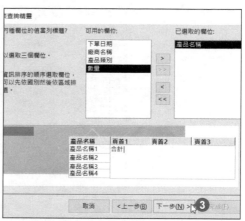

STEP **04** 選按 **廠商名稱** 為欄標題，按
下一步 鈕。

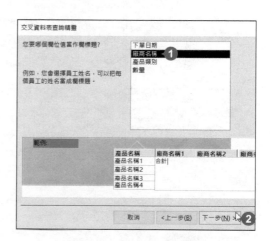

STEP **05** 最後設定欄列交叉要計算的數
值，核選 **是，加上列合計** 後
設定 **欄位：數量**，**函數：合
計**，再按 **下一步** 鈕。

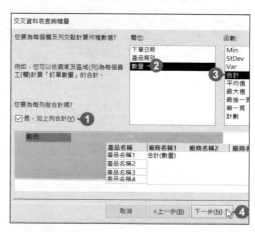

STEP 06 輸入查詢名稱：「銷售資料細目分析表」，按 **完成** 鈕完成建立交叉資料表與儲存的動作。

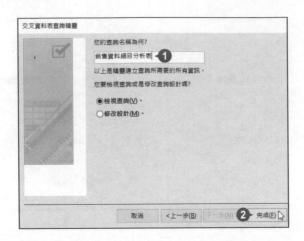

STEP 07 預設自動切換至 **資料工作表檢視** 模式。這份交叉查詢分析表可以看到 **產品名稱** 欄右側第一欄為 **合計 數量** 欄，即是每一項產品的總訂購數量，還可得知各廠商對每一項產品的訂購數量明細，進而了解廠商需求與喜好。

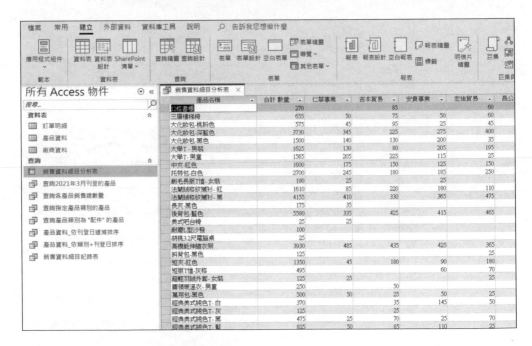

產品名稱	合計 數量	仁華事業	吉本貿易	安賣事業	宏佳貿易	昌公
ㄈ格書櫃	270		85		60	
三層樓梯椅	655	50	75	50	60	
大化妝包-桃粉色	575	45	95	25	45	
大化妝包-深藍色	3730	345	225	275	400	
大化妝包-黑色	1500	140	130	200	35	
大學T-男裝	1625	130	80	205	195	
大學T-男童	1565	205	225	115	25	
中夾-紅色	1600	175	150	125	150	
托特包-白色	2700	245	180	185	250	
刷毛長版T恤-女裝	190	25		25		
法蘭絨格紋襯衫-紅	1610	85	220	180	110	
法蘭絨格紋襯衫-黑	4155	410	330	365	475	
長夾-黑色	175	35				
後背包-藍色	5580	335	425	415	465	
美式吧台椅	25	25				
耐磨L型沙發	100					
胡桃3.2尺電腦桌	25					
高機能伸縮衣架	3930	485	435	425	365	
斜背包-黑色	125				25	
短夾-紅色	1350	45	180	90	180	
短版T恤-灰格	495			60	70	
超輕羽絨外套-女裝	125	25			25	
圓領暖溫衣-男童	250		50			
萬用包-黑色	500	50	25	50	25	
經典美式純色T-白	370		35	145	50	
經典美式純色T-灰	125		25			
經典美式純色T-黑	475	25	70	25	70	
經典美式純色T-藍	825	50	85	110	25	

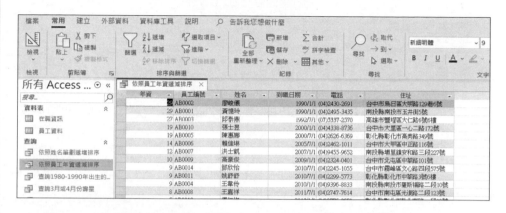

延伸練習

請依如下提示完成 "員工人事管理" 資料庫的查詢。

1. 開啟延伸練習原始檔 <員工人事管理.accdb>。

2. 建立 "依照姓名筆劃遞增排序" 查詢物件：使用 "員工資料" 資料表全部欄位，查詢依照 "姓名" 筆劃遞增排序的員工資料。

3. 建立 "查詢住址為「台中市」的員工聯絡資料" 查詢物件：使用 "員工資料" 資料表的如下欄位，查詢住址為 "台中市" 的員工資料。

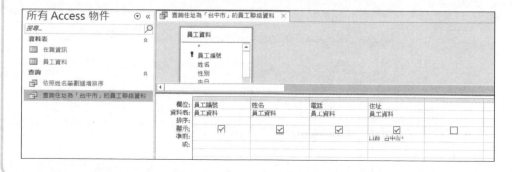

4. 建立 "查詢1980-1990年出生的男員工" 查詢物件：使用 "員工資料" 資料表的如下欄位，查詢出 "1980-1990" 年出生並遞增排序的 "男" 員工資料。

	欄位:	姓名	性別	生日	
查詢1980-1990年出生的男員工	資料表:	員工資料	員工資料	員工資料	
查詢住址為「台中市」的員工聯絡資料	排序:			遞增	
	顯示:	☑	☑	☑	☐
	準則:		"男"	Between #1980/1/1# And #1990/12/31#	
	或:				

5. 建立 "查詢3月或4月份壽星" 查詢物件：使用 "員工資料" 資料表的如下欄位，查詢出生日為 "3" 或 "4" 月的壽星資料。

	欄位:	員工編號	姓名	性別	生日	電話
查詢1980-1990年出生的男員工	資料表:	員工資料	員工資料	員工資料	員工資料	員工資料
查詢3月或4月份壽星	排序:					
查詢住址為「台中市」的員工聯絡資料	顯示:	☑	☑	☑	☑	☑
	準則:				Like "*/3/*" Or Like "*/4/*"	
	或:					

6. 建立 "依照員工年資遞減排序" 查詢物件：請先藉由 **員工編號** 欄位關聯 "員工資料"、"在職資訊" 二個資料表，再加入如下六個欄位並以年資遞減排序。

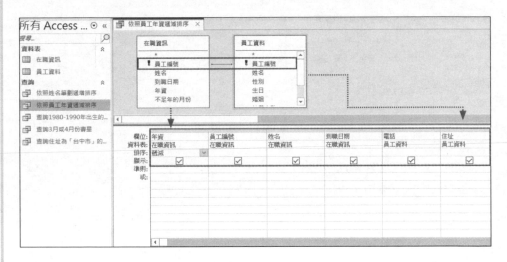

7. 儲存：最後記得儲存檔案，完成此作品。

16

申購管理資料庫
Access 表單與報表

表單精靈

分割表單

包含子表單的表單

報表精靈

學習重點

各部門辦公用品的申請與採購一來一往項目種類繁多，善用資料庫能讓管理者清楚掌握整個營運支出現況。使用 **表單** 能提升使用者建檔效率和正確性，**報表** 則能突顯每項重要資訊，都是十分實用的功能。

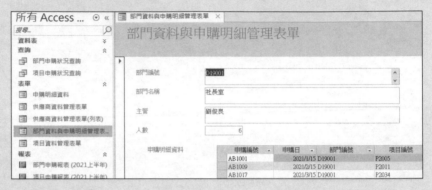

- ▶ 快速建立表單
- ▶ 使用表單精靈建立表單
- ▶ 表單的基本操作與編修
- ▶ 建立分割表單
- ▶ 建立包含子表單的表單
- ▶ 建立報表
- ▶ 建立進階報表

原始檔：<本書範例 \ ch16 \ 原始檔 \ 申購管理.accdb>

完成檔：<本書範例 \ ch16 \ 完成檔 \ 申購管理.accdb>

16.1

快速建立表單

在 Access 資料表輸入資料，必須一筆筆建置在由欄名與列號所交錯的表格中，這與一般人習慣操作的界面有些出入。

開啟範例原始檔 <申購管理.accdb> 資料庫，所有的表單都是由資料表或是查詢的結構建置，首先要建立項目資料的管理表單。

STEP 01 於左側 **物件窗格** 選按 "項目" 資料表，於 **建立** 索引標籤選按 **表單** 即可自動產生一份表單，每頁可以輸入或編輯單筆資料。

STEP 02 按視窗左上角的 **儲存檔案** 鈕，於 **另存新檔** 對話方塊輸入表單名稱：「項目資料管理表單」，按 **確定** 鈕。存檔後於左側 **物件窗格** 的 **表單** 物件類別可看見 "項目資料管理表單"。

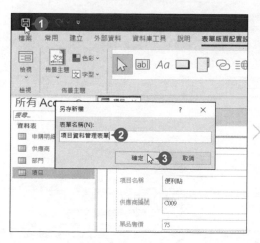

16.2 使用表單精靈建立表單

表單精靈可以建置更多樣化的表單,將資料分組及排序,並且結合資料表或查詢欄位。

"供應商" 資料表包含供應商編號、名稱、聯絡人姓名與職稱、電話、住址...等,接著要建立供應商資料的管理表單。

STEP **01** 於左側窗格選按 "供應商" 資料表後,於 **建立** 索引標籤選按 **表單精靈**。

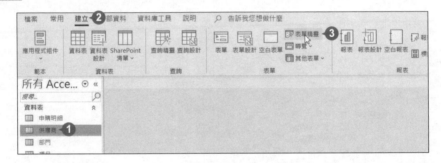

STEP **02** 於 **表單精靈** 對話方塊設定資料來源,於 **資料表/查詢** 選按 **資料表: 供應商**,然後按 `>>` 鈕。

STEP **03** 即可將該資料表內所有的欄位加入 **已選取的欄位** 中,再按 **下一步** 鈕。

STEP 04 設定表單的配置，選按
不同樣式，左側會顯示
預覽圖示，核選 **對齊**
後，再按 **下一步** 鈕。

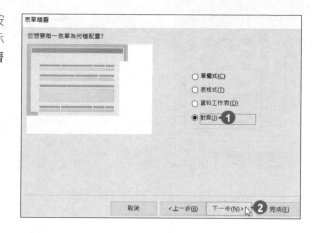

STEP 05 輸入表單標題「供應商
資料管理表單」，核選
**開啟表單來檢視或是輸
入資訊**，再按 **完成** 鈕。

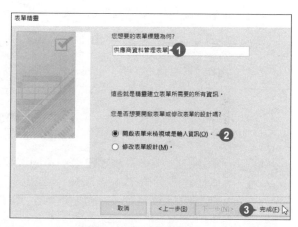

STEP 06 表單精靈會自動存檔，並開啟這個新增的表單以供檢視或使用。

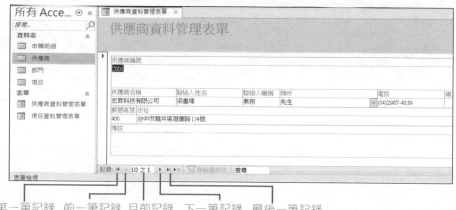

第一筆記錄　前一筆記錄　目前記錄　下一筆記錄　最後一筆記錄

16.3 表單的基本操作與編修

可以透過設計好的表單界面瀏覽、新增與刪除資料，而且透過表單增減的資料，也會一併更新於相對應的資料表或查詢物件中。

變更表頭與版面文字

若想要編修表單版面設計或文字，必須切換到 **設計檢視** 模式。

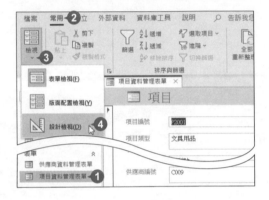

STEP **01** 先開啟要修改的 "項目資料管理表單" 表單，於 **常用** 索引標籤選按 **檢視** 清單鈕 \ **設計檢視**。

STEP **02** 表單標題上按一下滑鼠左鍵可選取文字物件，於 **格式** 索引標籤 **字型** 區塊可以調整文字格式。再於文字上按一下滑鼠左鍵可進入輸入模式，輸入合適標題文字後，於任一空白處按一下滑鼠左鍵即可離開輸入模式。

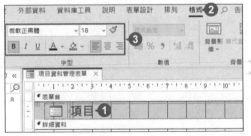

若要調整各區段的背景色彩，可於區段空白處按一下滑鼠左鍵，再於 **格式** 索引標籤選按 **圖案填滿** 指定合適色彩。

變更表單的檢視方式

這份表單目前是一頁面一筆記錄，也可以依需求調整合適的檢視方式。

STEP **01** 同樣在 **設計檢視** 模式下，於 **表單設計** 索引標籤選按 **屬性表**，右側會開啟 **屬性表** 窗格。先設定 **選取類型: 表單**，再於 **全部** 標籤選按 **預設檢視方法** 右側清單鈕 \ **連續表單**。

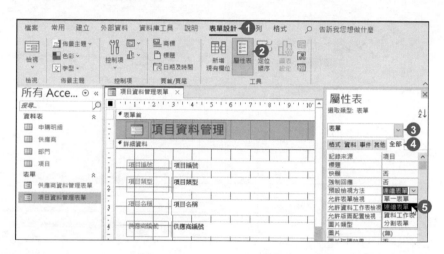

STEP **02** 於 **常用** 索引標籤選按 **檢視** 清單鈕 \ **表單檢視**，可看到表單檢視方式已變 成多筆資料一次呈現。

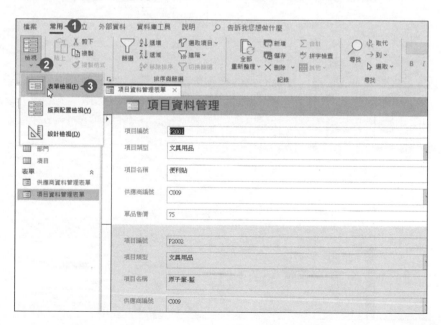

在表單瀏覽、新增與編輯資料

STEP **01** 於 **常用** 索引標籤選按 **檢視** 清單鈕 \ **表單檢視** 進入表單檢視模式，接著選按 **新增** 或者下方 ▶ **新(空白)記錄** 鈕即可在表單最後新增一筆空白資料記錄。

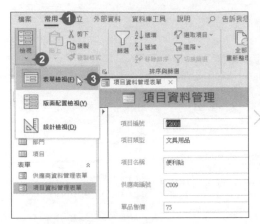
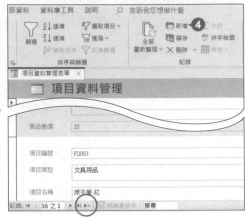

STEP **02** "項目編號" 欄位於資料表建立時已設計預設值，標註提示文字，需以 "P2" 開頭再輸入三碼編號，其他欄位依欄位標題輸入合適的資料內容。

STEP **03** 若要刪除單筆資料記錄時，選按該筆記錄左側區塊 ▶ 圖示，表示已選取該筆記錄，於 **常用** 索引標籤選按 **刪除** 清單鈕 \ **刪除記錄**，於對話方塊按 **是** 鈕可以刪除該筆記錄，選按否則取消刪除動作 (範例維持不刪)。

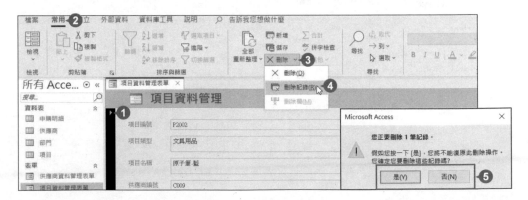

16.4 建立分割表單

分割表單 可同時提供 表單檢視 及 資料工作表檢視，這二種檢視均連接到相同的資料來源。

表單下方會表列所有供應商資料，選取時會在上方表單顯示詳細內容以供編輯。

STEP **01** 於左側窗格選按 "供應商" 資料表，於 建立 索引標籤選按 其他表單 \ 分割表單。

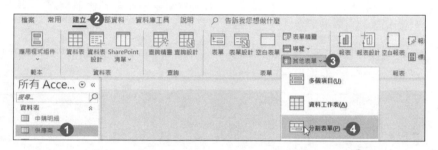

STEP **02** 會自動產生上方為 表單檢視，而下方為 資料工作表檢視 的表單，無論由表單或資料表中選取某筆資料，另外一處也會同步顯示相關部分。

STEP **03** 按視窗左上角的 儲存檔案 鈕，於 另存新檔 對話方塊輸入表單名稱：「供應商資料管理表單(列表)」，按 確定 鈕完成儲存與建立。

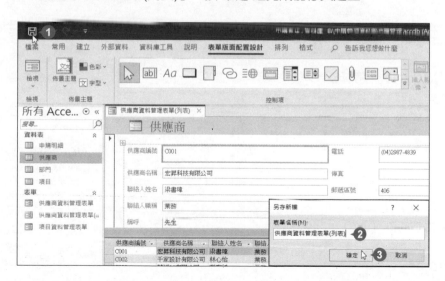

16.5 建立包含子表單的表單

前面建立的表單也可稱為主表單,而於主表單中插入另一個
表單時稱為子表單。

先建立資料表間的關聯,再進行主表單與子表單的設計。

建立關聯

STEP 01 於 **資料庫工具** 索引標籤選按 **資料庫關聯圖**,再於 **關係設計** 索引標籤選按
新增表格。

STEP 02 於右側 **新增表格** 窗格 **資料表** 標籤,按 `Ctrl` 鍵不放選按 "部門" 及 "申購
明細",再按 **新增選取的資料表** 鈕。

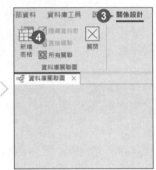

STEP 03 拖曳 **部門 \ 部門編號** 欄位到 **申購明細 \ 部門編號** 欄位上放開,於 **編輯關
聯** 對話方塊按 **建立** 鈕形成一對多的關聯。

STEP 04 最後於 **關係設計** 索引標籤選按 **關閉**,於對話方塊按 **是** 鈕儲存關聯設定。

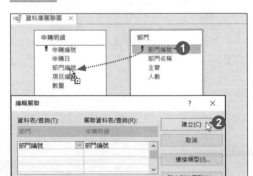

進入表單精靈

STEP **01** 於 建立 索引標籤選按 表單精靈。

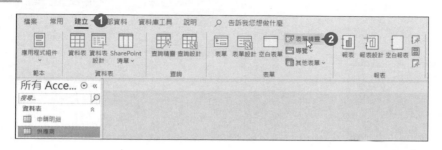

STEP **02** 於 表單精靈 對話方塊設定資料來源，依序在 資料表/查詢 選按 資料表：部門 後按 >> 鈕加入所有欄位；再於 資料表 / 查詢 中選按 資料表: 申購明細 後按 >> 鈕加入所有欄位，再按 下一步 鈕。

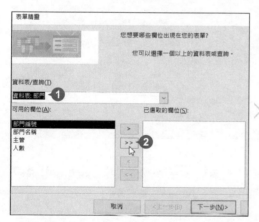 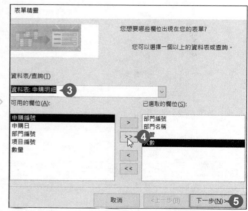

STEP **03** 設定表單中的主表單，選按 以部門 後，右側呈現 "部門" 資料表為主表單，"申購明細" 資料表為子表單的預覽畫面。保留核選 有子表單的表單 選項後，再按 下一步 鈕。

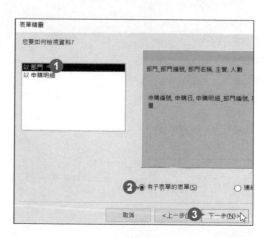

STEP **04** 設定子表單的配置，核選 **資料工作表**，再按 **下一步** 鈕。

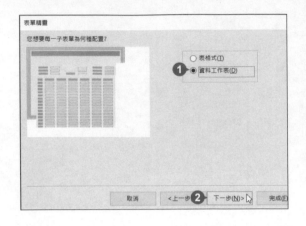

STEP **05** 輸入 **表單** 及 **子表單** 名稱，核選 **開啟表單來檢視或是輸入資訊**，按 **完成** 鈕。

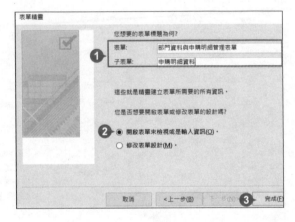

STEP **06** 完成設定，即可在主表單中管理部門資料，子表單呈現該部門的申購明細，切換不同部門時，會於下方顯示所屬的申購明細資料。

16.6 建立報表

Access 提供許多工具幫助使用者快速建立有效資訊的報表，以最適合使用者需求的方式呈現資料，**報表物件** 可以由 **資料表** 或是 **查詢** 產生。

先建立資料表間的關聯並製作一個 "項目申購狀況" 的查詢，再由查詢產生報表。

建立關聯

STEP **01** 於 **資料庫工具** 索引標籤選按 **資料庫關聯圖**，再於 **關係設計** 索引標籤選按 **新增表格**。

STEP **02** 於右側 **新增表格** 窗格 **資料表** 標籤，按 **Ctrl** 鍵不放選按 "供應商" 及 "項目"，再按 **新增選取的資料表** 鈕。

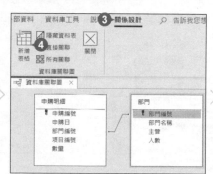
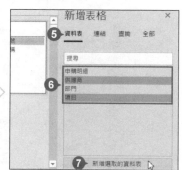

STEP **03** 先如下圖拖曳排列資料表，然後拖曳 **項目 \ 項目編號** 欄位到 **申購明細 \ 項目編號** 欄位上放開，於 **編輯關聯** 對話方塊按 **建立** 鈕形成一對多的關聯。

STEP **04** 拖曳 **供應商 \ 供應商編號** 欄位到 **項目 \ 供應商編號** 欄位上放開，於 **編輯關聯** 對話方塊按 **建立** 鈕形成一對多的關聯。

STEP **05** 最後於 **關係設計** 索引標籤選按 **關閉**，於對話方塊按 **是** 鈕儲存關聯設定。

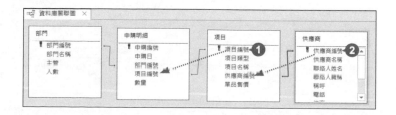

建立查詢

STEP 01　於 **建立** 索引標籤選按 **查詢設計**。

STEP 02　於右側 **新增表格** 窗格 **資料表** 標籤，按 Ctrl 鍵不放一一選按 "申購明細"、"供應商" 與 "項目" 三個資料表，按 **新增選取的資料表** 鈕。

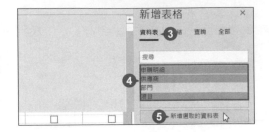

STEP 03　資料表關係圖中已經呈現關聯線，可如下圖拖曳排列資料表。分別於 **項目\項目編號、項目類型、項目名稱** 連按二下滑鼠左鍵加入下方條件設定區，再加入 **供應商\供應商名稱、申購明細\數量；項目\單品售價**。

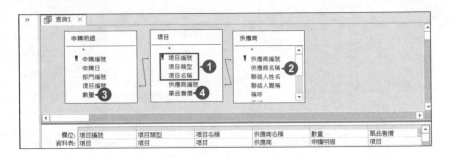

STEP 04　於 **查詢設計** 索引標籤選按 **合計**，下方會顯示 **合計** 列。將 "數量" 的 **合計** 設定為 **總計**，並自訂欄名為：「**總申購數量: 數量**」，後續完成的物件欄位就會顯示為 **總申購數量**。(自訂欄名中的冒號需半形)

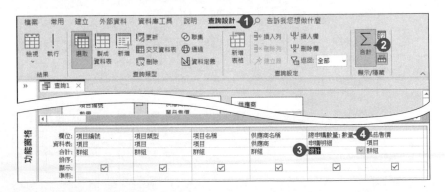

STEP 05 新增 "總申購金額" 欄位：將每個項目的總申購數量乘以單價，計算出總申購數量的金額。於最右側空白欄位 **合計** 設定為 **運算式**，**欄位** 輸入「總申購金額: [總申購數量]*[單品售價]」。(輸入的冒號、括號、乘號均需為英數半形)

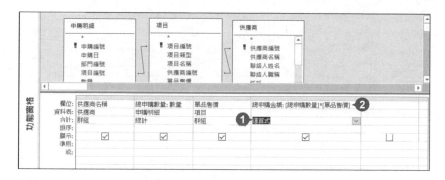

STEP 06 按視窗左上角的 **儲存檔案** 鈕，於 **另存新檔** 對話方塊輸入查詢名稱：「項目申購狀況查詢」，按 **確定** 鈕完成儲存動作。

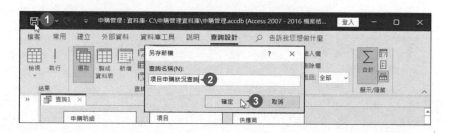

STEP 07 存檔後，於左側 **物件窗格** 的 **查詢** 物件類別 "項目申購狀況查詢" 上連按二下滑鼠左鍵開啟執行，即可顯示每個項目的申購明細與總申購金額。

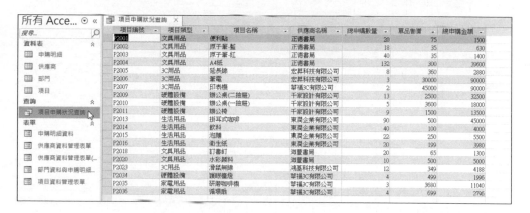

進入報表精靈

STEP01 於 **建立** 索引標籤選按 **報表精靈**。

STEP02 於 **報表精靈** 對話方塊設定報表資料來源，**資料表/查詢** 項目清單中選按 **查詢: 項目申購狀況查詢**，按 `>>` 鈕加入所有欄位，再按 **下一步** 鈕。

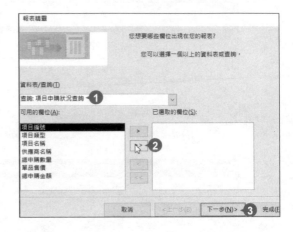

STEP03 設定群組層次，此處維持預設狀態，按 **下一步** 鈕。

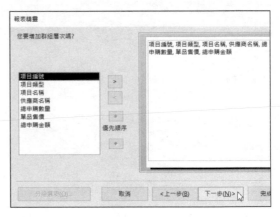

STEP04 設定排序的欄位及方式，最多可以使用 4 個欄位進行排序。設定排序欄位為 **項目編號**、**遞增** 排序，再按 **下一步** 鈕。

STEP **05** 設定 **版面配置：表格式、列印方向：直印** 後核選調整所有的欄位寬度，使其可全部容納在一頁中，再按 **下一步** 鈕。

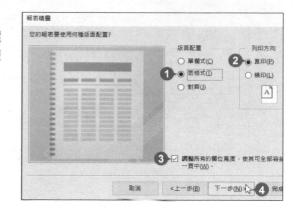

STEP **06** 於報表標題輸入：「**項目申購報表 (2021上半年)**」並核選 **預覽這份報表**，最後按 **完成** 鈕。

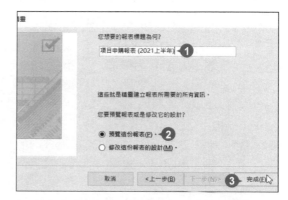

STEP **07** 利用報表精靈將項目申購明細化為報表呈現在畫面中，可直接於 **預覽列印** 索引標籤選按 **列印** 列印。

STEP **08** 若預覽時發現報表內的欄位重疊或資料沒有完整顯示...等狀況，可於 **預覽列印** 索引標籤選按 **關閉預覽列印**，再於 **報表設計** 索引標籤選按 **檢視** 清單鈕\ **版面配置檢視**，調整欄位或資料物件後再列印。

16.7 建立進階報表

報表物件提供許多功能,如:群組層次、摘要選項、小計、排序...等,可以依需求產生不同的報表內容。

先製作一個 "部門申購狀況" 的查詢,再由查詢產生報表。

建立查詢

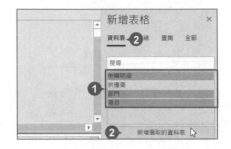

STEP 01 於 **建立** 索引標籤選按 **查詢設計**,於右側 **新增表格** 窗格 **資料表** 標籤,按 `Ctrl` 鍵不放一一選按 "申購明細"、"部門" 與 "項目",按 **新增選取的資料表** 鈕。

STEP 02 依下圖拖曳排列資料表,再分別加入 **部門 \ 部門編號、部門名稱;申購明細 \ 申購日、數量;項目 \ 項目類型、項目名稱、單品售價** 到下方條件設定區。

STEP 03 新增 "小計" 欄位:將每個部門申購的數量乘以單價,計算出總金額:於 **查詢設計** 索引標籤選按 **合計**,於最右側空白欄位 **合計** 設定為 **運算式**,**欄位** 輸入「小計:[數量]*[單品售價]」。

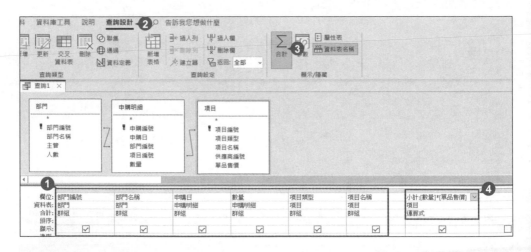

STEP 04 最後按視窗左上角的 **儲存檔案** 鈕,於 **另存新檔** 對話方塊輸入查詢名稱:「部門申購狀況查詢」,按 **確定** 鈕完成儲存動作。

進入報表精靈

STEP**01** 於 **建立** 索引標籤選按 **報表精靈**。

STEP**02** 於 **報表精靈** 對話方塊設定報表資料來源，**資料表/查詢** 項目清單中選按 **查詢: 部門申購狀況查詢**，按 `>>` 鈕加入所有欄位，再按 **下一步** 鈕。

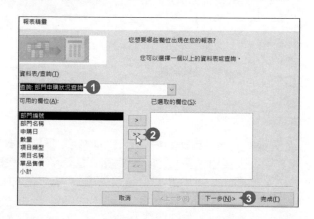

STEP**03** 設定群組層次，選取 **部門名稱** 後按 `>` 鈕加入群組層次，在右側可以預覽畫面，再按 **下一步** 鈕。

STEP 04 設定排序欄位為 **申購日**、**遞增**，按 **摘要選項** 鈕。

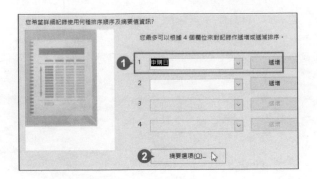

STEP 05 於 **摘要選項** 對話方塊核選 **總計** 欄的 **小計**，核選 **顯示：詳細資料及摘要值**，最後按 **確定** 鈕，再按 **下一步** 鈕。

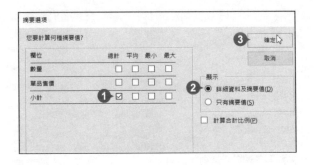

STEP 06 設定 **版面配置：大綱**、**列印方向：直印** 並核選 **調整所有的欄位寬度，使其可全部容納在一頁中**，再按 **下一步** 鈕。最後報表標題輸入：「部門申購報表 (2021上半年)」並核選 **預覽這份報表**，再按 **完成** 鈕。

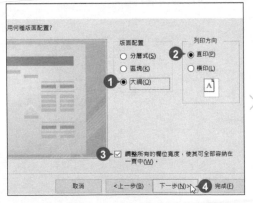
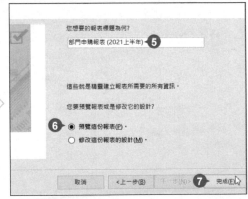

STEP 07 利用報表精靈將部門申購明細化為報表呈現在畫面中，可直接於 **預覽列印** 索引標籤選按 **列印** 列印。

STEP 08 若預覽時發現報表內的欄位重疊或資料沒有完整顯示...等狀況，可於 **預覽列印** 索引標籤選按 **關閉預覽列印**，再於 **報表設計** 索引標籤選按 **檢視** 清單鈕 \ **版面配置檢視**，調整欄位或資料物件後再列印。

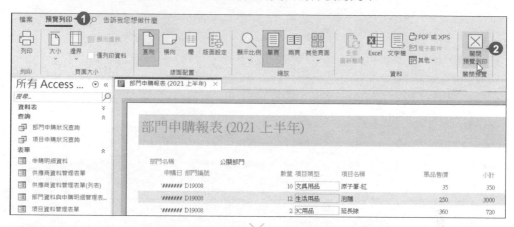

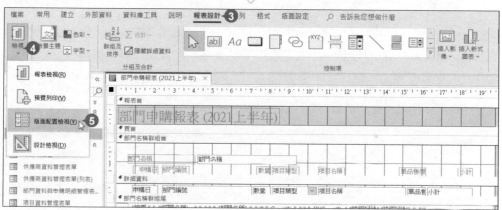

請依如下提示完成 "員工人事管理" 資料庫，以 **員工資料** 資料表為主表單，**員工請假資料** 資料表為子表單的表單設計。

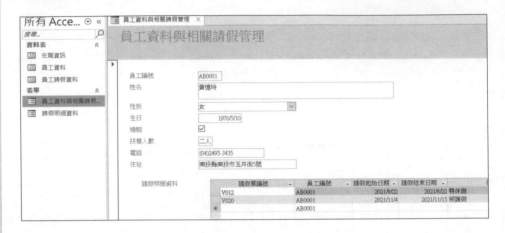

1. 開啟延伸練習原始檔 <員工人事管理.accdb>。

2. 建立關聯：於 **資料庫工具** 索引標籤選按 **資料庫關聯圖**，檔案中已設定 **在職資訊** 與 **員工資料** 資料表的關聯，在此選按 **新增表格**，新增 "員工請假資料" 資料表。

   拖曳 **員工請假資料 \ 員工編號** 欄位到 **員工資料 \ 員工編號** 欄位上放開，建立一對多的關聯並儲存。

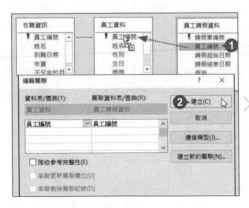
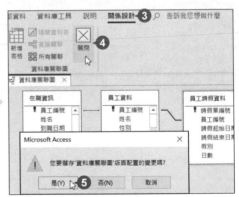

3. 使用表單精靈並設定資料來源：於 **建立** 索引標籤選按 **表單精靈**，依序在 **資料表/查詢** 選按 **資料表: 員工資料** 後按 `>>` 鈕加入所有欄位；選按 **資料表: 員工請假資料** 後按 `>>` 鈕加入所有欄位，再按 **下一步** 鈕。

4. 設定表單中的主表單：選按 以 **員工資料** 後，右側呈現 "員工資料" 資料表為主表單，"員工請假資料" 資料表為子表單的預覽畫面。保留核選 **有子表單的表單** 選項，再按 **下一步** 鈕。

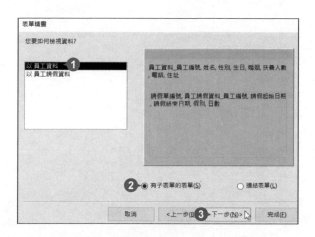

5. 設定子表單的配置，核選 **資料工作表**，再按 **下一步** 鈕。

6. 設定表單標題：輸入 **表單** 及 **子表單** 名稱，核選 **開啟表單來檢視或是輸入資訊**，按 **完成** 鈕。

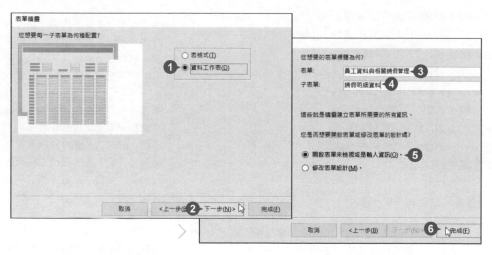

7. 完成包含子表單的表單，並瀏覽內容。

Office 2021 高效實用範例必修 16 課

作　　者：文淵閣工作室 編著　鄧文淵 總監製
企劃編輯：王建賀
文字編輯：王雅雯
設計裝幀：張寶莉
發 行 人：廖文良

發 行 所：碁峰資訊股份有限公司
地　　址：台北市南港區三重路 66 號 7 樓之 6
電　　話：(02)2788-2408
傳　　真：(02)8192-4433
網　　站：www.gotop.com.tw
書　　號：ACI036200
版　　次：2022 年 05 月初版
　　　　　2024 年 08 月初版四刷
建議售價：NT$450

國家圖書館出版品預行編目資料

Office 2021 高效實用範例必修 16 課 / 文淵閣工作室編著. -- 初
版. -- 臺北市：碁峰資訊, 2022.05
　　面；　公分
　　ISBN 978-626-324-157-2(平裝)
　　1.CST：OFFICE 2021(電腦程式)
312.49O4　　　　　　　　　　　　　　111005074